高职高专计算机系列

Web应用程序开发（ASP.NET）项目化教程

Web Application Development (ASP.NET) Project Tutorial

胡霞 ◎ 主编
孙伟 沈茜 ◎ 副主编
费鹏 李红宫 ◎ 参编

人民邮电出版社
北京

图书在版编目（CIP）数据

Web应用程序开发（ASP.NET）项目化教程 / 胡霞主编. -- 北京 : 人民邮电出版社, 2014.12
工业和信息化人才培养规划教材. 高职高专计算机系列
ISBN 978-7-115-37349-6

Ⅰ. ①W… Ⅱ. ①胡… Ⅲ. ①网页制作工具－高等职业教育－教材 Ⅳ. ①TP393.092

中国版本图书馆CIP数据核字(2014)第241536号

内 容 提 要

本书详细介绍了使用 ASP.NET 技术开发 Web 应用程序的基础知识和基本技能，主要内容包括动态网站开发环境搭建、用户界面交互设计、数据访问、状态管理、网站文件操作、网站部署等。本书使用 ASP.NET 开发技术，以 ESHOP 数码商城为案例，完整地再现了一个 WEB 应用程序开发的基本流程。全书项目分成两个并行的子项目，书中主体部分详细讲解了课堂项目的实现，书后练习则是对课堂项目的巩固和补充，加强实训，突出职业技能训练。

本书可作为计算机软件、网络及其他计算机相关专业教材，也可作为社会上 ASP.NET 技术培训班教材和广大编程入门人员实用指导书。

◆ 主　　编　胡　霞
　副 主 编　孙　伟　沈　茜
　责任编辑　桑　珊
　责任印制　杨林杰

◆ 人民邮电出版社出版发行　　北京市丰台区成寿寺路 11 号
　邮编　100164　　电子邮件　315@ptpress.com.cn
　网址　http://www.ptpress.com.cn
　北京天宇星印刷厂印刷

◆ 开本：787×1092　1/16
　印张：18.5　　　　2014 年 12 月第 1 版
　字数：493 千字　　2025 年 1 月北京第 14 次印刷

定价：43.00 元

读者服务热线：(010)81055256　印装质量热线：(010)81055316
反盗版热线：(010)81055315

前言 PREFACE

ASP.NET 是微软公司力推的 Web 开发编程技术，它是一个统一的 Web 开发模型。它建立在.NET 公共语言运行库上，大大提高了执行效率；可运行在 Web 应用软件开发的绝大多数平台上，具有较强的适应性；同时使用一种字符基础的、分级的配置系统，使服务器环境和应用程序的设置更加简单。ASP.NET 使程序员使用尽可能少的代码生成企业级 Web 应用程序所必需的各种服务，大大提高了开发效率，因此，ASP.NET 已经成为当今 Web 应用程序开发的主流技术之一。目前很多学校的计算机相关专业都将"ASP.NET 开发技术"作为必修课程。

Web 应用程序开发（ASP.NET）是苏州工业职业技术学院（江苏省示范性高职院校）建设的重点专业——软件技术专业的一门核心专业课，是对接.NET 互联网程序员岗位核心能力的重要课程。本课程与实际工作岗位联系紧密，对实现专业培养目标、增强学生就业竞争力具有非常重要的作用。本课程团队成员在华东师范大学专家的指导下，按照当前项目化课程改革的要求，邀请苏州市创采软件有限公司的企业工程师一起编写了本书，使课程内容能够涵盖 ASP.NET 应用开发的基本知识和技能，按照软件开发的流程规范来安排教学，步骤详细、可操作性强，不仅适合于教师教学，也适合于学生的自主学习。

本书基于工作过程，确立了"项目导向、任务驱动"、"课堂学习与课后练习双线并行"的设计思路，以培养学生软件设计职业能力为目标，以项目开发中的典型工作任务为中心构建课程内容。本书以学生感兴趣的"ESHOP 数码商城"为项目载体，将该项目分成两个并行的子项目，书中主体部分详细讲解了课堂项目的实现，书后练习则是对课堂项目的巩固和补充，加强实训，突出职业技能训练，弥补了其他教材训练不足的缺憾。在内容的组织和编写上，本书突出高等职业教育的特点，强调"怎么做，如何做"。在华东师范大学课程专家的指导下，本书打破传统教材的编写框架，围绕着 Web 程序开发的步骤，按照"项目需求-项目分析—项目实现—项目测试—知识讲解"的主线对教材内容编排进行全新的尝试，以讲、做、练一体化技能训练式教学模式，建立真实工作任务与专业知识、专业技能的联系，增强学生的直观体验，同时也强化了对学生职业能力的培养。

本书每章都附有一定数量的习题，可以帮助学生进一步巩固基础知识，每章还附有实践性较强的实训，可以供学生上机操作时使用。本书配备了 PPT 课件、源代码、习题答案、教学大纲、课程设计等丰富的教学资源，任课教师可到人民邮电出版社教学服务与资源网（www.ptpress.com.cn）免费下载使用。

本书的参考学时为 64 学时，各章的参考学时参见下面的学时分配表。

<table>
<tr><th rowspan="2">章 节</th><th rowspan="2">课程内容</th><th colspan="2">学时分配</th></tr>
<tr><th>授 课</th><th>实 验</th></tr>
<tr><td>第 1 章</td><td>搭建开发环境</td><td>2</td><td rowspan="2">2</td></tr>
<tr><td>第 2 章</td><td>用户交互设计</td><td>8</td></tr>
<tr><td>第 3 章</td><td>数据访问</td><td>6</td><td>2</td></tr>
<tr><td>第 4 章</td><td>状态管理</td><td>8</td><td>2</td></tr>
</table>

续表

章　节	课程内容	学时分配	
		授　课	实　验
第 5 章	文件操作	4	0
第 6 章	数据显示	16	4
第 7 章	网站发布与部署	2	2
第 8 章	综合项目—网站新闻模块	0	4
	考核		2
课时总计		46	18

本书由苏州工业职业技术学院胡霞担任主编，第 1 章、第 2 章由胡霞编写，第 3 章、第 4 章由孙伟编写，第 5 章由企业工程师费鹏编写，第 6 章由企业工程师李红官编写，第 7 章、第 8 章由沈茜编写。华东师范大学付雪凌博士对本课程的项目化改革提出了宝贵意见，在此表示诚挚的感谢！

由于编者水平有限，书中难免存在错误和不妥之处，敬请广大读者批评指正。

编者

2014 年 8 月

目 录 CONTENTS

第 8 章　综合项目——网站新闻模块　247

PART 1

第1章 搭建开发环境

本书选取了现阶段比较熟悉的网上数码商城“EShop”作为教学项目，结合相关知识点详细讲解了项目的实现过程，在本章节中带领读者对“EShop数码商城”进行了项目需求分析、数据库设计，并详细介绍了Visual Studio 2013开发环境的安装搭建方法，同时带领读者完成第一个Asp.NET应用程序的创建，为后面的学习做好铺垫。

项目一 **学习重点**

- 熟悉Web项目需求分析及项目设计
- 熟悉动态网站运行机制
- 熟悉开发环境的安装与配置
- 熟悉Web项目的创建基本步骤与方法

项目任务总览

任务编号	任务名称
任务1.1	数码商城项目分析
任务1.2	构建开发环境
任务1.3	创建ASP.NET Web应用程序

任务1.1 EShop数码商城需求分析与设计

完成EShop数码商城的功能需求及网站模块划分。

在本任务中，分析EShop数码商城的主要功能，完成项目需求分析及数据库设计。

任务分析

随着网络的普及，“网上购物”已经成为一种新兴的消费方式。相比传统的营销方式，网上购物在“虚拟市场”的网络环境下进行，商家实行无店面销售，可以免去了租金、节约水电及人工成本，附加费用低，可以提供比实体店更便宜的价格；而客户可以不受时间和空间的限制，24h 营业时间给客户提供了便利，同时客户可以免去传统购物中舟车劳顿的辛苦，降低购物成本，因此网上购物成为越来越多人的选择。

EShop 数码商城主要角色有两类：前台用户和后台管理。用户能够方便地进行用户注册、查看商品，将满意的商品加入购物车中，可选取购物车中的商品生成订单，同时完成对订单的管理；后台管理人员可对商品信息进行维护与管理，可以对订单进行处理。

实现过程

1．EShop 数码商城系统分析

EShop 数码商城共分为两个部分：前台用户和后台管理部分。在前台用户部分中，包括用户注册、用户登录、商品浏览和查询、购物车、生成订单、用户中心等操作；后台管理部分包括商品信息管理、用户订单管理、普通管理员管理、客户管理等。本网站总体结构图如图 1-1-1 所示。

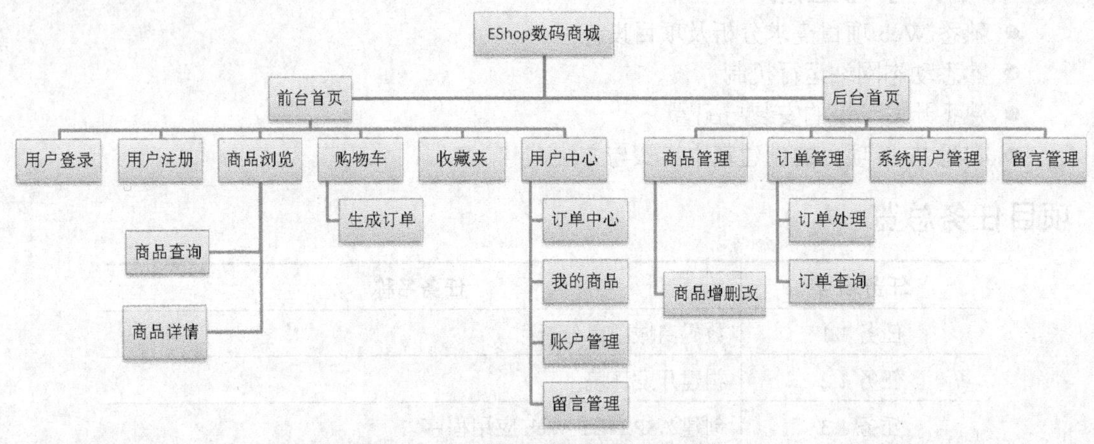

图 1-1-1　EShop 数码商城总体结构

2．EShop 数码商城功能介绍

EShop 网上数码商城的前台用户主要业务流程如下。

（1）网站首页分为 3 个部分，最上面部分是页面的头部，一方面提供用户登录、注册入口，另一方面是实现网站的导航功能，即可链接到网站的相关页面中；最下边部分是页面的脚部，主要显示该网站的版权说明、制作日期等相关信息；中间的部分分为左边和右边两部分，左边部分显示了商品的分类，右边部分包括最新商品和推荐商品的信息。界面设计如图 1-1-2 所示。

（2）用户可以从注册入口进入用户注册页面，通过输入用户个人信息完成用户的注册，同时可以从登录入口进入用户登录页面，完成用户的登录。用户注册页面如图 1-1-3 所示，用户登录页面如图 1-1-4 所示。

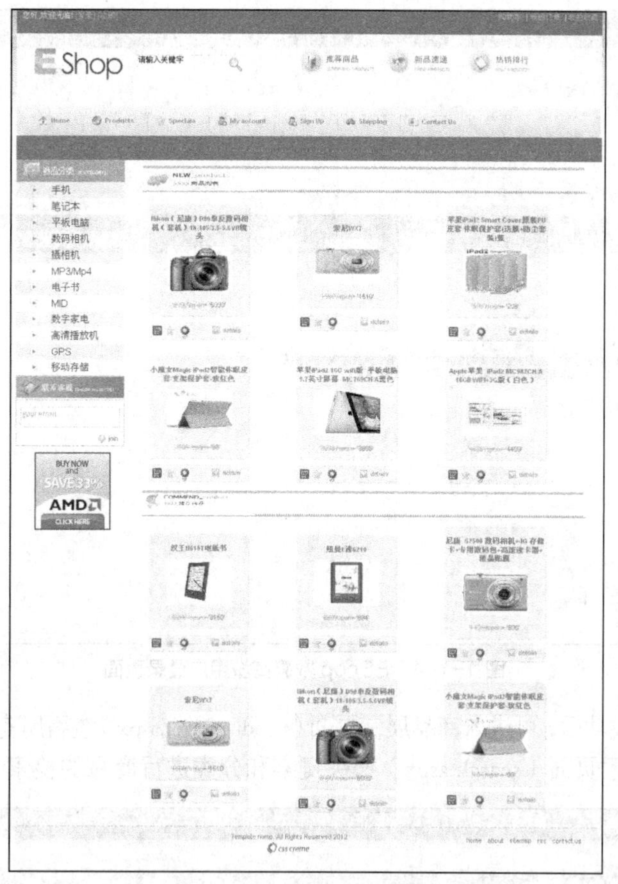

图 1-1-2　EShop 数码商城首页效果图

您好,欢迎光临! [登录] [注册]

Shop　请输入关键字　推荐商品　新品速递　热销排行

Home　Products　Specials　My account　Sign Up　Shipping　Contact Us

| 注册通行证

简化您的购物流程，让您买的更方便，更安全。

您的用户名：test

请设置密码：

确认密码：

性　别：◉男　○女

出生年月：test

学　历：大专

联系地址：test

联系电话：13678987890

邮政编码：215104

电子邮箱：hux@siit.cn

关注产品类型：□手机　□数字家电　□平板电脑　□摄相机　□笔记本　□电子书　□数码相机　□高清播放机　□GPS

完成注册　重置

已经拥有帐户？

马上登录

Template name. All Rights Reserved 2012

css creme

home about sitemap rss contact us

图 1-1-3　EShop 数码商城用户注册页面

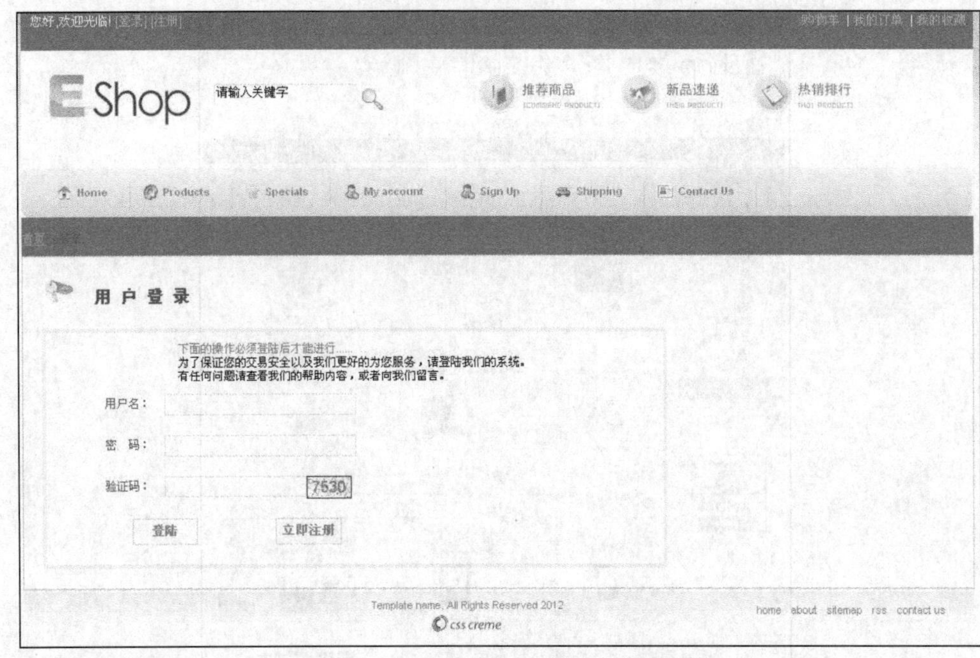

图 1-1-4　EShop 数码商城用户登录页面

（3）用户登录成功后，可进入商品展示页面（productbrief.aspx）查看所有商品（见图 1-1-5），也可以进入商品检索页面（search.aspx）按关键字和分类进行商品的检索（见图 1-1-6）。

图 1-1-5　EShop 数码商城商品概要显示

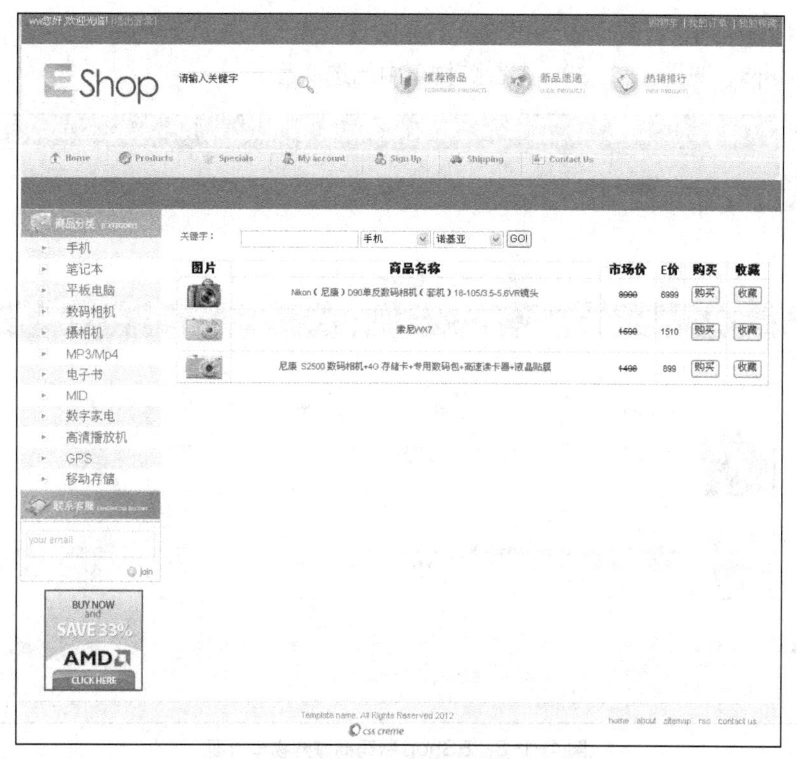

图 1-1-6　EShop 数码商城商品检索页面

（4）在商品概述页面和商品检索页面均可根据商品名称进入商品详情查询页面（details. aspx，见图 1-1-7），同时可以单击“购买”按钮将商品加入购物车中。

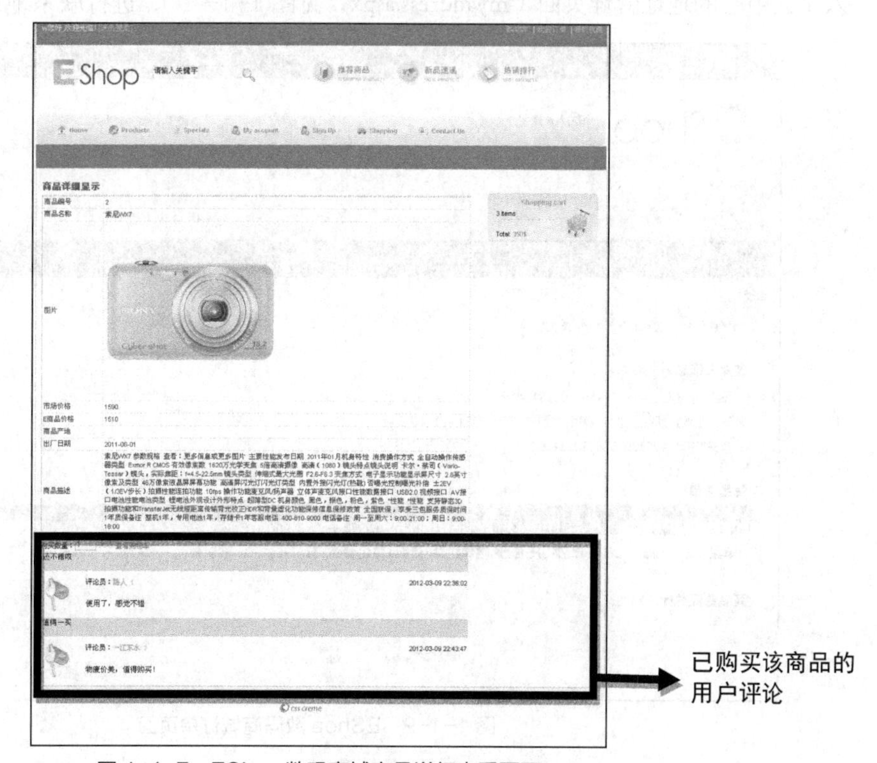

图 1-1-7　EShop 数码商城商品详细查看页面

（5）在商品详细查看页面中，可输入商品数量，将商品加入购物车中，并可以单击查看购物车（cart.aspx，见图 1-2-8），查看购物车中已选商品。

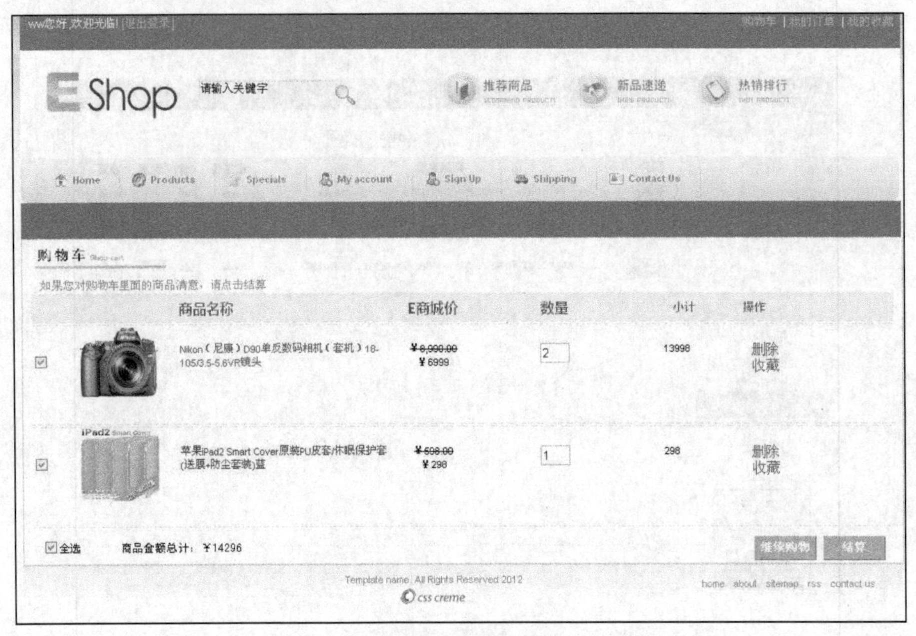

图 1-1-8　EShop 数码商城购物车页面

（6）在购物车页面中，用户可以通过复选框选择确认要购买的商品，进行结算，在订单页面（order.aspx，见图 1-1-9）选择收货地址，生成订单。同时用户可以单击添加地址，进入个人中心的地址管理页面（myaddress.aspx，见图 1-1-10），进行联系地址的管理。

图 1-1-9　EShop 数码商城订单页面

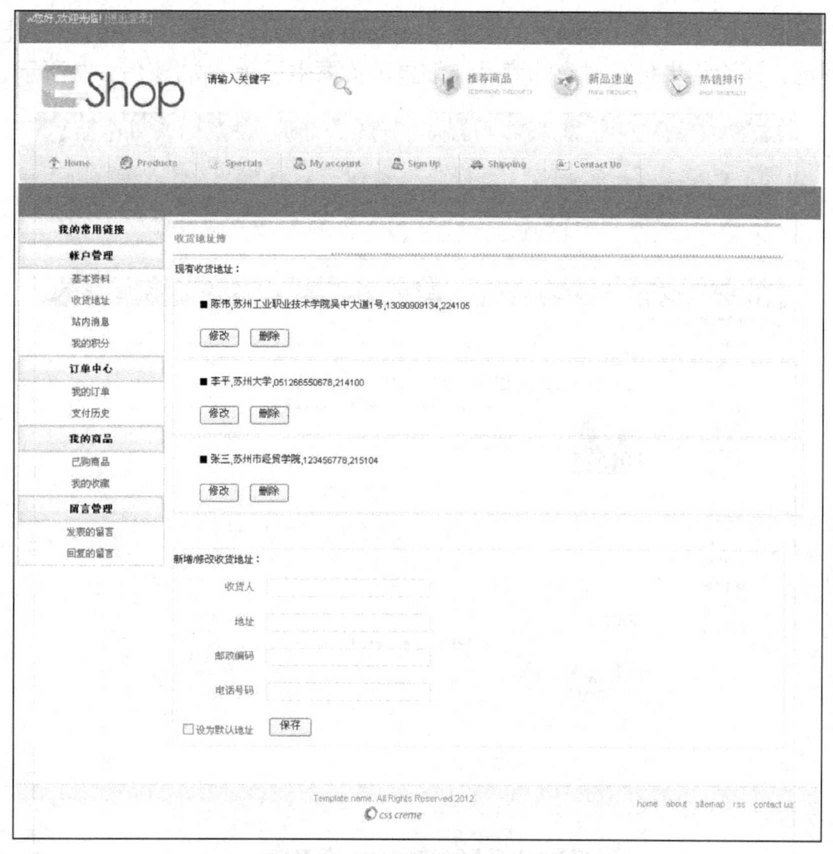

图 1-1-10 联系地址管理页面

（7）订单完成后，可进入我的订单中心查看当前所有订单的信息（myallorder.aspx，见图 1-1-11），并可以对订单进行付款、确认收货、评论等操作。

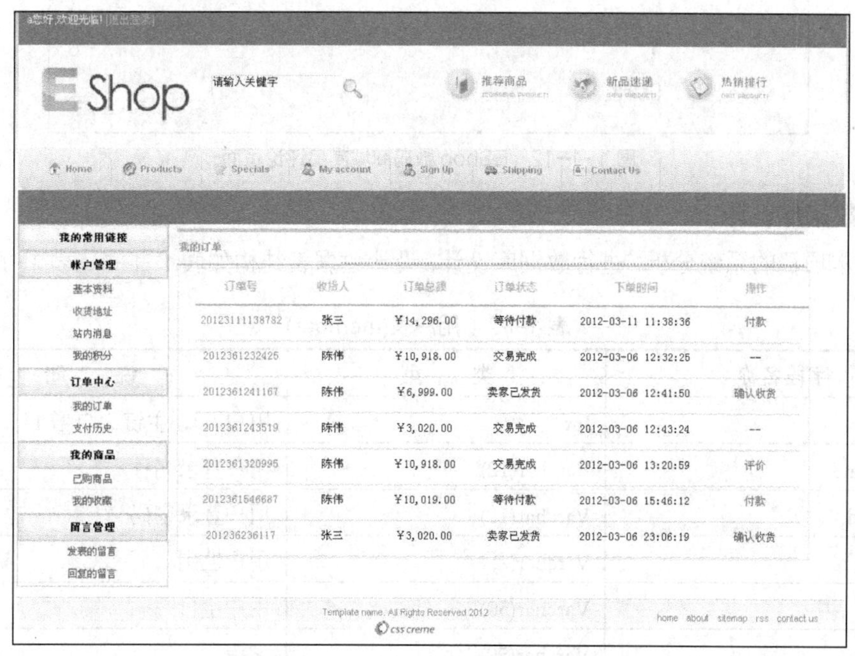

图 1-1-11 EShop 数码商城个人订单页面

（8）交易结束后，可进入商品评论页面（evaluation.aspx，见图 1-1-12），对已经购买的商品进行评论，评论结果将在对应的商品详细显示页面中显示，如图 1-1-7 所示。

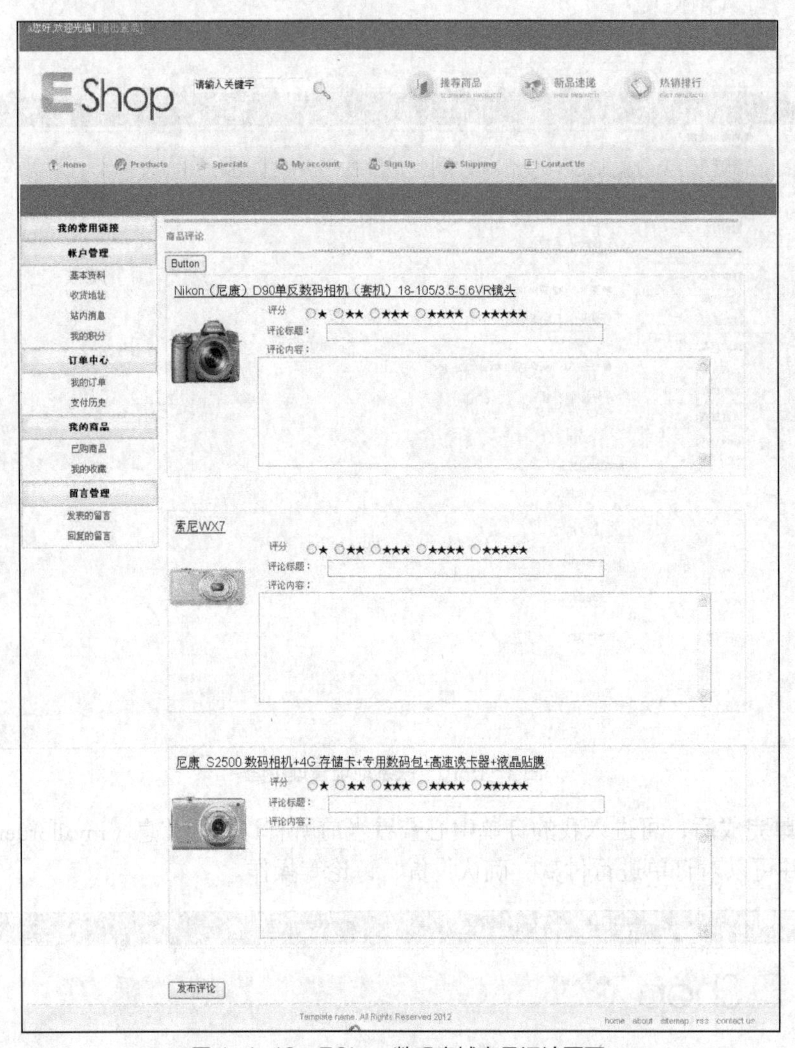

图 1-1-12　EShop 数码商城商品评论页面

3．数据库设计

根据本项目的系统分析，进行数据库设计，设计数据表结构如表 1-1-1～表 1-1-9 所示。

表 1-1-1　用户表(member)

字段名称	类　型	说　明
Id	Int	用户 ID，主键，自增 1
LoginName	Varchar(12)	用户登录名称
LoginPwd	Varchar(12)	用户登录密码
Sex	Varchar(2)	用户性别
Birth	Varchar(50)	用户生日
Education	Varchar(50)	学历

续表

字段名称	类　型	说　明
Phone	Varchar(50)	电话
Address	Varchar(50)	地址
Zip	Varchar(50)	邮政编码
Email	Varchar(50)	E－mail
Regdate	Varchar(50)	注册时间
lastDate	Varchar(50)	最后一次登录时间
loginTimes	Int	登录次数
Memberlevel	Int	用户等级

表 1-1-2　商品表（merchandisc）

字段名称	类　型	说　明
MerId	Varchar（50）	商品号，主键
category	Int	所属二级分类号
MerName	Varchar（100）	商品名称
Price	Decimal	市场价格
SPrice	Decimal	现实价格
Picture	Varchar（50）	商品图片
GoodDesc	Text(16)	商品描述
GoodFacturer	Varchar（50）	商品产地
LeaveFactoryDate	Varchar（50）	出厂日期
Special	int	是否特价，0 表示特价，1 表示非特价
inputdate	Varchar（50）	入库日期
bengindate	Varchar（50）	特价开始时间
enddate	Varchar（50）	特价结束时间

表 1-1-3　商品一级分类表（classOne）

字段名称	类　型	说　明
ClassId	Int	一级分类号，主键，自增 1
classNam	Varchar(50)	分类名称

表 1-1-4　商品二级分类表（classTwo）

字段名称	类型	说　明
ClassTwoId	Int	商品二级分类号，主键，自增 1
ClassTwoName	Varchar(50)	商品二级分类名
ClassId	Int	商品一级分类号

表 1-1-5　购物车表（cart）

字段名称	类　型	说　明
CartId	int	购物车 ID，主键，自增 1
MemberId	Int	用户编号
MerId	Int	商品编号
Amount	Int	商品数量

表 1-1-6　订单表（order）

字段名称	类　型	说　明
OrderId	Varchar(50)	订单号，主键
MerId	Varchar(50)	商品编号
ContactId	Int	收件人编号
Total	decimal	订单总金额
Status	Int	订单状态：0 订单生成；1 用户已经付款；2 已经发货；3 已经收货；4 完成评价
OrderDate	Varchar(50)	下单时间
PayDate	Varchar(50)	付款时间
DeliverDate	Varchar(50)	发货时间
ReceiptDate	Varchar(50)	收货时间

表 1-1-7　订单明细表（orderDetail）

字段名称	类　型	说　明
OrderId	Varchar(50)	订单号，主键
MerId	Varchar（50）	商品号，主键
Price	decimal	商品下单价格
Amount	Int	商品数量

表 1-1-8　收件人信息表（contact）

字段名称	类　型	说　明
ContactId	Int	收件信息编号，主键
MemberId	Int	用户编号
Addressee	Varchar(50)	收件人
address	Varchar(50)	收件地址
phone	Varchar(50)	电话
zip	Varchar(50)	邮编
DefaultValue	Bit	是否为默认地址：0 否、1 是

表 1-1-9 留言表(message)

字段名称	类型	说明
MessageId	Int	编号，主键，自增 1
MerId	Int	商品编号
grade	Int	评价等级
topic	Varchar(50)	评价主题
content	Varchar(100)	评价内容
MemberId	Int	用户编号
DateLine	Varchar(50)	留言时间

任务 1.2 构建开发环境

本任务主要介绍了 Visual Studio 2013 环境的安装。

1. 能熟悉 ASP.NET 程序处理过程
2. 能正确地安装 Visual Studio 2013
3. 能熟悉 Visual Studio 2013 基本环境

步骤一： 安装前的准备。包括硬件准备和软件准备。

1．硬件准备

在初期访问压力不大的情况下，Web 服务器和数据库服务器使用同一台服务器即可，在后期访问压力增大，可以将 Web 服务器和数据库服务部署到不同的机器上。集成环境 Visual Studio 2013 Professional 对计算机要求较高，尤其体现在对内在的需求上，安装前需要先检查计算机是否满足如表 1-2-1 所示的要求。

表 1-2-1 硬件准备检查指标与要求

检查指标	硬件要求
CPU	1.6GHzak 或更快
内存	1GB RAM 或以上（如果在虚拟机上运行，则为 1.5GB）
显示器	1024×768 或更高的显示分辨率运行的支持 DirectX 9 的视频卡
硬盘	10GB 的可用硬盘空间
	5400RPM 硬盘驱动器

2．软件准备（见表 1-2-2）

表 1-2-2　软件准备检查指标与版本要求

检查指标	版本要求
操作系统	Windows 7 sp1(x86 和 X64)/Windows 8(x86 和 X64)/Windows Server 2008 r2 Sp1（X64）/Windows Server 2012(X64)
浏览器版本	Internet Explore 10 以上
.NET Framework	.NET Framework 4.5
Web 服务器 IIS	在 Visual Studio.NET 中自带了一个开发版的 Web 服务器 ASP.NET Development Server，可以满足一般的开发需求
数据库	MS SQL Server 2008 及以上

步骤二： 安装集成开发环境 Visual Studio 2013。

完成步骤一中各项准备工作后，即可以进行 Visual Studio 2013 环境安装。

（1）运行软件的安装程序，自动弹出安装窗口。

（2）单击“运行 vs_ultimate.exe”按钮进行安装，如图 1-2-2 所示。

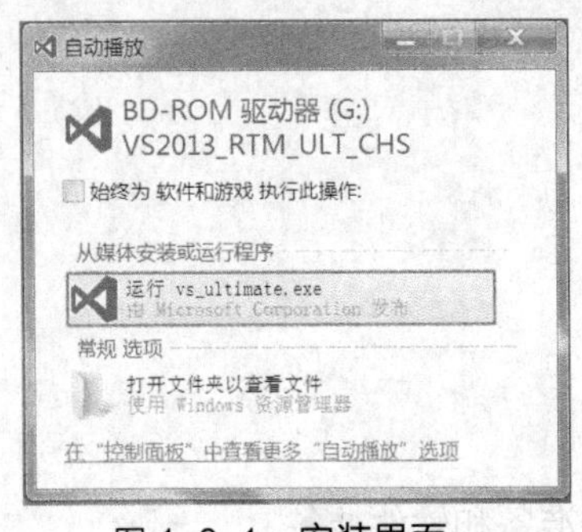

图 1-2-1　安装界面

图 1-2-2　进入安装界面

（3）查看安装程序所需要的空间，检查磁盘空间是否足够，选择“我同意许可条款和隐私策略”，单击下一步继续进行安装，如图 1-2-3 所示。

图 1-2-3　选择同意许可条款和隐私策略

（4）按步骤要求单击“下一步”即可完成安装，用户在安装过程中可选择自定义安装，对一些不需要的不进行安装，可以减少安装时间和硬盘空间的占用，如图 1-2-4 所示。

（5）按步骤要求单击“下一步”继续进行安装，直到完成，如图 1-2-5 所示。

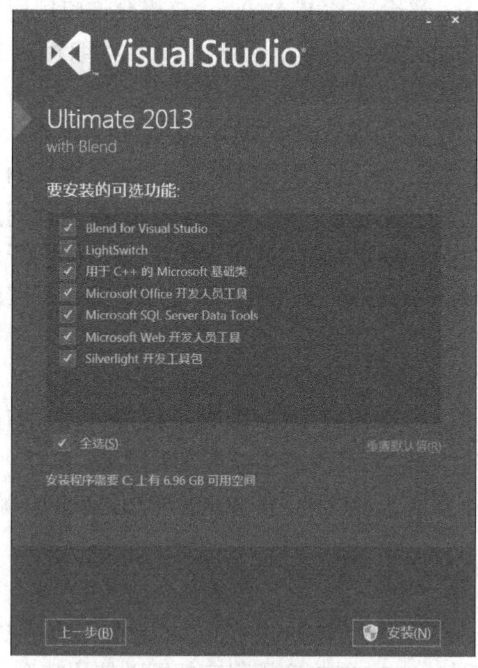

图 1-2-4　选择要安装的基础包

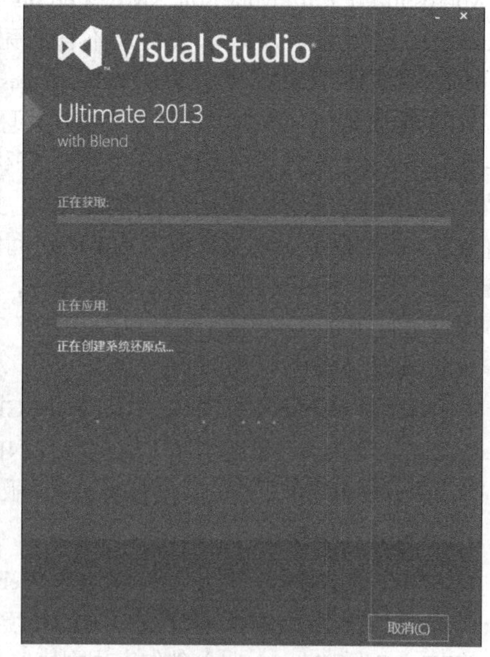

图 1-2-5　安装过程

（6）运行 Visual Studio 2013。经过安装，可以运行 Visual studio 2013，选择“开始”→“程序”→Microsooft Visual Studio2013→Microsoft Visual Studio2013 命令，启动 Visual Studio 2013，如图 1-2-6 所示。

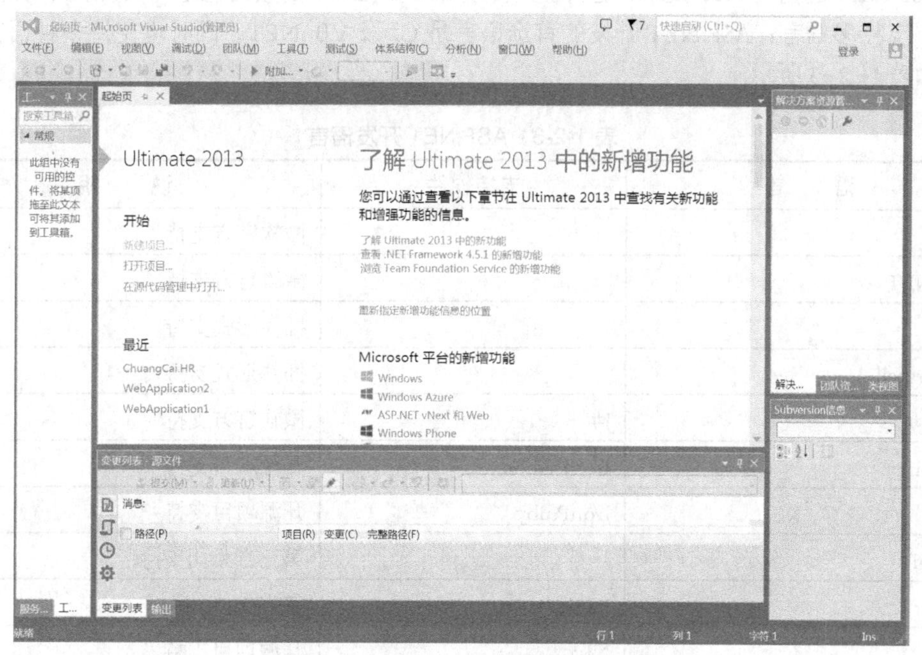

图 1-2-6　启动 Visual Studio 2013

1．.NET FRamework

Microsoft.NET 是 Microsoft XML Web services 平台。XML Web services 允许应用程序通过 Internet 进行通信及共享数据，不管所采用的是哪种操作系统、设备或编程语言。Microsoft.NET 平台提供创建 XML Web services 并将这些服务集成在一起。

.NET 框架是一个多语言组件开发和执行环境，它以 XML 为基础，以 Web 为核心，并结合其他多种技术，提供了一个跨语言的统一编程环境，最大限度地利用 Internet 上丰富的资源来提高工作效率。它不仅仅是一种编程语言，更是一种标准平台，其最终目的就是让用户在任何地方、任何时间，利用任何设备都能访问他们所需要的信息、文件和程序，便于开发人员更容易地建立 Web 应用程序和 Web 服务，使得 Internet 上的各应用程序之间，可以使用 Web 服务进行沟通。

.NET 框架主要由下述 3 部分组成。

第一部分是 Common Language Runtime（CLR，所有.NET 程序语言公用的执行时期组件）；

第二部分是共享对象类别库（提供所有.NET 程序语言所需要的基本对象）；

第三部分是重新以组件的方式写成的（旧版本则是以 asp.dll 提供 ASP 网页所需要的对象）。

2．ASP. NET 技术

ASP.NET 是微软公司推出的构建动态 Web 站点的强大工具，是微软公司.NET 技术框架的一部分，它是一个已编译、基于.NET 的环境，可以用任何与.NET 兼容的语言（包括 Visual Basic.NET、C#和 Visual J#）创作应用程序。任何 ASP.NET 应用程序都可以使用整个.NET 框架，开发人员可以方便地获得这些技术的优点。

ASP.NET 提供子大量用于开发 Web 服务端程序的类库，将这些类库封装在 System. Web.dll 文件中。在使用时，可引入 System. Web 命名空间。

ASP.NET 的前身 ASP 技术，提供了比传统 ASP 更强大、高效而稳定的实现，其特点如下。

● 支持多语言：ASP.NET 开发的首选语言是 C#及 VB .NET，同时也支持多种语言的开发，如表 1-2-3 所示。

表 1-2-3　ASP.NET 开发语言

语　言	支持软件	说　明
C#		微软官方支持
VB .NET		微软官方支持
F#		插件形式支持
Powershell		插件形式支持
Java/J#	J#	微软官方支持
Python	IronPython	开源项目支持
Ruby	IronRuby	开源项目支持
Delphi		第三方公司支持
JScript	JScript	官方支持
Lua	Nua	开源项目支持

● 跨平台性：ASP.NET 是基于通用语言的编译运行的程序，其实现完全依赖于虚拟机，拥有跨平台性，ASP.NET 构建的应用程序可以运行在几乎全部的平台上。

● 可管理性：ASP.NET 使用一种字符基础的，分级的配置系统，虚拟服务器环境和应用程序的设置更加简单。因为配置信息都保存在简单文本中，新的设置有可能都不需要启动本地的管理员工具就可以实现。

● 部署便捷：通过简单地将必要的文件复制到服务器上，ASP.NET 应用程序即可以部署到该服务器上。不需要重新启动服务器，甚至在部署或替换运行的已编译代码时也不需要重新启动。

● 可扩展性和可用性：ASP.NET 被设计成可扩展的、具有特别专有的功能来提高群集的、多处理器环境的性能。此外，Internet 信息服务(IIS)和 ASP.NET 运行时密切监视和管理进程，以便在一个进程出现异常时，可在该位置创建新的进程使应用程序继续处理请求。

任务 1.3　创建 ASP.NET Web 应用程序

完成网上数据商城的 Web 项目的创建。

任务目标

1. 能正确地完成 ASP.NET 应用程序的创建。
2. 能正确地打开并运行已有的 ASP.NET 应用程序。
3. 能熟悉 ASP.NET 应用程序编译运行的方法。
4. 能了解.NET 代码后置技术以及事件驱动机制。

在任务 1.2 中已经完成了项目完成所需要的开发环境的搭建，在本任务中将完成 Web 应用程序的创建。

步骤一： 启动 Visual Studio 2013。选择“开始”→“程序”→“Microsoft Visual Studio 2013”→Microsoft Visual Studio 2013 命令，启动 Microsoft Visual Studio 2013。

步骤二： 新建 ASP.NET 应用程序项目。

（1）选择“文件”→“新建项目”命令，弹出如图 1-3-1 所示“新建项目”对话框。项目类型选择 Visual C#，模板选择 ASP.NET Web 窗体应用程序，名称框中输入项目名称，单击位置后面的“浏览”按钮可选择项目存放的位置。在右上角的下拉列表框中选择.NET Framework 4.5 选项，除此以外，用户可选择更多更早期的版本。

（2）单击“确定”按钮进入下一页面，选择要创建的模板，此处选择 Web Forms，如图 1-3-2 所示，单击“确定”完成 ASP.NET 的 Web 项目的创建。

（3）新建的 Web 项目中，在图 1-3-3 中解决方案资源管理器中，自动生成一些文件夹及文件。各文件夹作用如下。

● /Scripts：存放 JavaScript 类库文件和脚本文件.js。

- /Images：存放网站中使用到的图像文件。

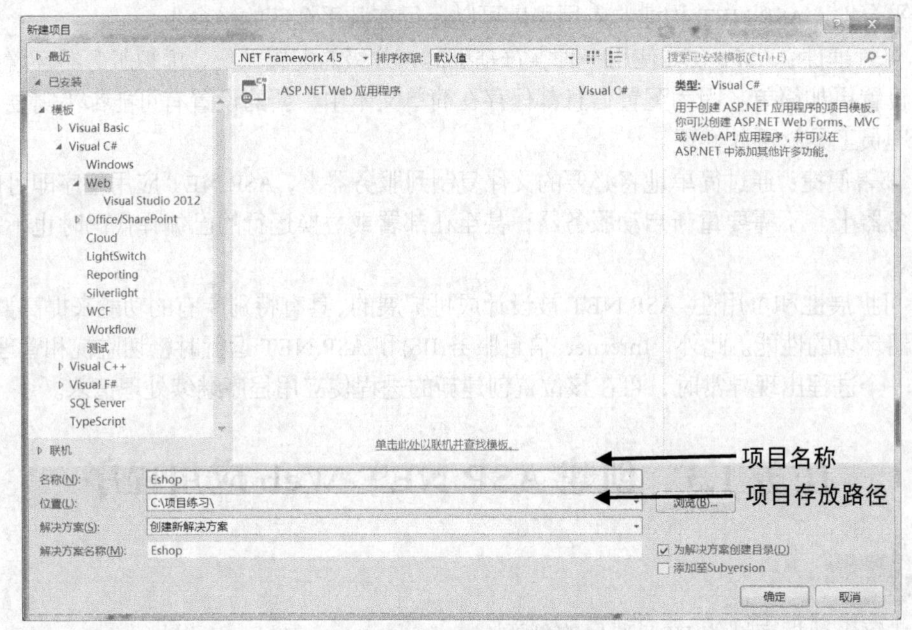

图 1-3-1　新建项目对话框

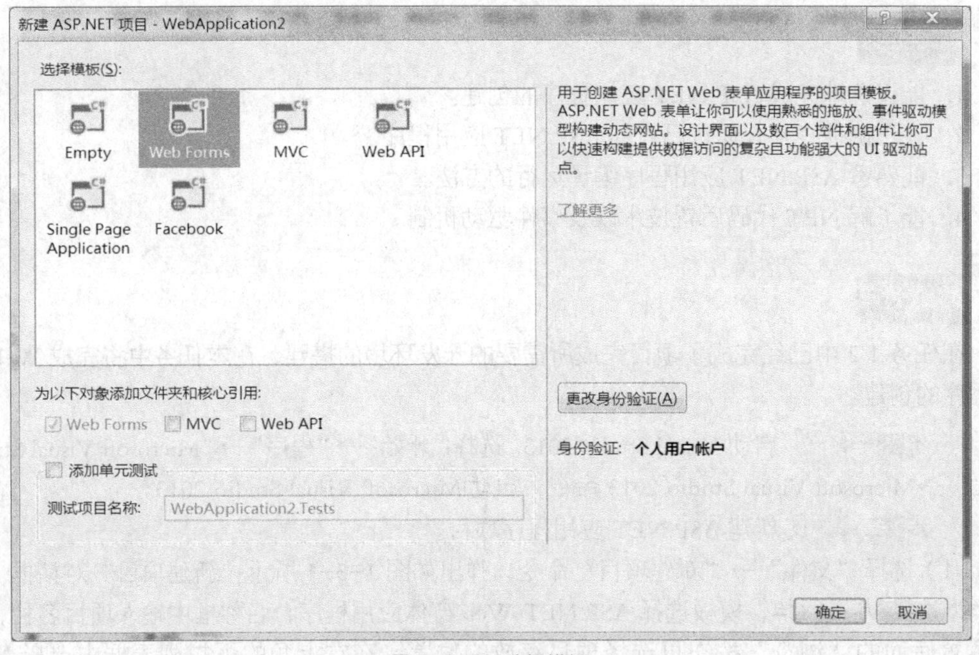

图 1-3-2　选择模板

- /Content：存放 CSS 和其他非 Scripts 和图像的网站内容。
- /App_Data：存放可读写数据文件。
- /App_Start：存放功能配置代码，如 Routing、Bundling、Web API 等。

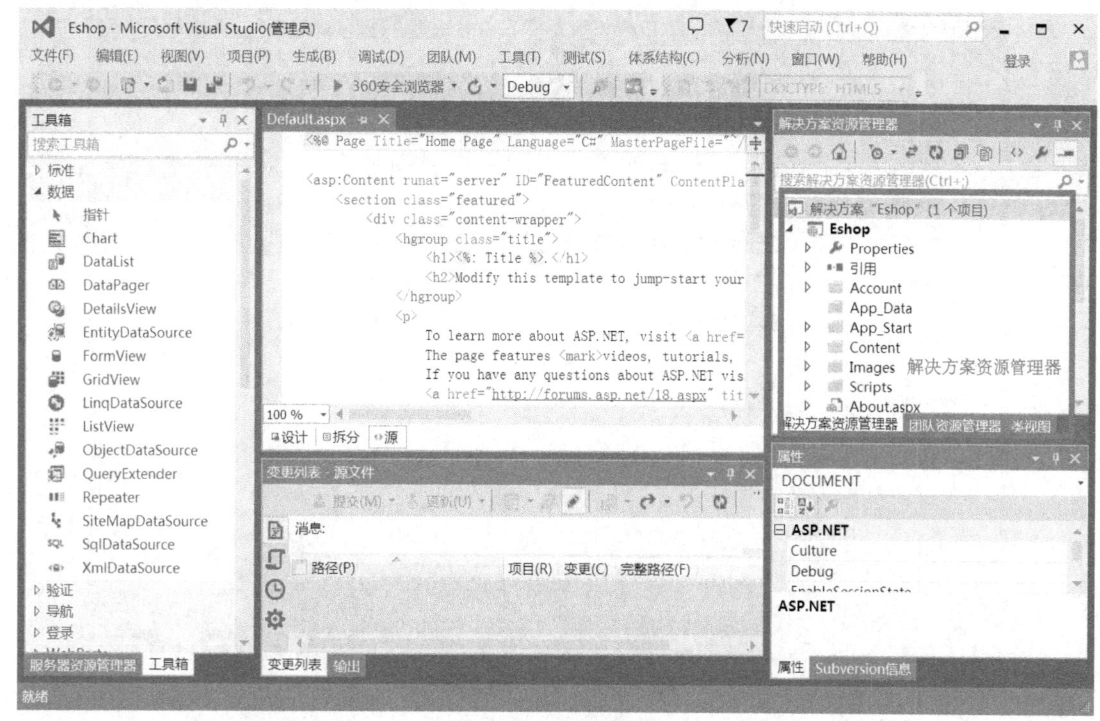

图 1-3-3　新建的项目

步骤三： 新建窗体 Web 页面。

（1）右击解决方案“Eshop”，在弹出的菜单中选择“添加”→“新建项”，如图 1-3-4 所示，打开“添加新项”对话框。

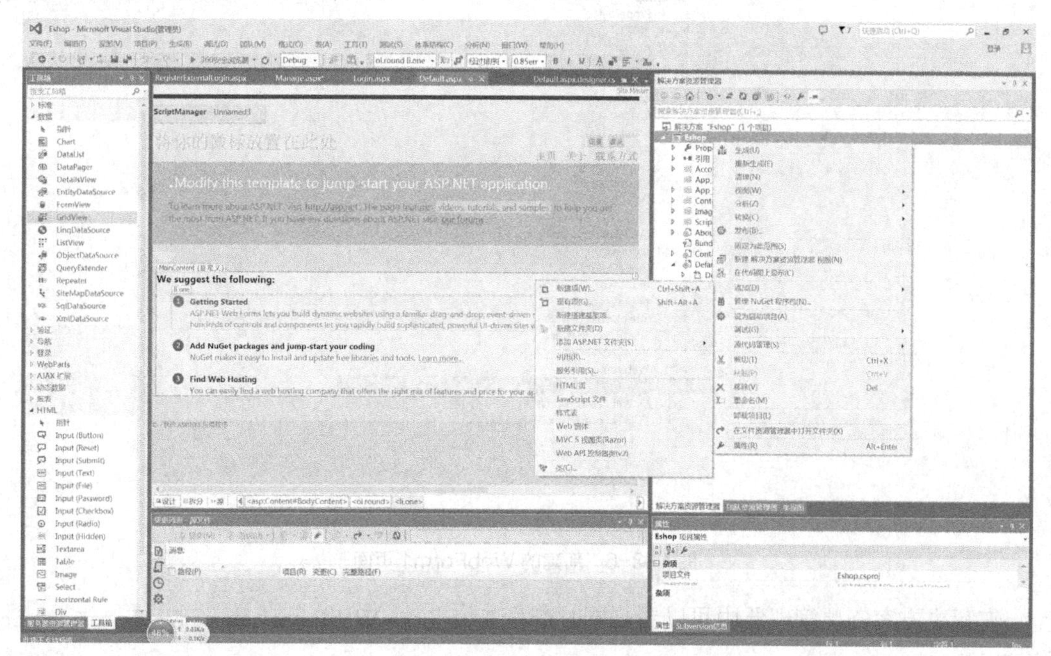

图 1-3-4　添加新 Web 页

（2）在名称框中输入 Web 页面的名称，如图 1-3-5 所示，单击“添加”按钮完成 Web 页面的创建。

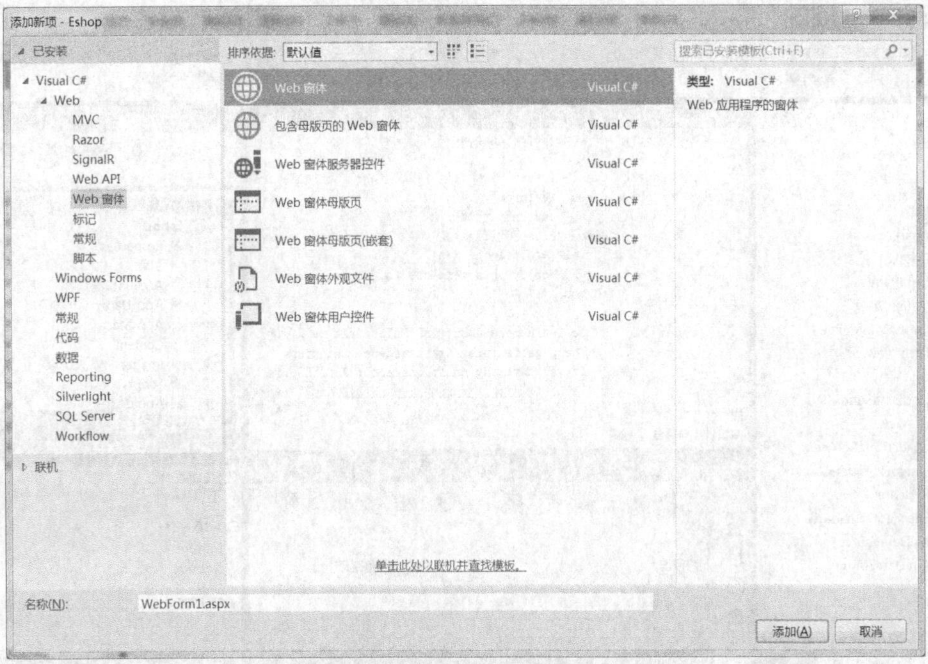

图 1-3-5　为 Web 页命名

（3）单击“添加”按钮，完成页面新建，如图 1-3-6 所示。

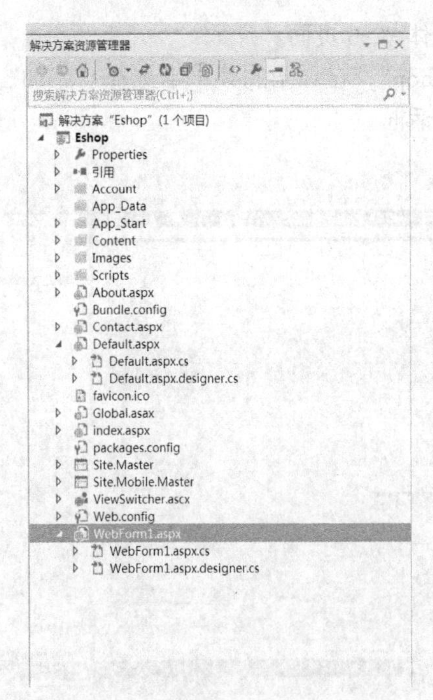

图 1-3-6　新建的 WebForm1 页面

在解决方案资源管理器中可以看到同时产生 3 个文件：WebForm1.aspx、WebForm1.aspx.cs 和 WebForm1.aspx.designer.cs。

● .aspx 文件：（页面）书写页面代码。存储的是页面 design 代码，默认生成代码如下。

```
1    <%@ Page Language="C#" AutoEventWireup="true" CodeBehind="WebForm1.
```

```
aspx.cs" Inherits="Eshop.WebForm1" %>
2    <!DOCTYPE html>
3    <html xmlns="http://www.w3.org/1999/xhtml">
4    <head runat="server">
5    <meta http-equiv="Content-Type" content="text/html; charset=utf-8"/>
6    <title></title>
7    </head>
8    <body>
9    <form id="form1" runat="server">
10   <div>
11   </div>
12   </form>
13   </body>
14   </html>
```

程序说明如下。

第 1 行：此段的代码在.aspx 网页和.aspx.cs 之间使用建立联系，其中 CodeBehind= "WebForm1.aspx.cs"指明了对应的代码后置文件，Inherits="EShop.WebForm1"指明了 WebForm1.aspx.cs 中相关的类。

● .aspx.cs 文件：（代码隐藏页）书写类代码。存储的是程序代码。一般存放与数据库连接和数据库相关的查询、更新、删除操作，还有各个按钮单击后发生的动作等。

```
1    using System;
2    using System.Collections.Generic;
3    using System.Linq;
4    using System.Web;
5    using System.Web.UI;
6    using System.Web.UI.WebControls;
7    namespace Eshop
8    {
9        public partial class WebForm1 : System.Web.UI.Page
10       {
11           protected void Page_Load(object sender, EventArgs e)
12           {
13           }
14       }
15   }
```

程序说明如下。

第 1～6 行：系统命名空间的引用；

第 7 行：本程序命名空间名称为 Eshop；

第 11～13 行：页面加载事件代码。

● .aspx.designer.cs 文件：书写页面设计代码。通常存放的是一些页面控件中控件的配置信息，即注册控件页面。该文件是窗体设计器生成的代码文件，作用是对窗体上的控件执行初始化。该文件中代码如下。

```
1   //------------------------------------------------------------------------------
2   // <auto-generated>
3   //     此代码由工具生成。
4   //
5   //     对此文件的更改可能会导致不正确的行为，并且如果
6   //     重新生成代码，这些更改将会丢失。
7   // </auto-generated>
8   //------------------------------------------------------------------------------
9
10  namespace Eshop
11  {
12      public partial class WebForm1
13      {
14          /// <summary>
15          /// form1 控件。
16          /// </summary>
17          /// <remarks>
18          /// 自动生成的字段。
19          /// 若要进行修改，请将字段声明从设计器文件移到代码隐藏文件。
20          /// </remarks>
21          protected global::System.Web.UI.HtmlControls.HtmlForm form1;
22      }
23  }
```

程序说明如下。

第 21 行：声明一个 form1 控件。

步骤四： Web 窗体页面设计。

在 WebForm1.aspx 页面中，有 3 种视图方式：设计、拆分、源，可以方便用户在源与设计中进行切换。用户可以使用静态网页中使用 Table 或者 Div+css 的方式来完成 Web 窗体页面的设计。

Web 窗体页面的左侧“工具箱”中，提供了 ASP.NET 的各类控件，添加时只需双击控件或者将控件拖到 Web 窗体页面上。

1. 切换到“拆分”视图（见图 1-3-7），打开“工具箱”，将 A Label 控件拖动到窗体的空白页面的<div>层中。代码及视图如图 1-3-8 所示。

- Webform1.aspx 中添加一行代码：

```
<asp:Label ID="Label1" runat="server" Text="Label"></asp:Label>
```

- WebForm1.aspx.designer.cs 中添加代码行：

```
protected global::System.Web.UI.WebControls.Label Label1;
```

2. 右击“拆分”视图中 Label 控件，在弹出的快捷菜单中选择“属性”命令（见图 1-3-9），打开“属性”窗口，设置 Label 的 Text 属性为“当前时间：”（见图 1-3-10）。

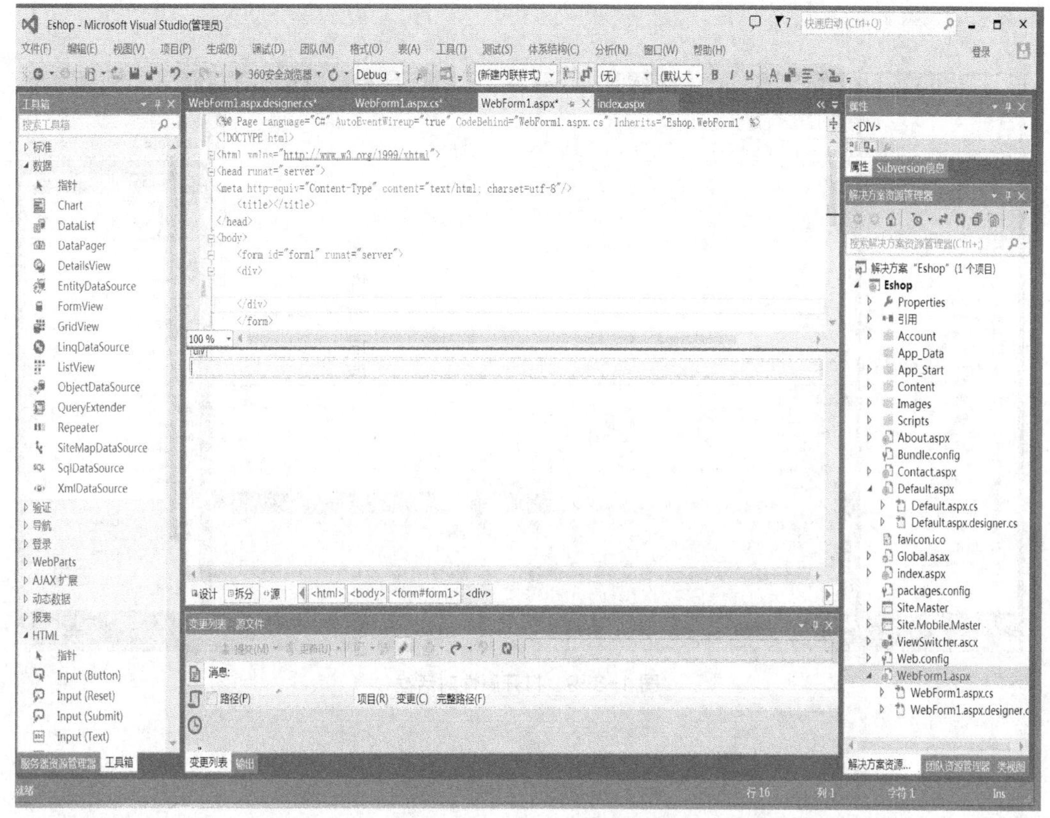

图 1-3-7 切换到拆分视图

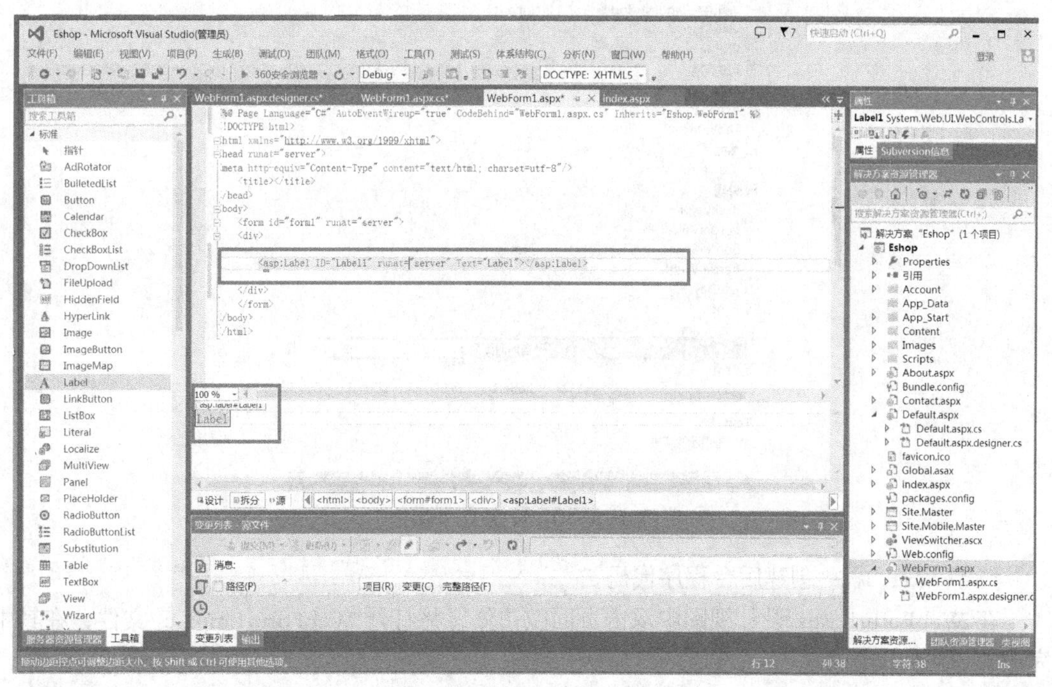

图 1-3-8 添加 label 控件

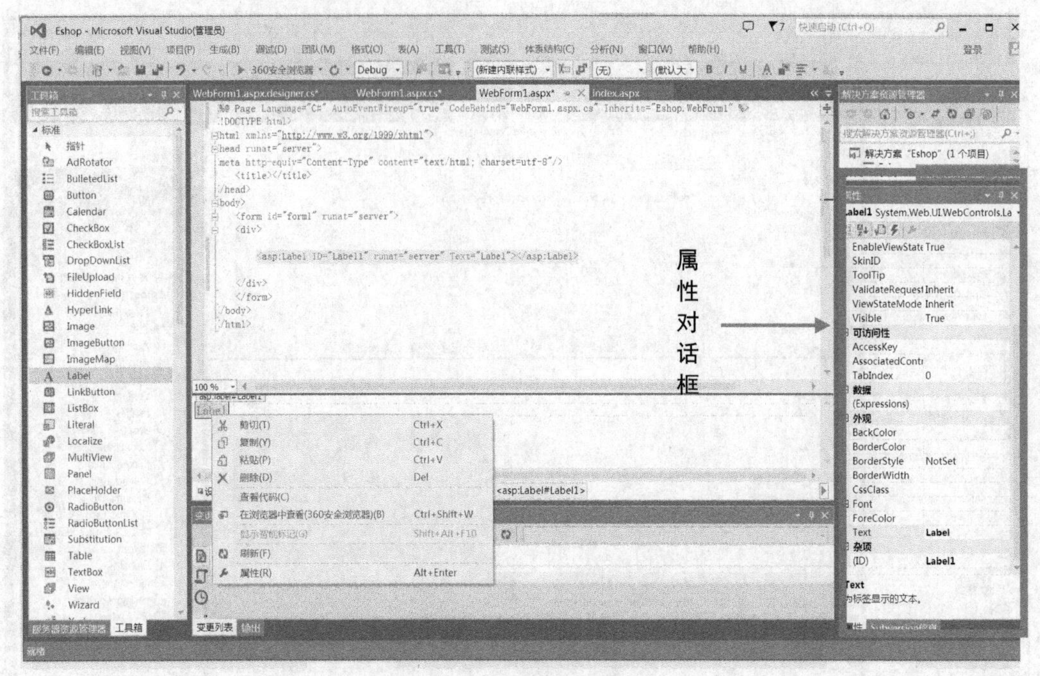

图 1-3-9　打开属性对话框

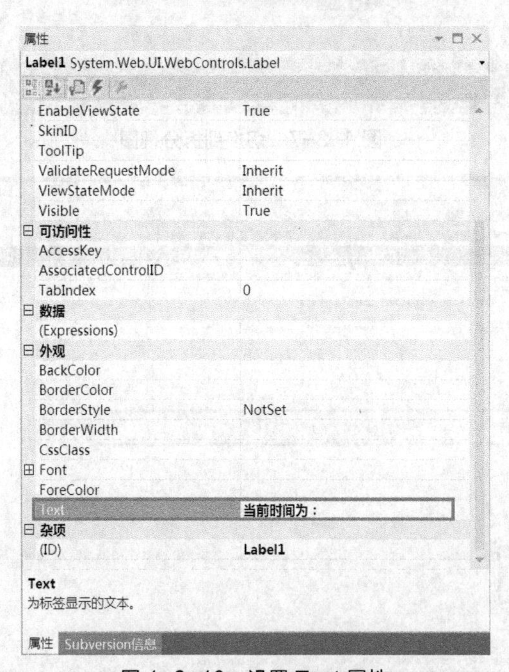

图 1-3-10　设置 Text 属性

步骤五： 创建后台程序代码。

在 WebForm1.aspx 设计视图中双击页面空白处，将打开 WebForm1.aspx.cs 文件，在其中完成如下代码的输入。

```
1      public partial class WebForm1 : System.Web.UI.Page
2        {
3            protected void Page_Load(object sender, EventArgs e)
```

```
4       {
5               Label1.Text += DateTime.Now;      //标签中输出显示当前时间;
6       }
7   }
```

程序说明如下。

第 3～6 行：当窗体加载时，执行的代码；

第 5 行：将当前的时间显示在 label 控件上。

步骤六： 运行程序。

1. 编译程序。单击“生成”菜单，选择“生成 EShop”，在状态栏中看到“生成成功”即表示编译通过，如图 1-3-11 所示。

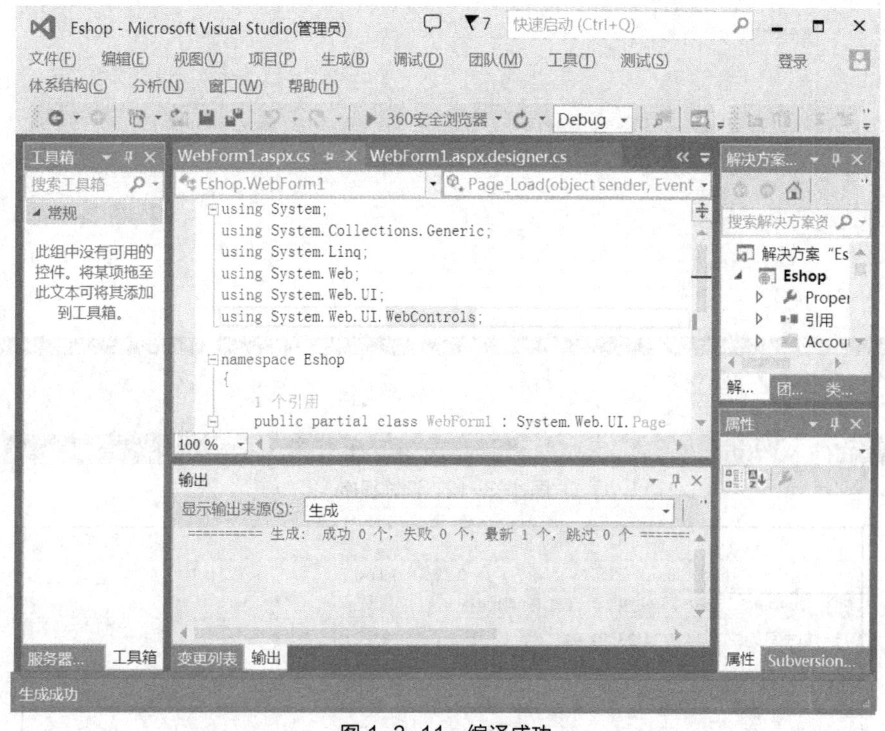

图 1-3-11 编译成功

2. 在标准工具栏中单击“ ▶ 360安全浏览器 ▾ ”按钮，可单击箭头选择要使用的浏览器（见图 1-3-12），运行 WebForm1.aspx 页面。第一次运行应用程序时，会弹出一个“未启用调试”对话框，选择“修改 Web.config 文件以启用调试”单选按钮。单击“确定”按钮，可以看到如图 1-3-13 所示最终效果。

1. Visual Studio 2013 工作界面介绍

Visual Studio 2013 工作界面如图 1-3-14 所示。

（1）菜单栏：Visual Studio 2013 的主要命令都放在菜单中。

（2）工具栏：把菜单中使用频率较高的一些命令放置在工具栏中，用小图标表示。菜单和工具是上下关联的，用户所进行的不同的操作显示不同的菜单项目和工具栏项目。

（3）工具箱：工具箱中包含 ASP.NET 提供的一些标准控件，可采用浮动、自动隐藏、停靠等多种方式显示。

（4）“解决方案资源管理器”面板提供项目及其文件的有组织的视图，并且提供对项目和文件相关命令的便捷访问；“属性”面板可以提供对相关对象属性的设置；“服务资源管理器”提供了简单易用的界面，可以在其中以交互方式使用和显示数据集。

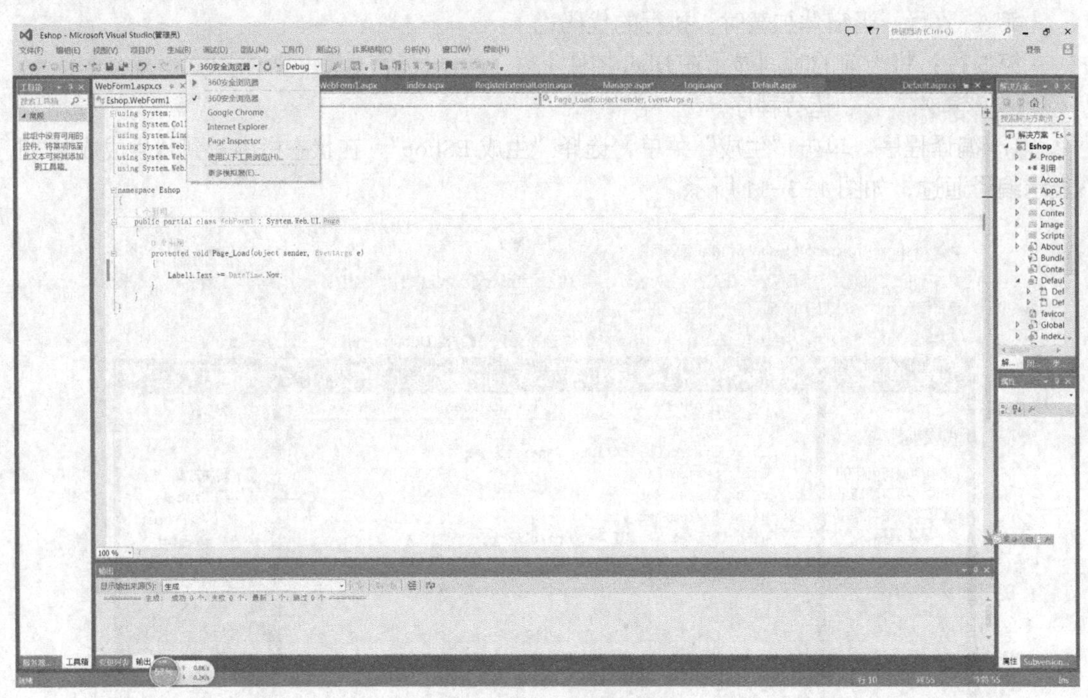

图 1-3-12　调试程序

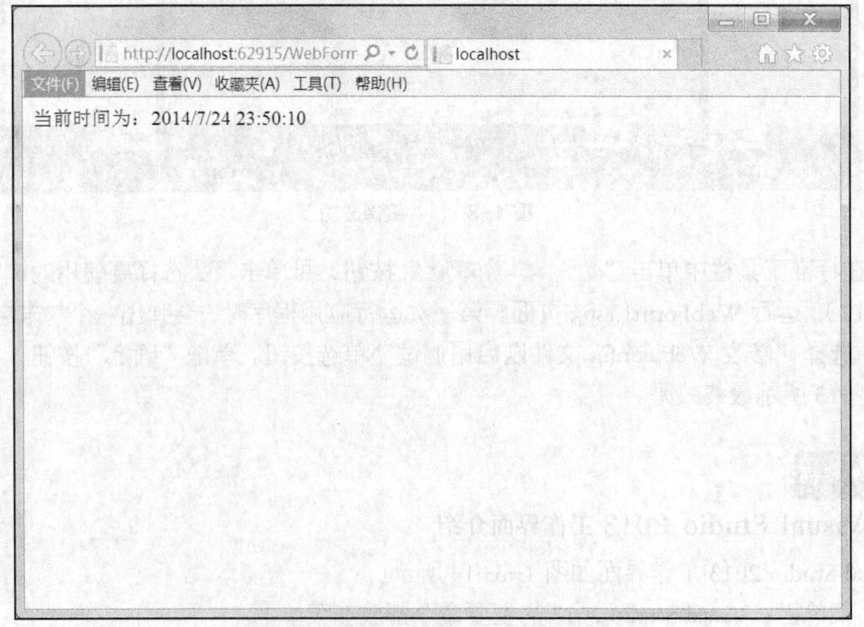

图 1-3-13　运行页面，显示当前时间

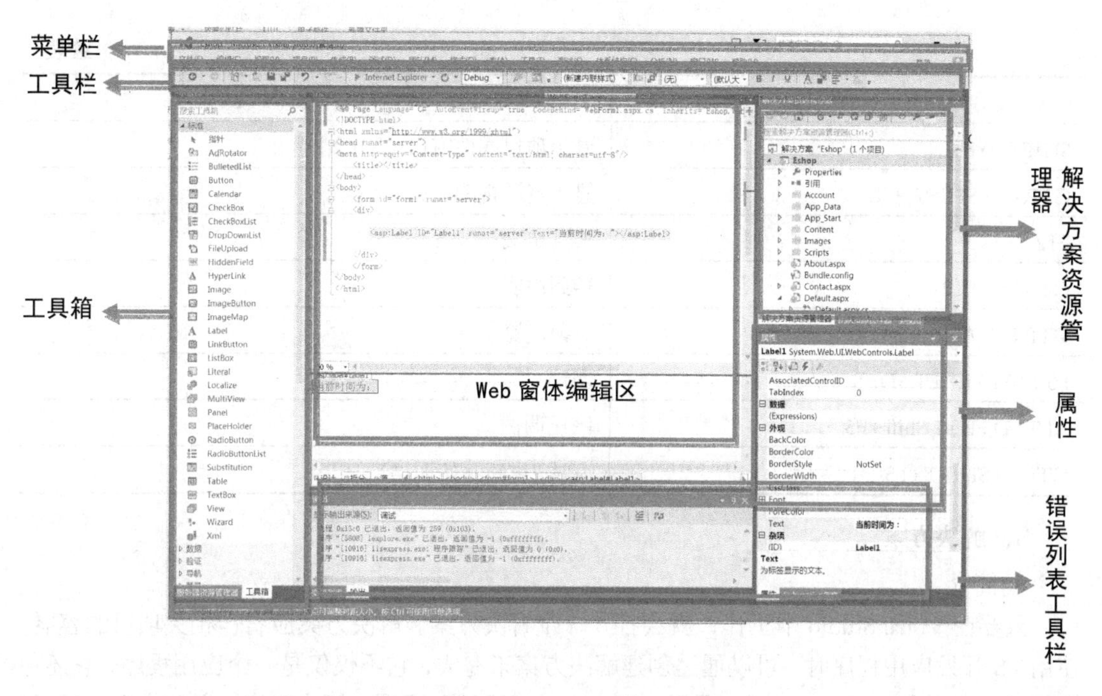

图 1-3-14　Visual Studio 开发环境

（5）Web 窗体编辑区：是 Web 页面设计与布局的工作区，设计者可以在可视化视图、拆分视图和显示源代码的源视图之间切换，工具箱中的控件可以拖放到设计视图中，也可以拖放到源视图中。

（6）状态栏：用于提示当前的工作状态。

（7）错误列表工具栏：显示在编辑和编译代码时产生的“错误”、“警告”和“消息”

- 错误：指示列表中的“错误”的数目。单击可在显示“错误”与不显示“错误”之间切换。
- 警告：指示列表中的“警告”的数目。单击以切换是否显示“警告”。
- 消息：指示列表中的“消息”的数目。单击以切换是否显示“消息”。

2．常见快捷键

Visual Studio 常见快捷键如表 1-3-1 所示。

表 1-3-1　Visual Studio2013 常见快捷键

快捷键	操作
Ctrl+K+C/Ctrl+K+U	注释/取消注释
Ctrl+A+K+F	格式化全部代码
Ctrl+K+F	格式化选中代码
CTRL + SHIFT + B	生成解决方案
Alt+B+U 或 Shift+F6	生成当前项目
CTRL + O	打开文件
CTRL + SHIFT + O	打开项目
CTRL + SHIFT + C	显示类视图窗口
F4	显示属性窗口

续表

快捷键	操作
SHIFT + F4	显示项目属性窗口
CTRL + SHIFT + E	显示资源视图
F12	转到定义
CTRL + F12	转到声明
CTRL + ALT + J	对象浏览
F5,F10,F11,ALT+D+S	调试
ALT+D+E 或 Shift+F5	停止调试
CTRL+SHIFT+F5	调试-重新开始调试

3．解决方案

● 简介

只要在 Visual Studio 中工作，就会打开一个解决方案。解决方案应看作相关项目的容器，使用 VS 开发应用程序时，可以通过创建解决方案来完成，它不仅仅是一个应用程序，它还包含项目，可以是 Windows Forms 项目，Web Form 项目等，但是，解决方案可以包含多个项目，这样即使相关代码最终在硬盘上的多个位置编译为多个程序集，也可以把它们组合到一个地方，是非常有用的，因为它可以处理“共享”代码(这些代码放在 GAC 中)，同时，应用程序也使用这段共享代码，在使用性地开发环境时，高度代码是非常容易的，因为可以在多个代码块中单步调试指令。

在 Visual Studio 中，最常见的应用程序组织方式是一个解决方案包含多个项目。每个项目都由一系列的代码文件和文件夹组成。处理解决方案和项目的主要窗口是 Solution Explore，如图 1-3-15 所示。

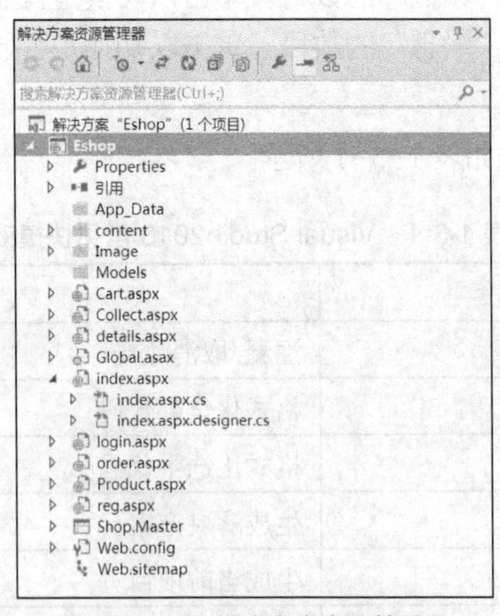

图 1-3-15　解决方案资源管理器

● 解决方案资源管理器

可以通过“视图”→“解决方案资源管理器”菜单打开解决方案资源管理器，也可以通过快捷键 Ctrl+Alt+L 来打开，如图 1-3-16 所示。

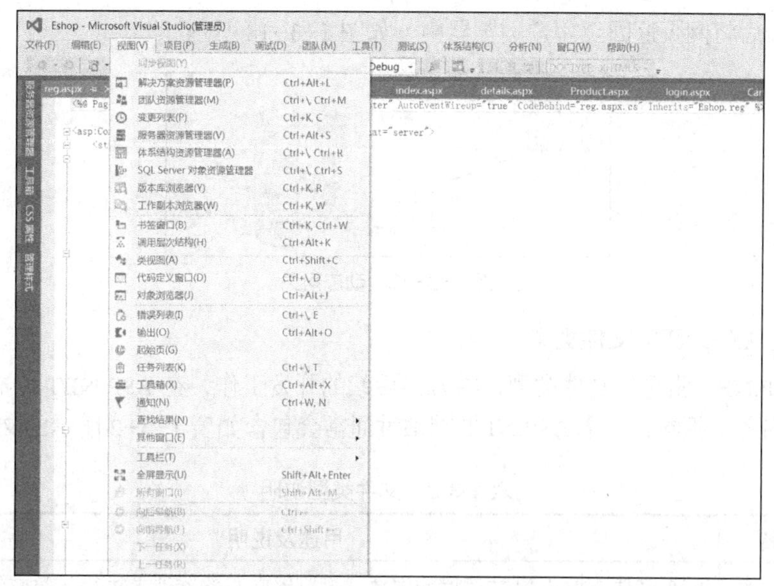

图 1-3-16　打开“解决方案资源管理器”菜单

● 解决方案文件格式

Visual Studio 2013 为解决方案创建两个文件，其扩展名分别为.suo 和.sln。

第一个文件是难以编辑的二进制文件，它包含了与用户相关的信息，例如解决方案在上一次关闭时打开的文件和断点的位置。该文件被标记为隐藏，因此在使用时，它不会在解决方案文件夹中显示。.suo 文件偶尔会被破坏，从而在生成和编辑应用程序时出现意想不到的结果，如果 Visual Studio 对于某个解决方案不稳定，应应退出并删除.suo 文件，下次打开解决方案时，Visual Studio 就会重建它。

第二个.sln 解决方案文件包含了与解决方案相关的信息，如项目列表、生成配置和其他非项目相关的设置。

4．Web 网页的分类

Web 网页一般分为静态网页和动态网页两种类型。

静态网页指网络上的内容和外观相对保持不变的网页，文件的扩展名通常为.htm 或.html，它是一个 HTML 文档，利用 Dreamweaver 等工具制作非常简单，这种网页表现的内容相对固定。静态网站所能访问的页面即预先制作好的页面。且用户仅能单向浏览网站，缺乏交互性，如图 1-3-17 所示。

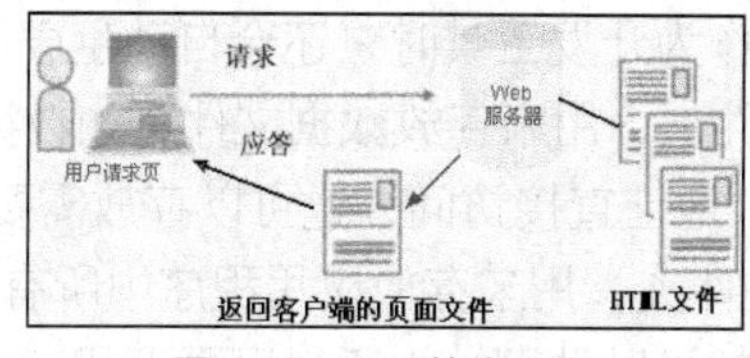

图 1-3-17　静态网页

能够根据客户端的请求实时、自动地生成结果页面并以 HTML 形式传递给客户端浏览器，并且每次显示在浏览器上的内容都可能不一样，这就是动态网页，能够制作这种动态网页的技术就是动态网页技术。动态网站基于数据库的支持，用户只需发出指定信息的访问请求，服务器中即可执行开发人员预先编写好的程序命令，从数据库中查询到数据，并综合于网页指定位置，最后将网页返回至用户浏览器中，如图 1-3-18 所示。

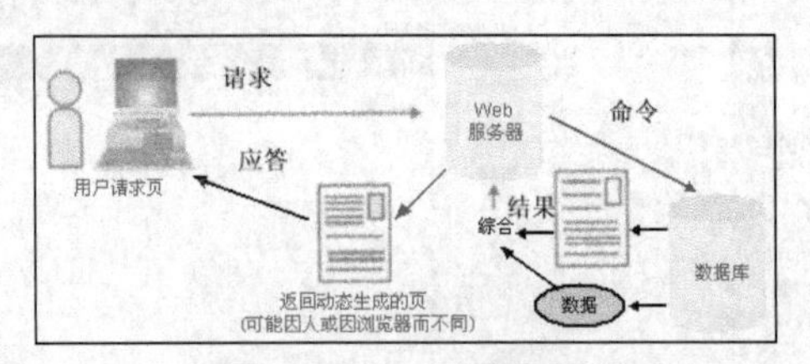

图 1-3-18　动态网页

5．常见 ASP.NET 文件类型

熟悉 ASP.NET 常见的文件类型，将方便后续的开发工作，在 ASP.NET 中有很多类型的文件，扩展名各不相同，一个 ASP.NET 网站时通常会包含如表 1-3-2 所示的文件。

表 1-3-2　文件类型说明

文件扩展名	用途及说明
.aspx	网页文件，Web 网站运行的主体，浏览器向服务器请求执行此类文件，负责网页内容的显示，相当于网页的前台
.aspx.vb 或.aspx.cs	程序文件，是 ASP.NET 网页文件的后置文件，存放网页中要执行的事件代码，与.aspx 相互配合，如同网页文件的后台
web.config	是一个基于 XML 的配置文件，用来存储 ASP.NET 网站的配置信息
.ascx	用户自定义控件文件，可当成一个控件被多个.aspx 文件调用
Global.asax	一个可选文件，ASP.NET 系统环境设置文件，相当与 ASP 中的 Global.asa，在 Web 应用程序中只能有一个
.asmx	制作 Web Service 的原始文件
.sdl	制作 Web Service 的 XML 格式的文件

其中最常用的如下。

（1）网页文件（.aspx），也称作 Web 窗体文件。它是 Web 网站应用程序运行的主体，在 ASP.NET 中的基本文件就是以这些扩展名为.aspx 的文件，一个 ASP.NET 网站就可以看作由众多的.aspx 文件组成，它们往往是负责网页内容的前台显示。

（2）.aspx.cs 文件，也称为程序文件，是 ASP.NET 网页文件的后置文件，主要是配合网页文件的执行，相当于.aspx 文件的后台。

当使用 Visual Studio 2013 作为开发工具时，还会自动生成一些重要的文件夹。

● App_Data：数据共享文件夹，用来存放数据文件，如数据库文件、XML 文件等，并且出于安全考虑，无法通过 URL 地址直接访问，也可以存放需要受到保护的文件。

● App_Code：代码共享文件夹，用来存放应用程序中所有网页都可以使用的共享文件。将类文件存放在该文件夹下，就可以被网站中所有网页调用。

6．ASP.NET 网页语法

（1）页面指令。

ASP.NET 页面通常包含一些指令，这些指令允许用户为相应页指定属性和配置信息。这些指令由 ASP.NET 用作处理页面的指令，但不作为发送到浏览器的一部分呈现 。指令语法用以指定当页和用户控件编译器处理 ASP.NET Web 窗体页（.aspx）和用户控件（.ascx）文件时所使用的设置。使用指令时将指令包括在文件的开头，也可以位于.aspx 或.ascx 文件中的任何位置。ASP.NET 页框架支持的部分指令如表 1-3-3 所示。

表 1-3-3

指　　令	作　　用
@Page——页指令	分析器或编译器在分析或编译页时，可以通过@Page 指令设置分析器和编译器的属性。该指令只能包含在文件扩展名为.aspx 的文件中，声明其语法如下： <%@ Page attribute="value" [attribute="value"...] %> @Page 指令只能使用在 Web 窗体页（.aspx）中，且每个页只能包含一条@Page 指令。当 Web 窗体页使用该指令时，它至少要包含一个属性
@Control ——用户控件指令	分析器或编译器在分析或编译用户控件（.ascx）时，可以通过@Control 指令设置分析器和编译器的属性。该指令只能在用户控件上使用，且一个用户控件只能包含一条@Control 指令。声明@Control 指令的语法如下： <%@ Control attribute="value" [attribute="value" ...] %>
@Register——注册指令	@Register 指令提供了引用用户控件或自定义控件的方法，并引用这些控件的文件（页或者控件）能够使用被引用的控件。换句话说，该指令创建一个标记前缀，实现被引用的控件和其引用文件之间的关联。最终，使得控件能够在其引用文件中呈现出来
@Reference——引用指令	@Reference 指令将指定的页或用户控件链接到当前页或用户控件，即在指定的页或用户控件和当前页或用户控件之间建立动态连接。声明该指令的语法如下： <%@ Reference Page="页的路径" Control="用户控件的路径" virtualPath="文件的虚拟路径" %>
@Master——母版页指令	分析器或编译器在分析或编译母版页（.master）时，可以通过@Master 指令设置分析器和编译器的属性。该指令只能在母版页上使用，且一个母版页只能包含一条@Master 指令。声明@Master 指令的语法如下： <%@ Master attribute="value" [attribute="value"...] %>
@PreviousPageType——上一页类型指令	@PreviousPageType 指令提供了获取上一页（当前页的 Page 对象的 PreviousPage 属性的值）的强类型的方法。它只能使用在 Web 窗体页(.aspx）上，声明该指令的语法如下： <%@ PreviousPageType attribute="value" [attribute="value"...] %> @PreviousPageType 指令包含两个属性：TypeName 和 VirtualPath。其中，TypeName 属性指定上一页的类型的名称；VirtualPath 属性指定生成强类型引用的文件的路径，它的值为相对路径。一般情况下，TypeName 和 VirtualPath 属性不能同时使用。下面的代码示例设置了生成强类型的文件的 VirtualPath 属性的值为~/OtherPreviousPageType.aspx。 <%@ PreviousPageType VirtualPath="~/OtherPreviousPageType.aspx" %>

续表

指　令	作　用
@OutputCache——输出缓冲指令	@OutputCache 指令设置 Web 窗体页或用户控件的输出缓存策略
@Import——导入指令	@Import 指令将命名空间导入到文件中，使得该文件可以使用导入的命名空间中的类和接口。它不但可以导入.NET 框架类库中的命名空间，而且可以导入用户自定义的命名空间。声明该指令的语法如下： <%@ Import namespace="value" %>
@Implements——执行指令	@Implements 指令指定当前文件（如 Web 窗体页、用户控件等）需要实现的.NET 框架类库中的接口。如果用户在文件中需要实现接口时，用户必须在<script>标记中实现接口所需要的方法和属性。若文件需要实现多个接口，则可以在该文件上多次使用@Implements 指令。@Implements 指令只包含一个属性：interface。该属性表示当前文件需要实现的接口的名称。声明@Implements 指令的语法如下： <%@ Implements interface="MyValidInterfaceName" %>

● @Page 指令

表 1-3-4

@Page 指令包含的属性	作用与取值
Language	指定在对页中的所有内联呈现（<% %> 和 <%= %>）和代码声明块进行编译时使用的语言。值可以表示任何 .NET Framework 支持的语言，包括 Visual Basic、C# 或 JScript。每页只能使用和指定一种语言
CodeBehind	指定包含与页关联的类的已编译文件的名称。该属性不能在运行时使用
CodeFile	指定指向页引用的代码隐藏文件的路径。此属性与 Inherits 属性一起使用可以将代码隐藏源文件与网页相关联。此属性仅对编译的页有效
Inherits	定义供页继承的代码隐藏类。它可以是从 Page 类派生的任何类。它与 CodeFile 属性一起使用
AutoEventWireup	指示页面的事件是否自动绑定。如果启用了事件的自动绑定，则为 true；否则为 false。默认值为 true
Debug	指示是否应使用调试符号编译该页。如果应使用调试符号编译该页，则为 true；否则为 false。由于此设置影响性能，因此只应在开发期间将此属性设置为 true
EnableViewState	指示是否在页请求之间保持视图状态。如果要保持视图状态，则为 true；否则为 false。默认值为 true
ErrorPage	定义在出现未处理页异常时用于重定向的目标 URL
Title	指定在响应的 HTML <title> 标记中呈现的页的标题。也可以通过编程方式将标题作为页的属性来访问
EnableEventValidation	在回发方案中启用事件验证。如果验证事件，则为 true；否则为 false。默认值为 true

续表

@Page 指令包含的属性	作用与取值
EnableSessionState	定义页的会话状态要求。如果启用了会话状态，则为 true；如果可以读取会话状态但不能进行更改，则为 ReadOnly；否则为 false。默认值为 true。这些值是不区分大小写的
EnableTheming	指示是否在页上使用主题。如果使用主题，则为 true；否则为 false。默认值为 true

注：

@Page 指令只能在 Web 窗体页中使用。每个.aspx 文件只能包含一条@Page 指令。此外，每条@Page 指令只能定义一个 Language 属性，因为每页只能使用一种语言。

在源代码或配置文件中，大多数属性都提供了最常用的默认值，因此通常不需要向指令添加大量属性。

@Page 指令的多个属性之间使用一个空格分隔生个属性/值对；对于特定属性，不要在将该属性与其值相连的等号（=）两侧加空格。

（2）代码呈现块语法及服务器端注释语法。

在"源"视图的 HTML 源代码的<div></div>标记间显示服务器段代码，则需要使用代码呈现块来实现。

```
1    <body>
2        <form id="form1" runat="server">
3        <div>
4            <%-- 以下为代码呈现块，此处为注释--%>
5            <%  string strname = "jack";      %>
6          <%=strname %>
7        </div>
8        </form>
9    </body>
```

程序说明如下。

第 4 行：服务器端注释语法格式

第 4~5 行：代码呈现块

程序运行结果如图 1-3-19 所示。

图 1-3-19　程序运行结果

- 代码呈现块语法的格式为

```
<% 程序代码 %>
```

- 服务器端注释语法格式为

```
<%--注释文字--%>
```

1. 自己动手尝试搭建 Visual Studio 2013 开发环境。
2. 在 ASP.NET 网站通常由哪些类型的文件和文件夹组成？
3. 创建一个应用程序，使用 Response.Write 的输出内容中可以包含 HTML、字符串、变量和脚本语句，请参考书中的示例，用 Response.Write 输出下面自己的资料：

我的姓名是：***

我的性别是：*

要求字体为宋体、颜色为红色、大小为 3 号，姓名后要换行。

1. 运行 ASP.NET 程序的机必须安装（　　）。

   A. .NET Framework 和 IIS　　B. VS .NET

   C. C#和 VB .NET　　D. ASP.NET

2. 页面的 IsPostBack 属性用来判别页面（　　）。

   A. 是否需要回传　B. 是否回传的　C. 是否启用回传　D. 是否响应回传

3. App_Code 目录用来放置中间层的（　　）。

   A. 专用数据文件　B. 共享文件　C. 被保护的文件　D. 代码文件

4. 静态网页文件的后缀是（　　）。

   A. Asp　B. Aspx　C. htm　D. jsp

5. 用 Visual Studio .NET 编写的程序被编译成中间语言（　　）。

   A. CLR　B. JIT　C. GC　D. GDI

6. 要使程序立即运行需要按（　　）键。

   A. F5　B. Ctrl+F5　C. F10　D. F11

7. ASP.NET 的 Web 应用程序被安装和运行在服务器端，其作用是（　　）。

   A. 输出页面到屏幕

   B. 将保存在磁盘中的 HTML 文档发送到客户端

   C. 提供数据给另一个应用程序

   D. 动态产生页面的 HTML 并发送到客户端

8. .NET Framework 是一种（　　）。

   A. 编程语言　B. 程序运行平台　C. 操作系统　D. 数据库管理系统

PART 2

第2章 用户交互设计

本章重点介绍在 Visual Studio.NET 环境中完成"EShop 网上商城"的用户交互界面设计。Visual Studio.NET 应用程序不仅提供了众多的 HTML 服务器控件，而且还提供了功能更强大的 Web 服务器控件。

学习重点

- 熟悉母版页的设计；
- 熟悉常见的导航控件的使用方法；
- 熟悉按钮、标签、文本框、图片框、单选按钮、复选框、列表框、下拉列表框等标准服务器控件的常用属性、重要方法及事件；
- 熟悉常用的用户验证控件的使用方法。

项目任务总览

任务编号	任务名称
任务 2.1	商城母版页设计
任务 2.2	导航设计
任务 2.3	用户登录 UI 设计
任务 2.4	用户注册 UI 设计
任务 2.5	用户输入验证

任务 2.1 商城母版页的设计

通常情况下，网站内的页面外观和风格比较一致，站点拥有统一的页面布局，各页面之间必然有很多重复的部分。Visual Studio .NET 引入的一个新特性为我们能够统一站点的页面布局方面提供了简单而有效的工具，这就是母版技术。母版页为应用程序的所有页面或者一组特定页面提供统一的页面布局和设计风格，并且降低了应用程序开发和维护的成本。母版允许开发者创建统一的站点模板和指定的可编辑区域，这样 Web 窗体页面只需要给模板页中指定的可编辑区域提供填充内容就可以了。所有在母版中定义的其他标记将出现在所有使用了该母版的 aspx 页面中。这种模式允许开发者统一管理和定义站点的页面布局，因此可以容易的得到拥有统一风格的页面。

完成 EShop 网上数码商城的母版页设计，如图 2-1-1 所示。

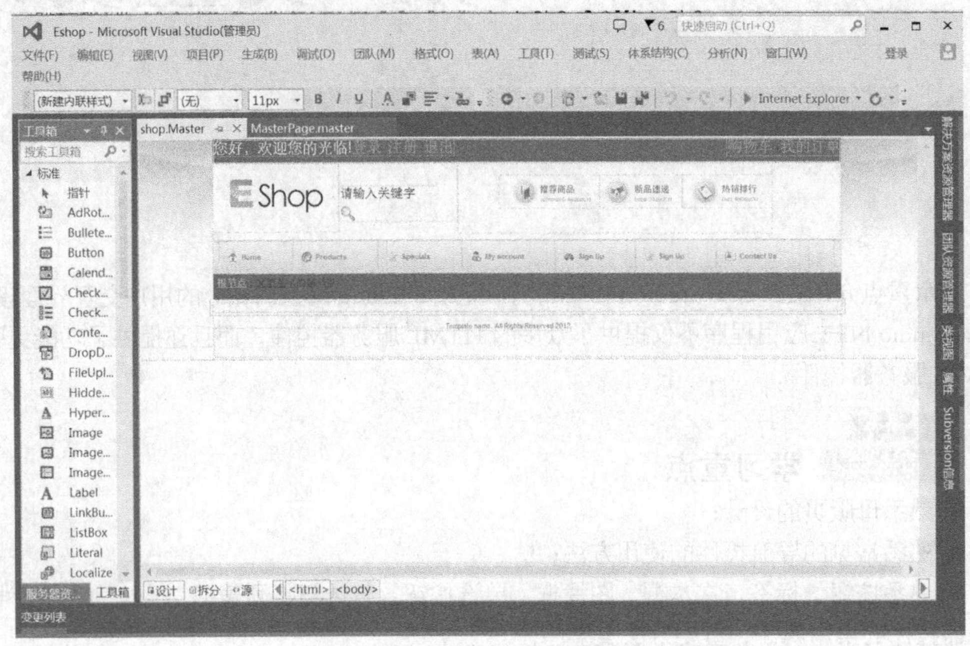

图 2-1-1　EShop 网上商城母版页

任务目标

- 能了解母版页在整合页面公共元素、统一页面风格中的作用；
- 能掌握创建母版页和生成内容页的方法；
- 能掌握静态网页向动态网页的转换的方法。

任务分析

本项目中大部分的页面结构是以头部、导航、页面内容、尾部 4 个部分组成，其中头部、导航、尾部是相对稳定的公共部分，仅有页面内容页为变化部分，可将公共部分整合到共享的页面中，即母版页。根据第 1 章中需求分析，对本项目设计母版页如图 2-1-2 所示。

头部（固定部分）
导航（固定部分）
页面内容（活动部分）
尾部（固定部分）

图 2-1-2　母版页面结构图

步骤一： 创建母版页。

1. 启动 Visual Studio .NET。选择“文件”→打开→“项目/解决方案”选项，如图 2-1-3 所示。

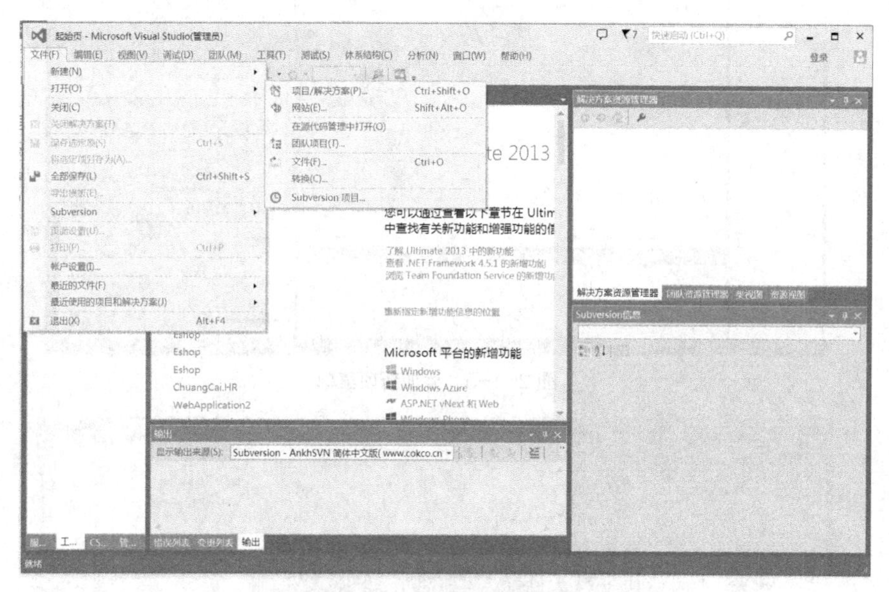

图 2-1-3　打开项目/解决方案

2. 弹出如图 2-1-4 所示对话框，选择网站所在的文件夹 Eshop 下的解决方案 Eshop.sln，如图 2-1-4 所示。

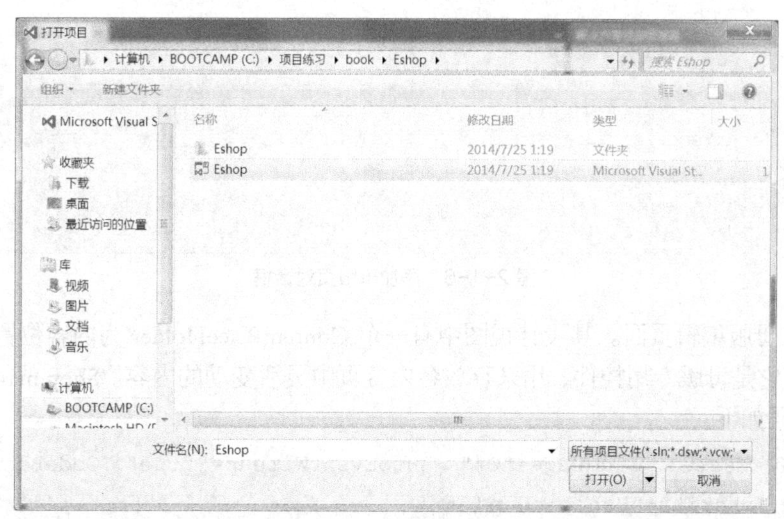

图 2-1-4　打开项目对话框

3. 在“解决方案资源管理器”窗口中的项目名称“EShop”上单击右键，在快捷菜单中选择“添加”→“新建项”选项，在弹出对话框右侧选择已经安装的模板窗格中“Web 窗体母版页”，并在名称框中输入母版的名称，本项目中命名为 shop.master，然后单击“添加”按钮即可（见图 2-1-5 和图 2-1-6）。

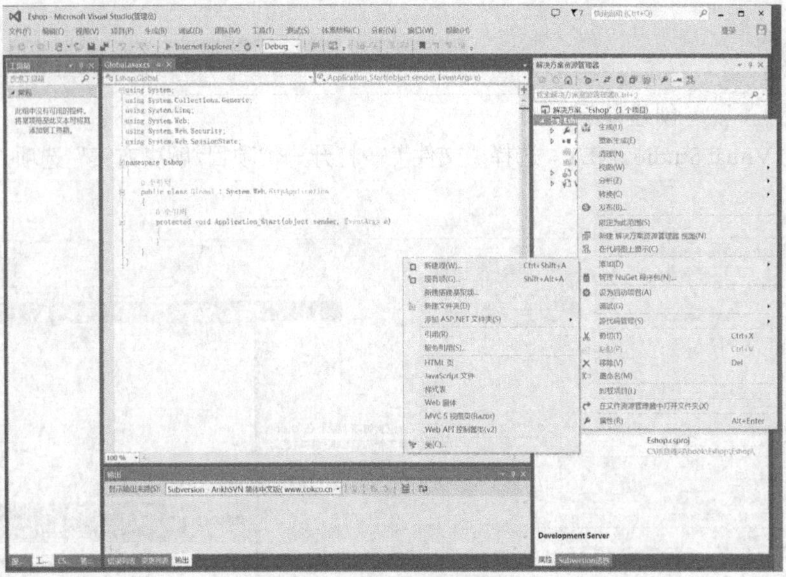

图 2-1-5　添加新项菜单

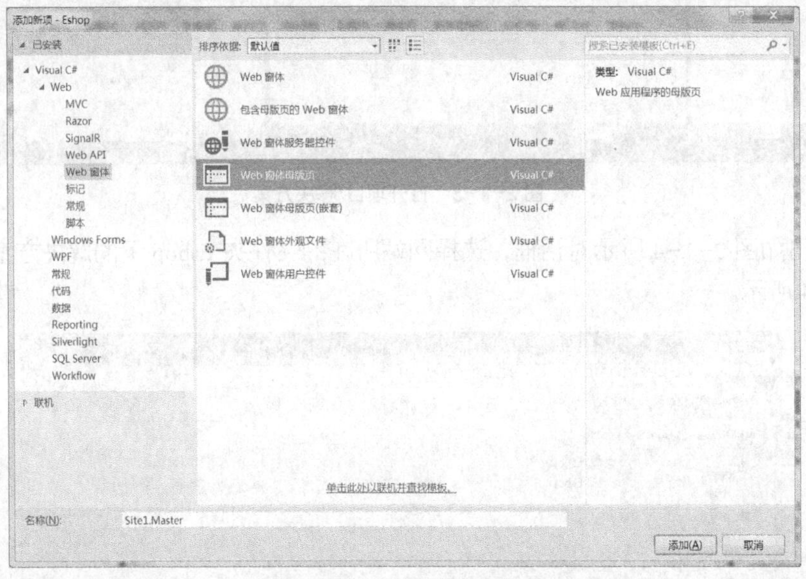

图 2-1-6　添加母版页对话框

4. 进入母版编辑页面。其设计视图中有一个 ContentPlaceHolder 为内容位置控件（内容占位控件），它是母版专用控件，用来存放各内容页中灵活变动的内容。Shop.master 中自动生成的主要代码如下。

```
1  <%@ Master Language="C#" AutoEventWireup="true" CodeBehind="shop.master.cs" Inherits="Eshop.shop" %>
2  <!DOCTYPE html PUBLIC "-//W3C//DTD XHTML 1.0 Transitional//EN" "http://www.w3.org/TR/xhtml1/DTD/xhtml1-transitional.dtd">
3  <html xmlns="http://www.w3.org/1999/xhtml">
4  <head runat="server">
5     <title></title>
```

```
6       <asp:ContentPlaceHolder ID="head" runat="server">
7       </asp:ContentPlaceHolder>
8   </head>
9   <body>
10      <form id="form1" runat="server">
11      <div>
12          <asp:ContentPlaceHolder ID="ContentPlaceHolder1" runat="server">
13          </asp:ContentPlaceHolder>
14      </div>
15      </form>
16  </body>
17  </html>
```

程序说明如下。

第 12～13 行：内容位置控件（内容占位控件），它是母版专用控件，用来存放各内容页中灵活变动的内容。

步骤二： 为项目创建样式表。

1. 新建文件夹 content。右击“Eshop”解决方案，在弹出的菜单中选择“添加”→“新建文件夹”（见图 2-1-7），重命名为 content。

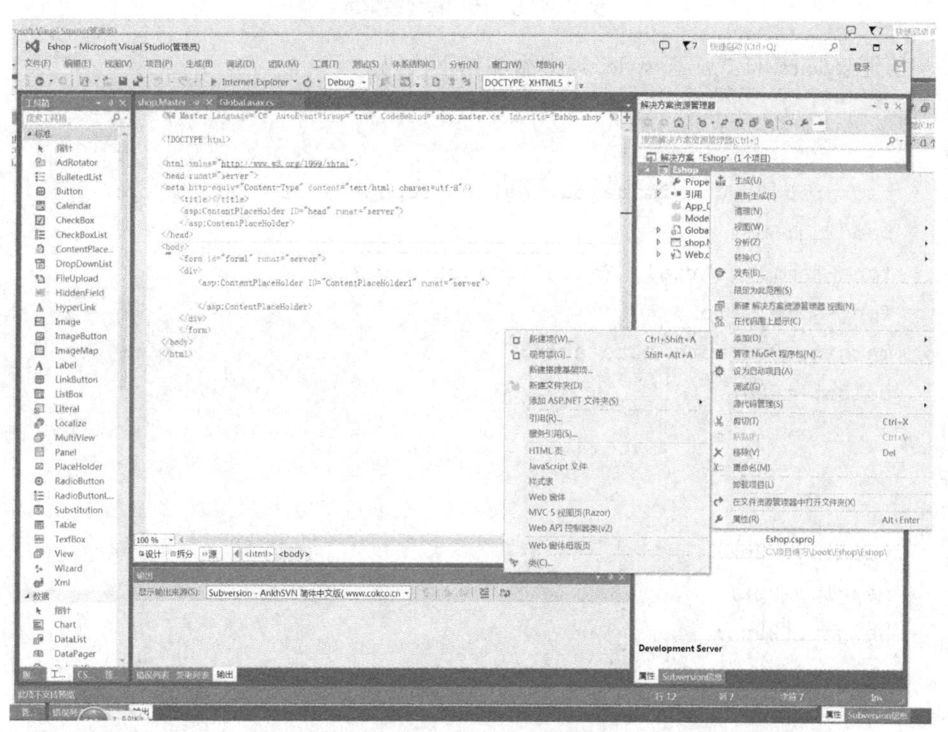

图 2-1-7　添加 content 文件夹

2. 在新创建的文件夹 content 中添加样式表 style.css。右击“content”文件夹，在弹出的菜单中选择“添加”→“新建项”→“样式表”，命名为 style.css，单击“确定”按钮完成创建，如图 2-1-8 所示。

图 2-1-8　添加样式表菜单

3. 创建 style.css 样式。在 style.css 中添加如下代码。

```
body
{
    background: url(image/bg.jpg) no-repeat #fff center top;
    padding: 0;
    font-family: Arial, Helvetica, sans-serif;
    font-size: 11px;
    margin: 0px auto auto auto;
    color: #000;
}
p
{
    padding: 2px;
    margin: 0px;
    height: 25px;
}
.main_container
{
    width: 1000px;
    height: auto;
    margin: auto;
    padding: 0px;
```

```
text-align: center;
}
.top_bar
{
  height: 38px;
  background-color: #4a4a4a;
  width:1000px;
  text-align: center;
  margin :auto;
}


/*--------------head-----------------*/
.header
{
  width: 1000px;
  height: 120px;
  background: white;
  margin: auto;
}
.logo
{
  float: left;
  padding: 15px;
}
.search_text
{
  float: left;
  width: 180px;
  padding: 30px 10px 0 0px;
  color: #999999;
}
.header_img
{
  margin: auto;
  float: right;
  width: auto;
}
.header_class
{
  float: left;
```

```
    color: #999999;
    height: 90px;
    top: 50px;
    padding: 20px 0 0 20px;
    width: 480px;
}

/*-----------menu-----------------*/
.menu_bar
{


  width: 1000px;
  height: auto;
  background: url('image/menu_bg.gif') repeat-x center;
  margin:auto;
}
.left_menu_corner
{
   width: 9px;
   height: 50px;
   float: left;
   background: url(image/menu_left.gif) no-repeat center;
}
.right_menu_corner
{
   width: 9px;
   height: 50px;
   float: left;
   background: url(image/menu_right.gif) no-repeat center;
}
ul.menu
{
   list-style-type: none;
   float: left;
   display: block;
   width: 980px;
   margin: 0px;
   padding: 0px;
   background: url(image/menu_bg.gif) repeat-x;
}
ul.menu li
```

```
{
    display: inline;
    font-size: 11px;
    font-weight: bold;
    line-height: 50px;
}
ul.menu li.divider
{
    display: inline;
    width: 1px;
    height: 50px;
    float: left;
    background: url(image/menu_divider.gif) no-repeat center;
}
a.nav1:link, a.nav1:visited
{
    display: block;
    float: left;
    padding: 0px 8px 0px 22px;
    margin: 0 14px 0 14px;
    height: 50px;
    text-decoration: none;
    background: url(image/home.png) no-repeat left;
    color: #676d77;
}
a.nav2:link, a.nav2:visited
{
display: block;
float: left;
padding: 0px 8px 0px 22px;
margin: 0 14px 0 14px;
height: 50px;
text-decoration: none;
background: url(images/services.png) no-repeat left;
color: #676d77;
}
a.nav3:link, a.nav3:visited
{
display: block;
float: left;
padding: 0px 8px 0px 22px;
```

```
margin: 0 14px 0 14px;
height: 50px;
text-decoration: none;
background: url(image/favs.png) no-repeat left;
color: #676d77;
}
a.nav4:link, a.nav4:visited
{
display: block;
float: left;
padding: 0px 8px 0px 22px;
margin: 0 14px 0 14px;
height: 50px;
text-decoration: none;
background: url(image/user_add.png) no-repeat left;
color: #676d77;
}
a.nav5:link, a.nav5:visited
{
display: block;
float: left;
padding: 0px 8px 0px 22px;
margin: 0 14px 0 14px;
height: 50px;
text-decoration: none;
background: url(image/car.png) no-repeat left;
color: #676d77;
}
a.nav6:link, a.nav6:visited
{
display: block;
float: left;
padding: 0px 8px 0px 22px;
margin: 0 14px 0 14px;
height: 50px;
text-decoration: none;
background: url(image/contact-new.png) no-repeat left;
color: #676d77;
}

a.nav1:hover, a.nav2:hover, a.nav3:hover, a.nav4:hover, a.nav5:hover,
```

```
a.nav6:hover
   {
   color: #333333;
   }
   li.currencies
   {
   width: 180px;
   float: left;
   padding: 0 0 0 15px;
   _padding: 12px 0 0 15px;
   color: #676d77;
   font-size: 11px;
   font-weight: bold;
   }
   .menu_content
   {
   width: 700px;
   height: 100px;
   float: left;
   padding: 0 0 0 0px;
   }
   /*---------------content----------------*/
   .main_content
   {
   width:1000px;
   border: solid 1px silver;
   text-align:center ;
   margin :auto;
   }

   /*--------crumb_navigation-------------*/
   .crumb_navigation
   {
   height: 25px;
   padding: 15px 0 0 0;
   color: #333333;
   background-color: #4a4a4a;
   background-position: 5px 6px;
   text-align: left;
   width:1000px;
   margin :auto;
```

```
}
.crumb_navigation a
{
color: #0fa0dd;
text-decoration: underline;
}
span.current
{
color: #0fa0dd;
}
/*-------------footer---------------*/
.footer
{
width: 1000px;
clear: both;
height: 65px;
background: url(images/footer_bg.gif) repeat-x top;
margin:auto;
}
.left_footer
{
float: left;
width: 300px;
padding: 5px 0 0 10px;
}
.right_footer
{
float: right;
padding: 15px 30px 0 0;
}
.right_footer a
{
padding: 0 0 0 7px;
text-decoration: none;
color: #666666;
}
.right_footer a:hover
{
text-decoration: underline;
}
.center_footer
```

```
{
float: left;
width: 200px;
text-align: center;
color: #666666;
padding: 10px 0 0 60px;
```


步骤三： 导入本项目所需要图片。

1. 在项目解决方案中，右击解决方案名，在弹出的菜单中选择“添加”→“新建文件夹”，新建文件夹并将其命名为 Image，该文件夹用来存放网页中所用到的图片，如图 2-1-9 所示。

2. 导入图片。右击“Image”文件夹，将本书提供的资源文件夹中的图片复制到该文件夹下，如图 2-1-10 所示。

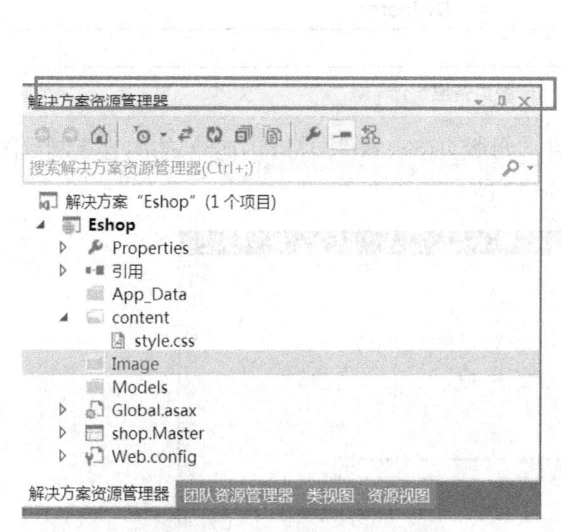

图 2-1-9 添加 Image 文件夹

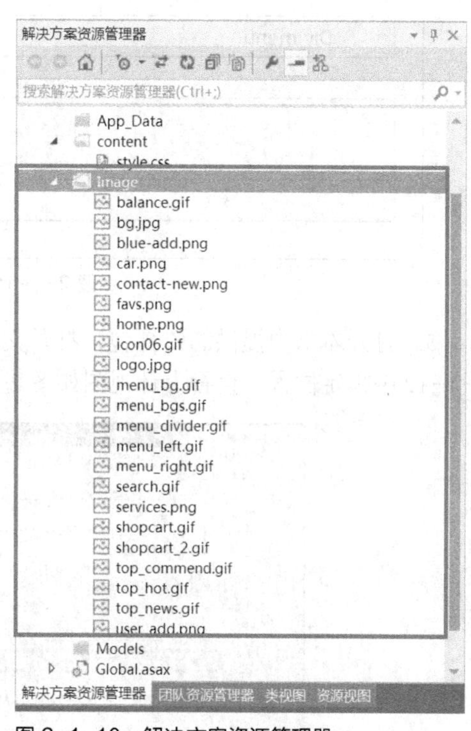

图 2-1-10 解决方案资源管理器

步骤四： 设计母版页 DIV。

1. 在母版中添加对 style.css 文件样式的引用。在母版页的<head></head>中添加代码：<link rel="stylesheet" type="text/css" href="content/style.css" />，全部代码如下。

```
1   <head runat="server">
2       <title>无标题页</title>
3       <link rel="stylesheet" type="text/css" href="content/style.css"/>
4       <asp:ContentPlaceHolder ID="head" runat="server">
5       </asp:ContentPlaceHolder>
6   </head>
```

程序说明如下。

第 2 行：Web 页标题内容。

第 3 行：引用样式表 style.css。

2. 根据页面结构设计图使用层对母版页进行布局（各层名称见图 2-1-11）。

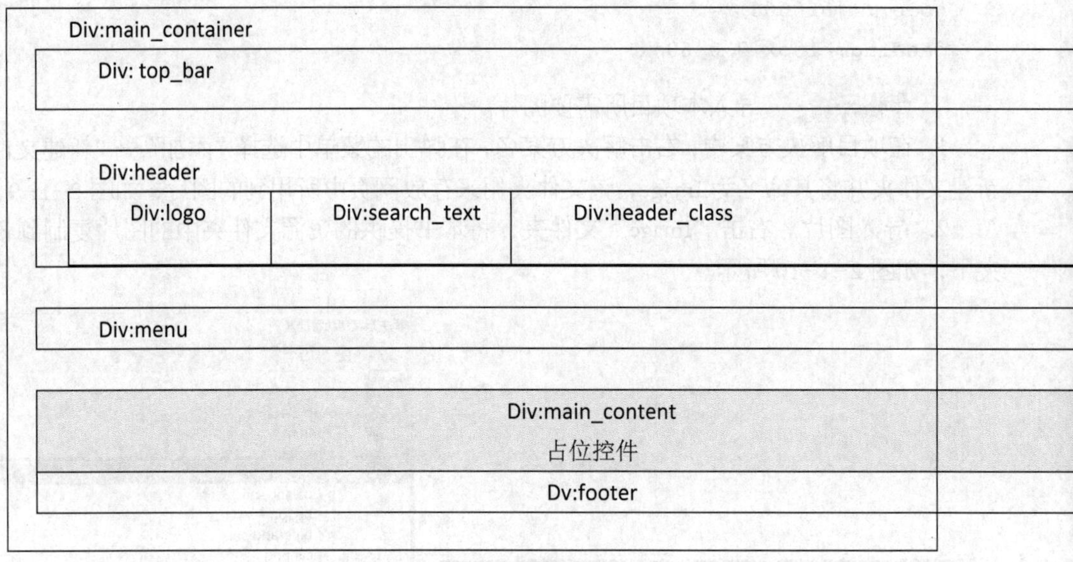

图 2-1-11　母版页各层设计

3. 打开本书中提供的资源包，打开文件“母版页(div).txt”，将其中全部的内容复制到图 2-1-12 中指定位置，查看设计视图如图 2-1-13 所示 。

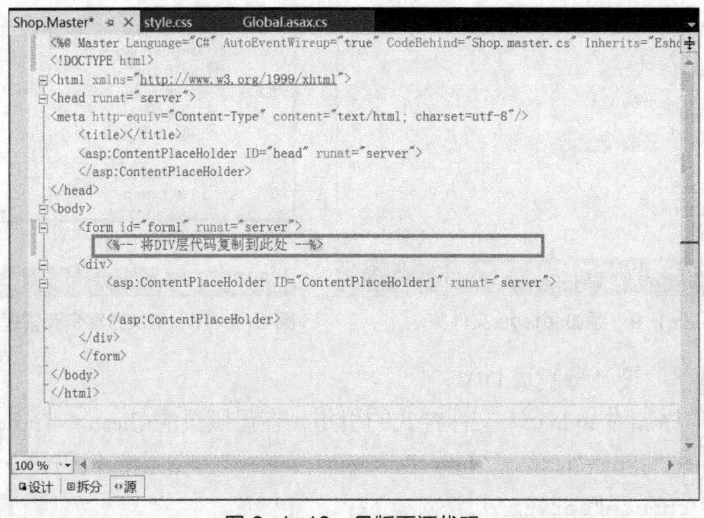

```
<%@ Master Language="C#" AutoEventWireup="true" CodeBehind="Shop.master.cs" Inherits="Esho
<!DOCTYPE html>
<html xmlns="http://www.w3.org/1999/xhtml">
<head runat="server">
<meta http-equiv="Content-Type" content="text/html; charset=utf-8"/>
    <title></title>
    <asp:ContentPlaceHolder ID="head" runat="server">
    </asp:ContentPlaceHolder>
</head>
<body>
    <form id="form1" runat="server">
      <%-- 将DIV层代码复制到此处 --%>
    <div>
        <asp:ContentPlaceHolder ID="ContentPlaceHolder1" runat="server">

        </asp:ContentPlaceHolder>
    </div>
    </form>
</body>
</html>
```

图 2-1-12　母版页源代码

4. 将图 2-1-13 中的 contentPlaceHolder 移动到层 main_content 中去。整个页面代码如下。

```
1   <%@ Master Language="C#" AutoEventWireup="true" CodeBehind="shop.master.cs" Inherits="EShop.shop" %>
2   <!DOCTYPE html PUBLIC "-//W3C//DTD XHTML 1.0 Transitional//EN" "http://www.w3.org/TR/xhtml1/DTD/xhtml1-transitional.dtd">
```

```
3   <html xmlns="http://www.w3.org/1999/xhtml">
4   <head runat="server">
5   <title>无标题页</title>
6   <link rel="stylesheet" type="text/css" href="content/style.css" />
7   <asp:ContentPlaceHolder ID="head" runat="server">
8   </asp:ContentPlaceHolder>
9   </head>
10  <body>
11  <form id="form1" runat="server">
12  <div id="main_container">
13  <div class="top_bar">
14  </div>
15  <div class="header ">
16  <div class="logo">
17  <img alt="" src="image/logo.jpg" style="width: 171px; height: 73px" />
18  </div>
19  <div class="search_text">
20  <input type="text" class="search_input" name="search" value="请输入关
键字" />
21  <input type="image" src="image/search.gif" class="search_bt" />
22  </div>
23  <div class="header_class">
24  <div class="header_img ">
25  <img alt="推荐商品" src="image/top_hot.gif" />
26  </div>
27  <div class="header_img ">
28  <img alt="新品速递" src="image/top_news.gif" />
29  </div>
30  <div class="header_img ">
31  <img alt="热销排行" src="image/top_commend.gif" />
32  </div>
33  </div>
34  </div>
35  <div class="menu_bar">
36  <div class="left_menu_corner ">
37  </div>
38  <ul class="menu">
39  <li><a href="index.aspx" class="nav1">Home </a></li>
40  <li class="divider"></li>
41  <li><a href="productbrief.aspx" class="nav2">Products</a></li>
42  <li class="divider"></li>
```

```
43  <li><a href="special.aspx" class="nav3">Specials</a></li>
44  <li class="divider"></li>
45  <li><a href=" myorder.aspx" class="nav4">My account</a></li>
46  <li class="divider"></li>
47  <li><a href="login.aspx " class="nav5">Sign Up</a></li>
48  <li class="divider"></li>
49  <li><a href="login.aspx " class="nav3">Sign Up</a></li>
50  <li class="divider"></li>
51  <li><a href="../contact.html" class="nav6">Contact Us</a></li>
52  <li class="divider"></li>
53  </ul>
54  <div class="right_menu_corner">
55  </div>
56  </div>
57  <div class="crumb_navigation">
58  </div>
59  <div class="main_content">
60  <asp:ContentPlaceHolder ID="ContentPlaceHolder1" runat="server">
61  </asp:ContentPlaceHolder>
62  </div>
63  <div class="footer">
64  <div class="left_footer">
65  </div>
66  <div class="center_footer">
67  Template name. All Rights Reserved 2012<br />
68  </div>
69  <div class="right_footer">
70  </div>
71  </div>
72  </div>
73  </form>
74  </body>
75  </html>
```

程序说明如下。

第59～62行代码:该层中的内容为可变化的部分。

5. 按下快捷键Shift+F6生成当前项目，完成编译。

步骤五： 创建基于母版页的Web页。基于母版新建一个扩展名为.aspx的子网页，注意与原来新建普通网页不同的是在“添加新项”对话框中添加“Web内容页”。

1. 右击“解决方案”名Eshop，弹出的菜单中选择添加新项。

2. 在“添加新项”对话框中选择“Web窗体”→“包含母版页的Web窗体”，如图2-1-14所示。

3. 在“选择母版页”对话框中选择所要使用的母版页，单击确定完成内容页的添加，如图 2-1-15 所示。

4. 保存文件，运行程序，如图 2-1-16 所示。

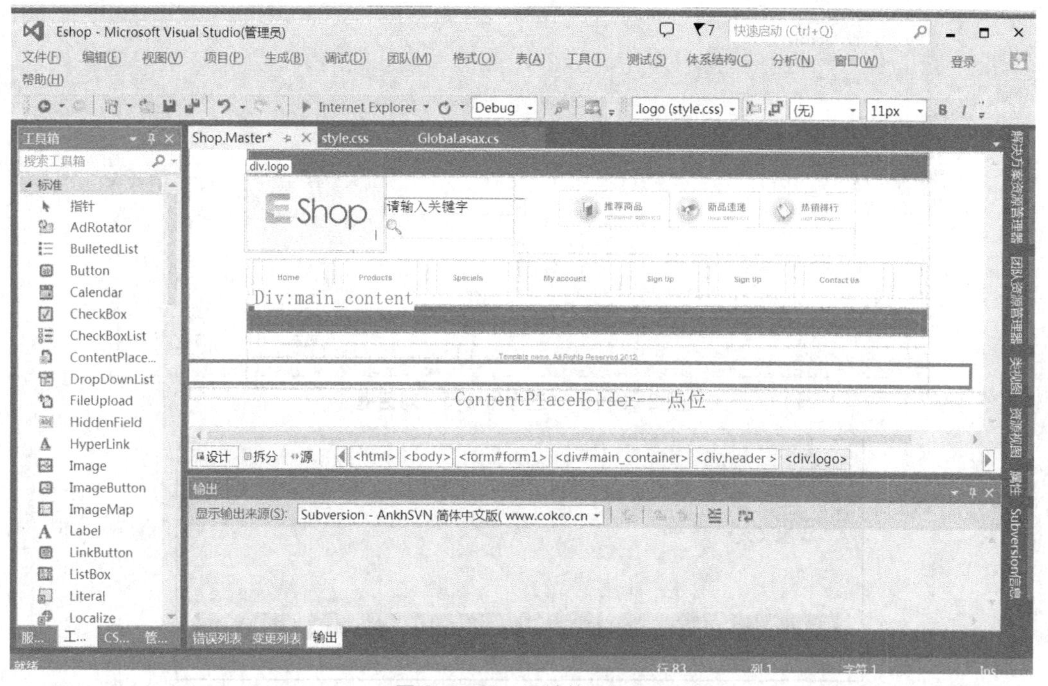

图 2-1-13 设计的母版页

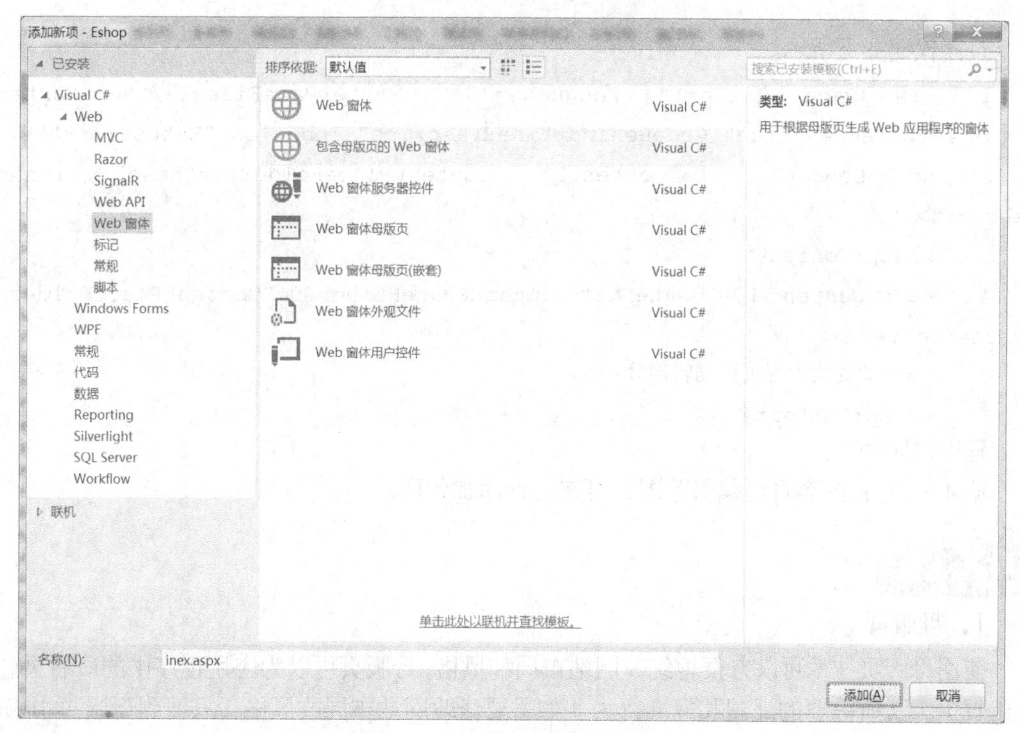

图 2-1-14 “添加新项”对话框

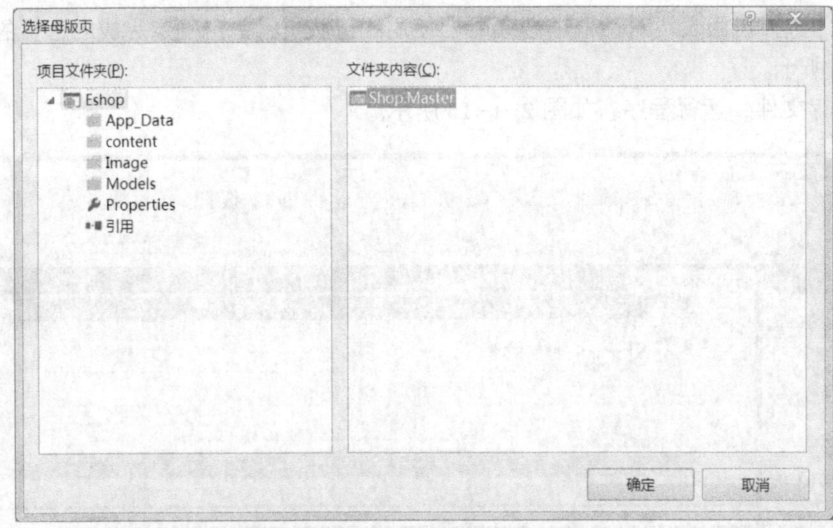

图 2-1-15 “选择母版页”对话框

图 2-1-16 生成的内容页运行界面

页面代码如下所示。

```
1    <%@  Page  Title=""  Language="C#"  MasterPageFile="~/Shop.Master"
AutoEventWireup= "true" CodeBehind="inex.aspx.cs" Inherits="Eshop.inex" %>
2    <asp:Content  ID="Content1"  ContentPlaceHolderID="head"  runat=
"server">
3    </asp:Content>
4    <asp:Content ID="Content2" ContentPlaceHolderID="ContentPlaceHolder1"
runat="server">
5    <%--此处为内容页可编辑部分--%>
6    </asp:Content>
```

程序说明如下。

第 4～6 行：内容页可编辑范围，可在此处添加代码。

1．母版页

使用母版页技术可以方便地统一网站布局和风格，母版页可以为应用程序中的所有页（或一组页）定义所需要的外观和标准行为。如果要修改网站布局或风格，只要到母版页中修改页面的颜色、字体以及页面内容的摆放，就可以将站点内所有基于该母版页的网页全部修改。不需要为了改变一种风格，就去修改成千上万的页面和代码，这大大方便了网页的更新与维护。当用户请求内容页时，ASP.NET 会把母版页和内容页进行合并执行，输出结果对母版页的布局和内容页的内容进行了合并。

母版一般的扩展名是.master，它提供了共享 HTML、控件和代码，自动生成母版的文件头<head></head>中和文件体<body></body>中各自预留了一个 ContentPlaceHolder 控件，也可以根据需要添加更多的 ContentPlaceHolder 控件，但是各个 ContentPlaceHolder 控件的 ID 不能相同，以便区分使用。母版制作完成后可以供网站内其他页面使用，在母版中的所有内容都会显示在使用该母版的网页中。一般可以在母版中添加网站 LOGO、菜单，其他网页基于这个母版生成，则这些新生成的子网页中都会有母版中的内容，而各个子网页不同之处在于母版中预留的 ContentPlaceHolder 中可以填充不同的内容。

母版页是由@Master 指定识别，该指令替换了普通.aspx 页的@Page 指令。

```
<%@ Master Language="C#" AutoEventWireup="true" CodeBehind="shop.master.
cs" Inherits="EShop.shop" %>
```

母版面不可在浏览器中直接浏览，必须生成内容页后才可以浏览。在内容页中，添加 Content 控件并将这些控件映射到母版页的 ContentPlaceHolder 控件。

母版页具有以下优点。

（1）使用母版页可以集中处理页的通用功能，以便可以只在一个位置上进行更新。

（2）使用母版页可以方便地创建一组控件和代码，并将结果应用于一组页。

（3）使用母版页可以在细节上控制最终页的布局。

（4）母版页提供一个对象模型，使用该对象模型可以从各个内容页自定义母版页。

2．内容页

内容页是与母版页相关联的 ASP.NET 网页，用来定义母版页占位符控件的内容，这些内容页为绑定到特定母版页的 ASP.NET 页。通过包含指向要使用的母版页的 MasterPageFile 属性，在内容页的@Page 指令中建立绑定。内容页可能包含的指令如下所示。

```
<%@ Master Language="C#" AutoEventWireup="true" CodeBehind="shop.master.
cs" Inherits="EShop.shop" %>
```

任务 2.2　导航设计

完成本系统的母版页中面包屑导航设计。

- 能了解站点地图文件的作用及使用方法
- 能掌握站点导航控件的作用及使用方法

面包屑导航可以告诉用户从首页到当前页面（页面节点）之间的路径。在童话故事“汉泽尔和格雷特尔”中，当汉泽尔和格雷特尔穿过森林时，他们在沿途走过的地方都撒下了面包屑，让这些面包屑帮助他们找到回家的路。面包屑导航让用户明了站点页面之间的层次结构关系。而页面之间的层次关系是通过站点地图来表示的，本项目各页面的层次关系如图 2-2-1 所示。

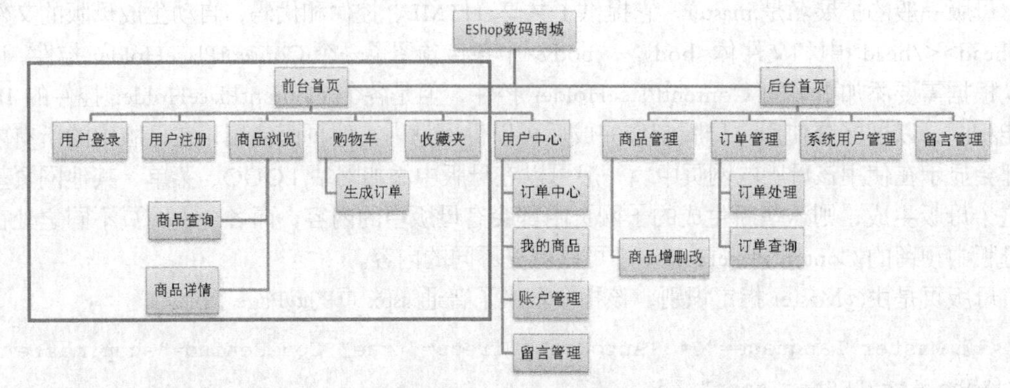

图 2-2-1　网站结构图

任务实现要点如下。

- 创建站点地图
- 在母版中添加导航控件

步骤一：创建站点地图。

1. 在“解决方案资源管理器”面板中，右击站点名 Eshop，在弹出的快捷菜单中选择“新建项”命令。在弹出的“添加新项”对话框中选择“站点地图”模板，单击“添加”按钮（见图 2-2-2），完成站点地图文件的创建。

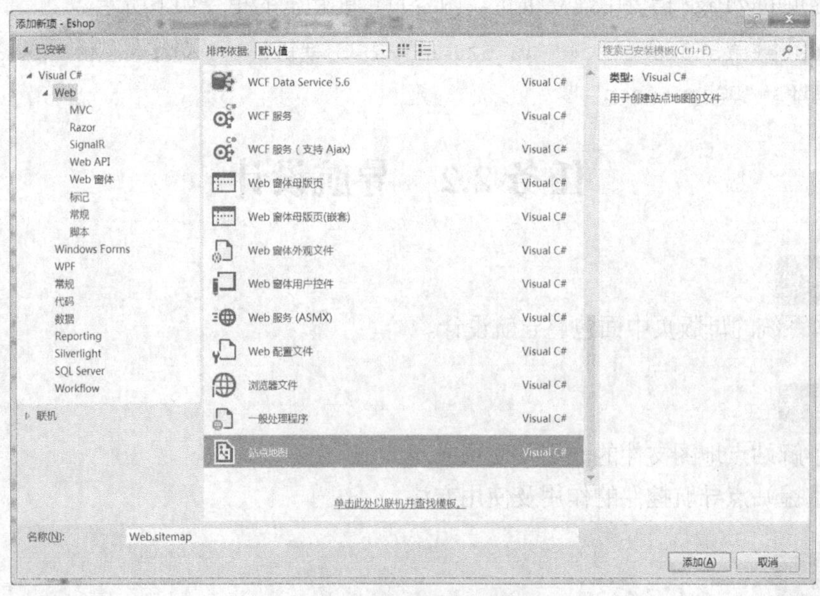

图 2-2-2　新建站点地图

打开新建的站点地图 web.sitemap。自动生成的 XML 代码如下所示。

```
1    <?xml version="1.0" encoding="utf-8" ?>
```

```
2    <siteMap xmlns="http://schemas.microsoft.com/AspNet/SiteMap-File-1.0" >
3        <siteMapNode url="" title=""  description="">
4            <siteMapNode url="" title=""  description="" />
5            <siteMapNode url="" title=""  description="" />
6        </siteMapNode>
7    </siteMap>
```

程序说明如下。

第 4 行：表示一个网站节点，url 中填入该节点对应的网页链接地址，如填写的 URL 不存在或列出了重复的 URL，将导致请求 Web 应用程序；title 中填写在导航显示中代表该节点的名称；description 中填入该节点的描述。

2. 根据网站结构图创建各页面。各页页面 URL 如表 2-2-1 所示。

表 2-2-1

页面名称	URL
首页	Index.aspx
注册	Reg.aspx
登录	Login.aspx
商品浏览	Product.aspx
商品详细显示	Details.aspx
购物车	Cart.aspx
生成订单	order.aspx
收藏夹	Collect.aspx

3. 根据网站结构图修改地图文件。根据任务 2.1 中的网站结构图（见图 2-2-3）完成前台模块结构，修改 sitemap 文件，代码如下。

```
1    <?xml version="1.0" encoding="utf-8" ?>
2    <siteMap
xmlns="http://schemas.microsoft.com/AspNet/SiteMap-File-1.0" >
3    <siteMapNode url="index.aspx" title="首页"  description="数码商城首页">
4        <siteMapNode url="reg.aspx" title="注册"  description="用户注册" />
5        <siteMapNode url="login.aspx" title="登录"  description="用户登录" />
6        <siteMapNode url="product.aspx" title="商品浏览"  description="商品
浏览">
7            <siteMapNode url="details.aspx" title="商品详细显示"  description= "
商品详情" />
8        </siteMapNode>
9        <siteMapNode url="cart.aspx" title="购物车"  description="购物车" >
10       <siteMapNode url="order.aspx" title="生成订单"  description="生成订
单" />
11       </siteMapNode>
12       <siteMapNode url="collect.aspx" title="收藏夹"  description="收藏夹
```

```
" />
13  </siteMapNode>
14  </siteMap>
```

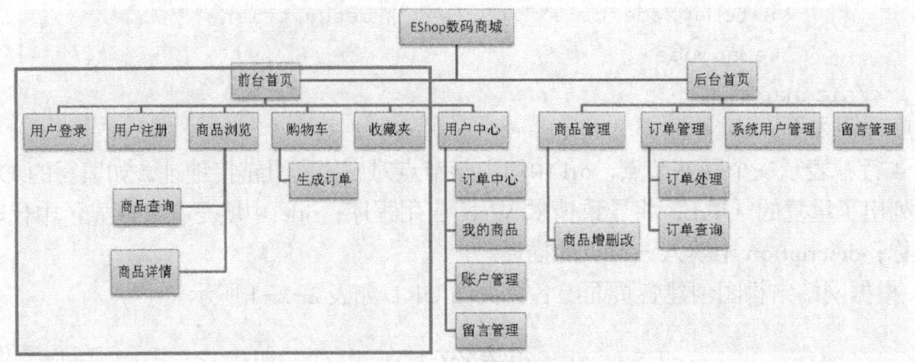

图 2-2-3　网站结构图

步骤二： 创建面包屑导航。

1. 打开任务 2.1 中已创建的母版页 Shop.master，并切换至“设计”视图，从左侧工具箱导航组中拖出 SiteMapPath 控件至要创建的位置处（见图 2-2-4），此时在页面源视图中可以看到自动生成的控件代码。

```
<asp:SiteMapPath ID="SiteMapPath1" runat="server">
  </asp:SiteMapPath>
```

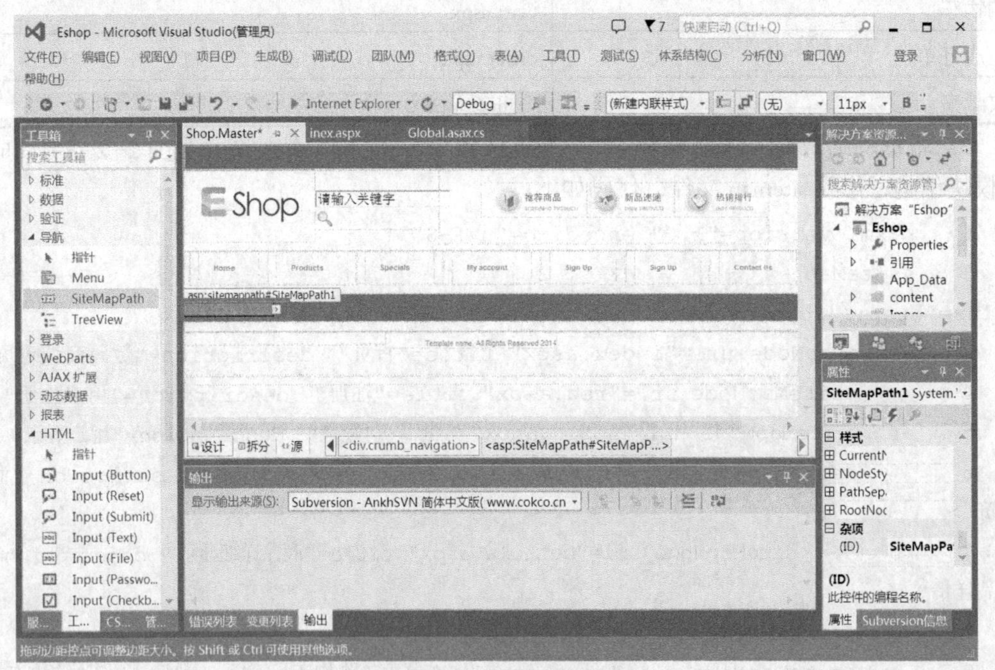

图 2-2-4　面包屑导航设计

2. 打开 SiteMapPath 控件的智能标记，在 SiteMapPath 任务中选择自动套用格式，在提供的格式中选择所要的格式，即完成了面包屑导航设计，页面就会自动显示站点地图，如图 2-2-5 和图 2-2-6 所示。

SiteMapPath 任务
自动套用格式...
编辑模板

图 2-2-5 SiteMapPath 智能标记

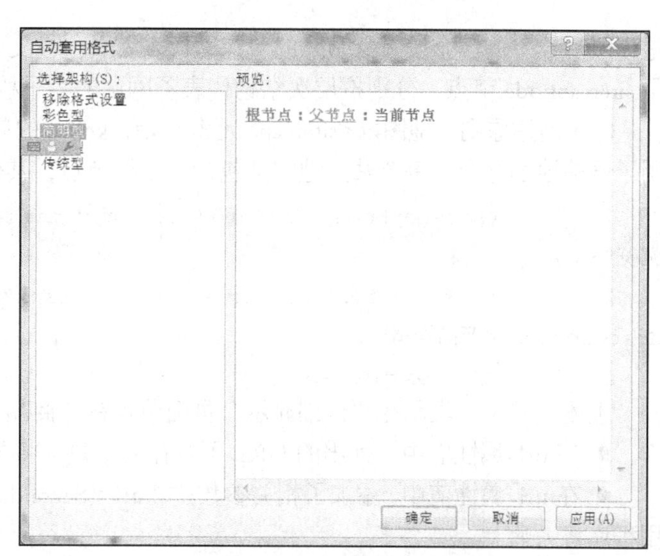

图 2-2-6 自动套用格式界面

步骤三： 查看站点导航。运行浏览 details.aspx 页面，即可看到导航，显示了从一级目录到该页面的路径，可以通过单击链接跳转到上一级页面，如图 2-2-7 所示。

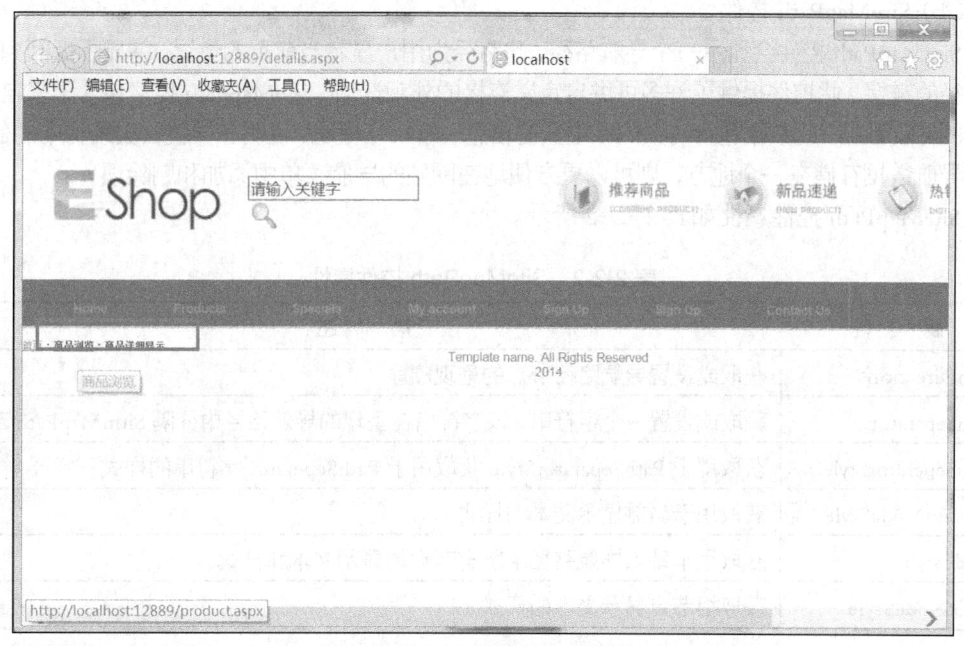

图 2-2-7 商品浏览页面导航显示

1．站点地图

（1）简介。站点地图是一种扩展名为.sitemap 的标准 XML 文件，它充当导航项目的默认数据存储，用来定义整个站点的结构、各页面的链接、相关说明和其他相关定义。

（2）组成。站点地图必须包含根节点 sitemap，一张站点地图由一系列相联系的 SiteMap Node 对象组成。这些 SiteMapNode 以一种层次方式联系在一起。该层次包含单个根节点，它是该层中唯一的一个没有父节点的节点，代表首页。在父 sitemapnode 节点下，可以有若干个子 sitemapnode 节点，分别按层次结构代表了网站的各子栏目。

（3）创建原则。地图以<sitemap>元素开始，xmlns 的属性是必需的，说明此 XML 文件使用了网站地图标准。每个站点地图都包含一个根节点，其他所有节点都要包含在根节点下。

```
1        <siteMapNode url="product.aspx" title="商品浏览" description="商品浏览">
2            <siteMapNode url="details.aspx" title="商品详细显示" description="商品详情" />
3        </siteMapNode>
```

上述代码中，表示在“详细显示”页面节点在“商品浏览”页面下一级目录下。

● 在 url 属性值中，列出的 URL 不存在或重复，将导致请求 Web 应用程序将失败。

● 在 url 属性值中，添加了相关参数（如 url="Second.aspx?id=1"），可能导致请求 Web 应用程序将失败。

● 在 url 属性值中，可以“~/”快捷键开头，该快捷键表示应用程序根目录。

2．导航控件

ASP.NET 中的导航控件主要有三种：SiteMapPath 控件、Menu 控件和 TreeView 控件。

（1）SiteMapPath 控件。

SiteMapPath 控件会显示一个导航路径，此路径为用户显示当前页的位置，并显示返回到主页的路径的链接。此控件提供了许多可供自定义连接的外观选项。SiteMapPath 控件包含了来自站点地图的导航数据。此数据包含有关网站中页的信息，如 url、标题、说明和导航层次结构中的位置。若将导航数据存储在一个地方，则可以更方便地在网站的导航菜单中添加和删除项。

SiteMapPath 控件属性如表 2-2-2 所示。

表 2-2-2　SiteMapPath 控件属性

属　性	描　述
PathDirection	获取或设置导航路径节点的呈现顺序
PathSeparator	获取或设置一个字符串，该字符串在呈现的导航路径中分隔 SitmMapPath 节点
PathSeperatorStyle	获取用于 PathSeparatorStyle:获取用于 PathSeperator 字符串的样式
CurrentNodeStyle	获取用于当前显示文本的样式
NodeStyle	获取用于站点导航路径中所有节点的显示文本和样式
RootNodeStyle	获取根节点显示文本的样式

（2）TreeView 控件。

TreeView 控件由一个或多个节点构成。树中的每个项都被称为一个节点，由 TreeNode 对象表示。TreeView 控件类似 Window 资源管理器的树形结构，在树形结构中单击某个节点，在右边将会显示相应的内容，层次清晰且方便快捷。

一个 TreeVie 控件可以由任意多个 TreeNode 元素组成，可以显示为超链接并与某个 URL 相关联。

TreeView 控件属性如表 2-2-3 所示。

表 2-2-3 TreeView 控件属性

属 性	描 述
showExpandCollapse	设置节点折叠时是否显示“+”标记
ShowLines	节点之间是否使用短线连接
ExpandDepth	一个整数值，用于设置默认情况下，TreeView 控件层次结构展开的级别数
CollapseImageURL	单击 TreeNode 折叠时节点关联图像 URL
ExpandImageURL	单击 TreeNode 展开时节点关联图像 URL
HoverNodeStyle	设置鼠标移到节点显示的样式
LeafNodeStyle	TreeView 的子节点使用的样式
NodeStyle	应用于所有节点的默认样式
RootNodeStyle	TreeView 的根节点使用的样式
SelectedNodeStyle	设置选定节点使用的样式

TreeView 控件使用方法如下。

① 在左边的 “工具箱”打开“导航”分类。如图 2-2-8 所示。

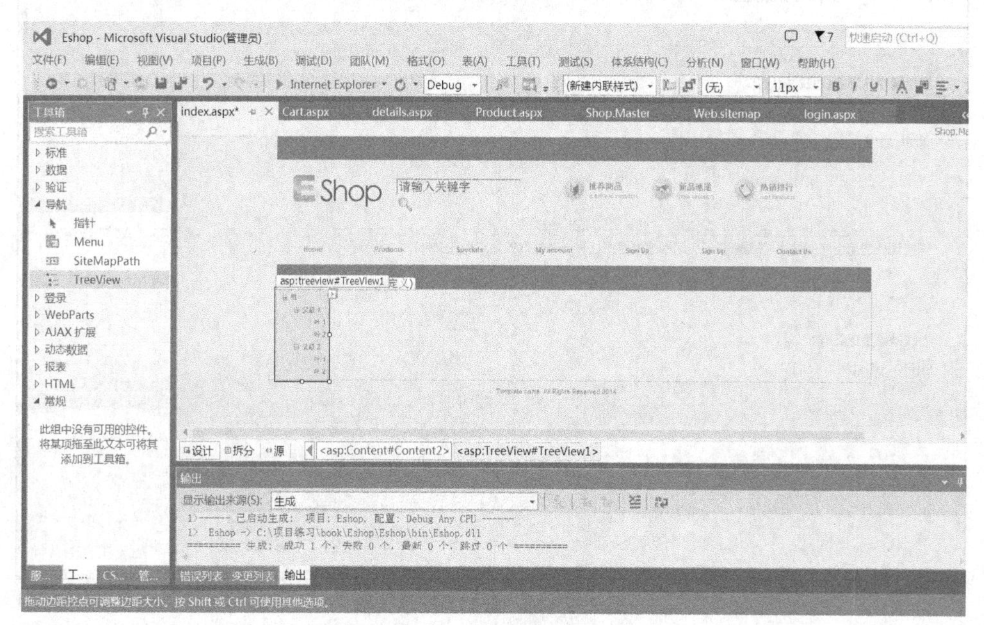

图 2-2-8 添加 treeview 控件

② 在新添加的 TreeView 中单击智能标记，“选择数据源” → “新建数据源”，如图 2-2-9 所示。

③ 在弹出的对话框中，选择 “站点地图”，单击确定即完成，如图 2-2-10 所示。

④ 运行页面效果如图 2-2-11 所示。

（3）Menu 控件。

Menu 控件主要用于创建一个菜单，让用户快速选择不同页面，从而完成导航功能。Menu 控件具有两种显示模式：静态模式和动态模式。静态显示模式定义的菜单完全显示，动态显示模式只有用户将鼠标停留在菜单项上时才显示子菜单。

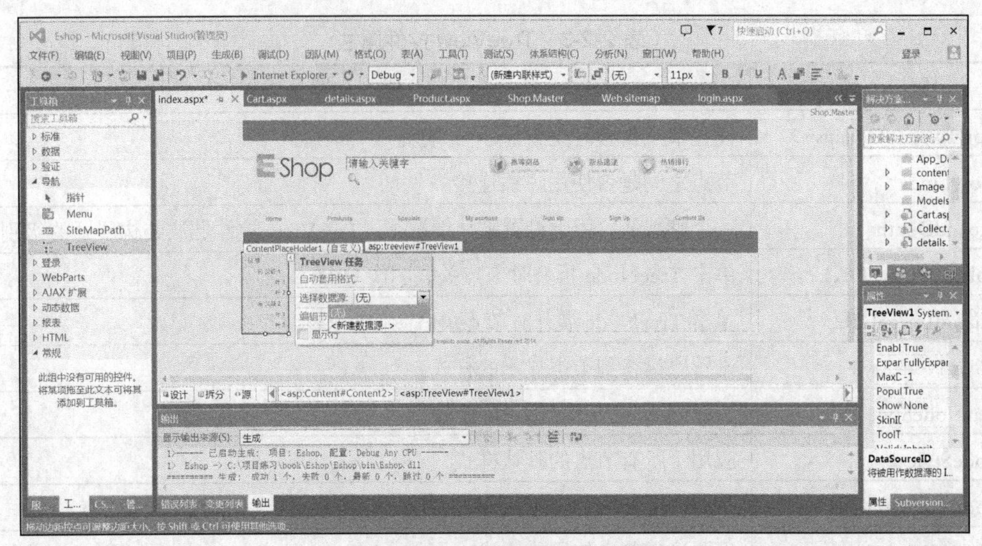

图 2-2-9　添加 treeview 控件

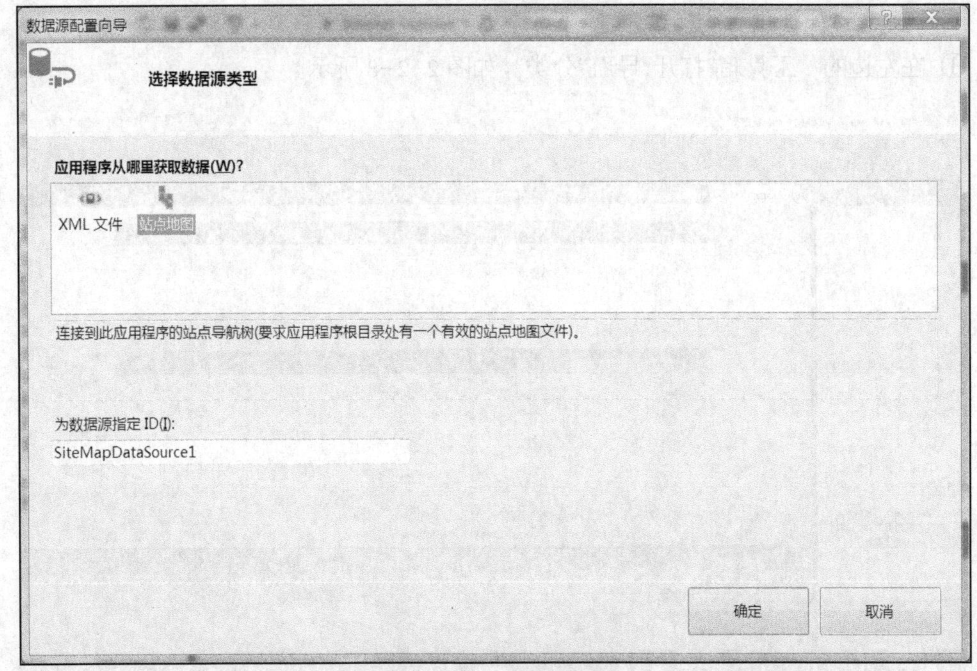

图 2-2-10　数据源配置类型

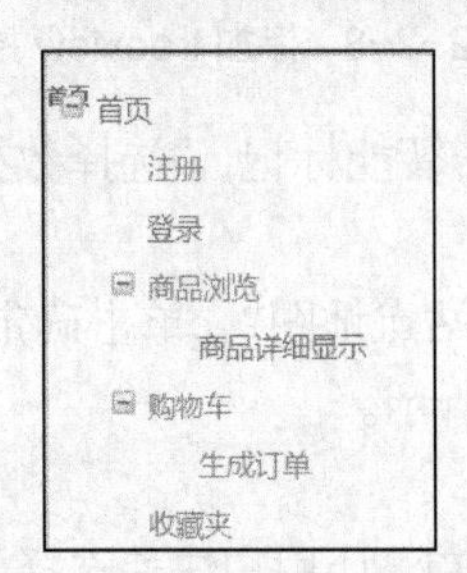

图 2-2-11　TreeView 显示效果

Menu 控件属性如表 2-2-4 所示。

表 2-2-4 Menu 控件属性

属　性	描　述
DynamicHorizontalOffset	获取或设置动态菜单相对于其父菜单项的水平移动像素数
DynamicHoverStyle	设置鼠标指针置于动态菜单项上时菜单项外观
DynamicMenuItemStyle	设置动态菜单中菜单项的外观
DynamicVerticalOffset	获取或设置动态菜单相对于其父菜单的垂直移动像素数
Items	获取 MenuItemCollection 对象，该对象包含 Menu 控件中所有菜单项
MaximumDynamicDisplayLevels	获取或设置动态菜单呈现级别数
Orientation	获取或设置 Menu 控件的呈现方向
PathSeparator	获取或设置用于分隔 Menu 控件的菜单项路径的字符

Menu 控件使用方法如下。

① 在左边的“工具箱”打开“导航”分类，如图 2-2-12 所示。

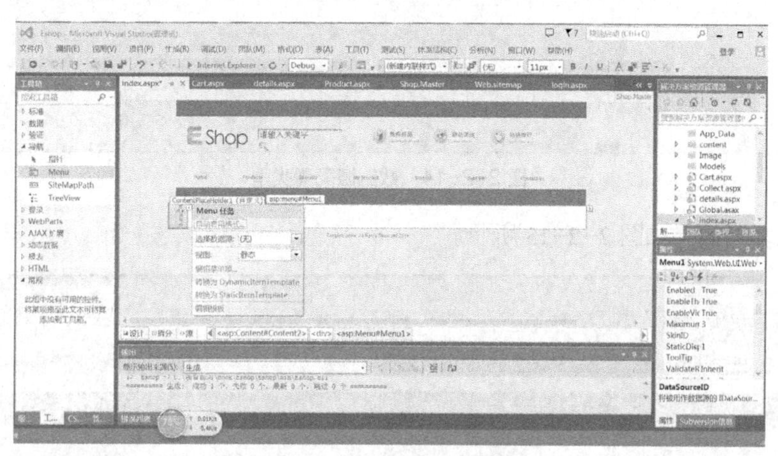

图 2-2-12 添加 Menu 控件

② 在新添加的 Menu 中单击智能标记，选择“选择数据源”→“新建数据源”，如图 2-2-13 所示。

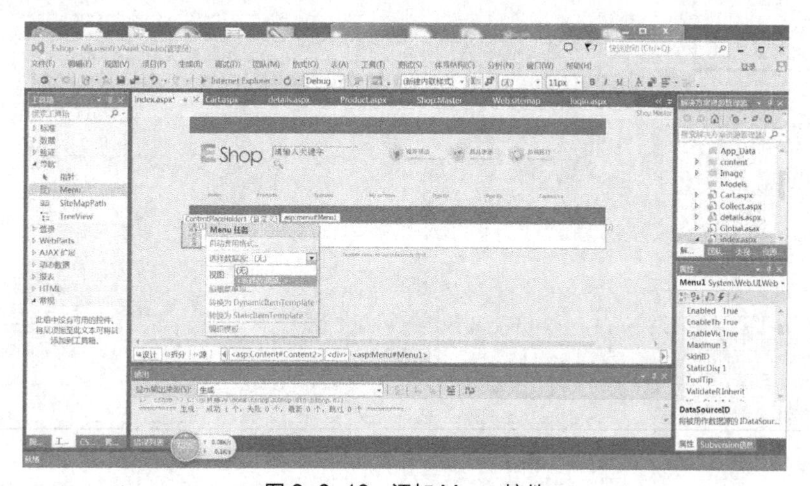

图 2-2-13 添加 Menu 控件

③ 在弹出的对话框中，选择“站点地图”，单击确定即完成，如图 2-2-14 所示。

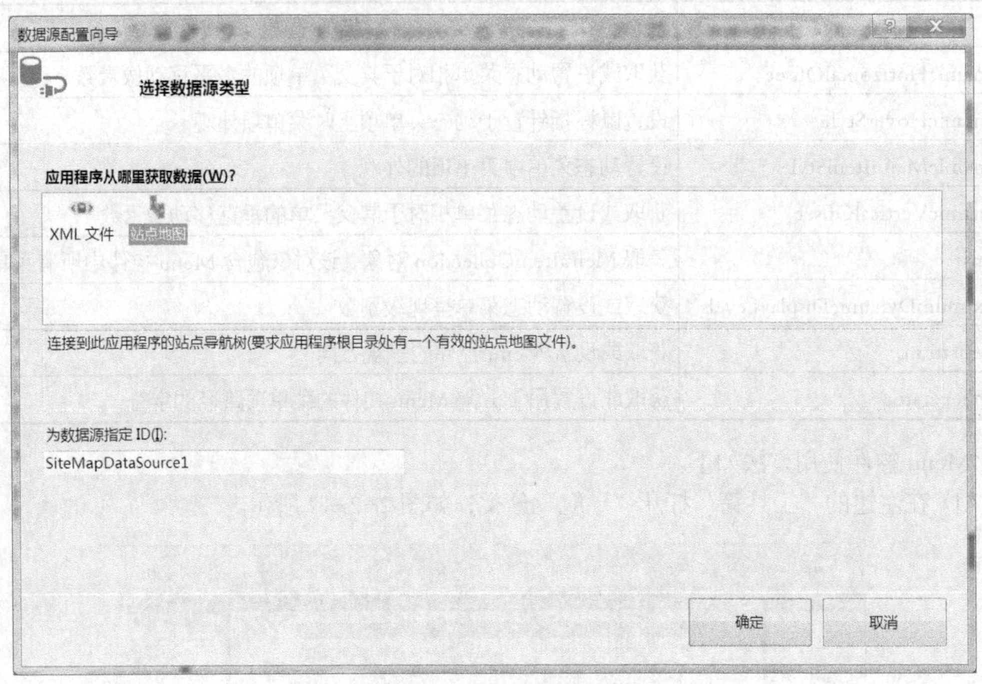

图 2-2-14　数据源配置类型

④ 运行页面效果如图 2-2-15 所示。

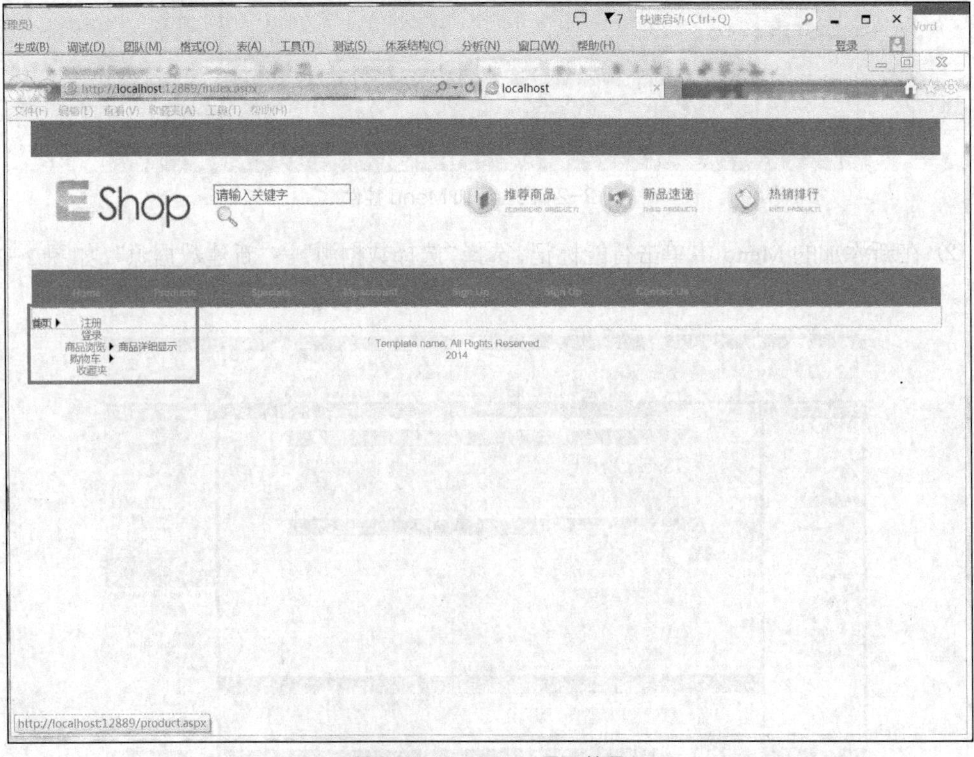

图 2-2-15　Menu 显示效果

任务 2.3　用户登录 UI 设计

任务描述

完成 EShop 网上数码商城的用户登录界面设计。

任务目标

- 能正确设置和使用 Label 控件基本属性和方法，并能够编写简单的事件逻辑代码。
- 能正确设置和使用 TextBox 控件基本属性和方法，并能够编写简单的事件逻辑代码。
- 能正确设置和使用 Button 控件基本属性和方法，并能够编写简单的事件逻辑代码。
- 了解控件命名规范。

任务分析

1. 页面流。所要完成的任务所涉及的界面如图 2-3-1 所示。

图 2-3-1　用户登录界面

2. 项目式样（见表 2-3-1）

表 2-3-1　项目式样

分类	编号	项目名	类型	输入	表示	处理内容（数据库表状况、条件、计算式、判断、快捷键等）
登录页面	1	登录名	标签		○	显示文本登录名
	2	密码	标签		○	显示文本密码
	3	验证码	标签		○	显示文本验证码
	4	会员账号	文本框	○		输入登录账号，非空验证
	5	登录密码	文本框	○		输入登录密码，非空验证
	6	验证码	文本框	○		输入显示的验证码
	7	登录	按钮	○		验证用户名和密码、验证码是否正确
	8	立即注册	按钮	○		转向用户注册页面

步骤一： 新建 Web 页。

1. 启动 Visual Studio.NET。选择“文件”→打开→“项目/解决方案”选项。
2. 弹出如图 2-3-2 所示对话框，选择解决方案 Eshop.sln。

图 2-3-2 打开解决方案

3. 在“解决方案资源管理器”窗口中的项目名称“Eshop”上单击右键，在快捷菜单中选择“添加”→“添加新项”选项，弹出如图 2-3-3 所示对话框，选择 Web 内容页，输入页面名称 login.aspx，然后单击“添加”按钮，在弹出的如图 2-3-4 所示对话框中选择所要使用的母版页，即完成登录页面的创建。如图 2-3-5 所示。

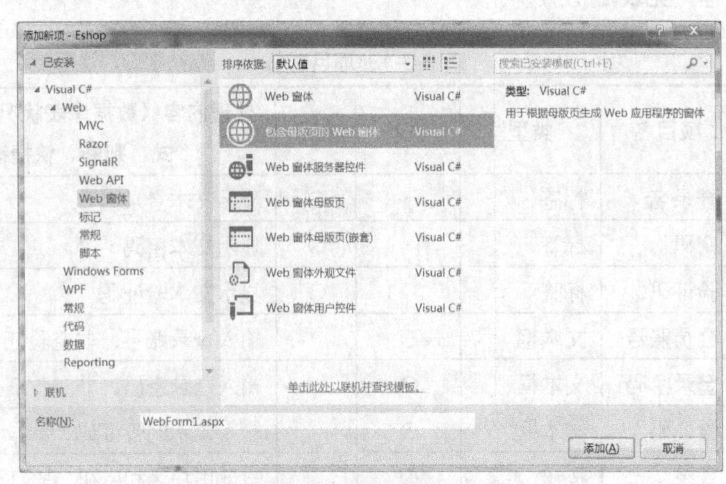

图 2-3-3 “添加新项”对话框

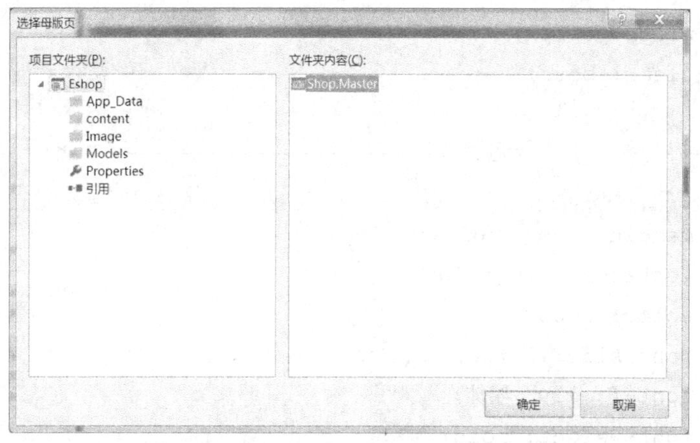

图 2-3-4 选择母版页

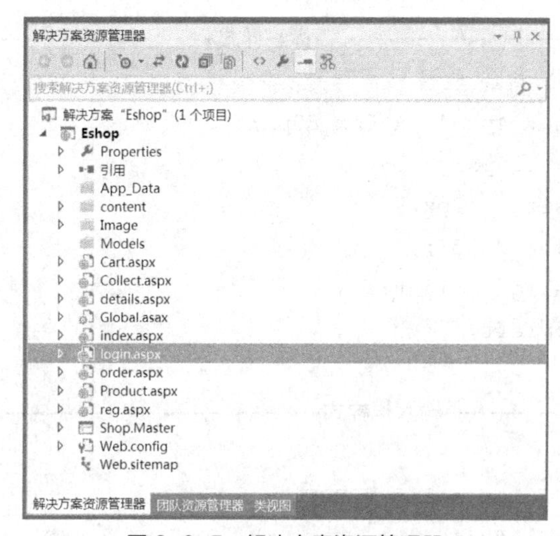

图 2-3-5 解决方案资源管理器

步骤二： 为 Login.aspx 设置样式。

1. 打开 Login.aspx 页面，进入源视图设计，在<asp:Content ID="Content1" ContentPlaceHolderID="head" runat="server">和</asp:Content>之间添加本页面的样式，代码如下。

```
<asp:Content ID="Content1" ContentPlaceHolderID="head" runat="server">
    <style type="text/css">
      /*-------------------页面框架---------------------*/
      .login_frame {
        border: medium solid #F1F1F1;
        width: 99%;
        float: left;
        text-align:center;
      }
      /*----------------行样式设置-----------------------*/
      .form_row {
        padding: 10px 0px 10px  120px;
```

```
        width: 651px;
        clear: both;
    }
    /*-------------标题样式--------------------------*/
    .login_head {
        margin: 20px 0px 20px 20px;
        letter-spacing: 7pt;
        color: #003366;
        font-size: large;
        font-family: 黑体;
        font-weight: bold;
    }
    /*------------------------标签样式----------------*/
    .leftlabel {
        padding: 4px 45px 0px 80px;
        width: 100px;
        font-size: 12px;
        color: #333333;
        text-align: right;
        float: left;
    }
    /*---------------输入框样式----------------------*/
    .rightInput {
        border: 1px solid #DFDFDF;
        float: left;
        padding-left:10px;
        width:200px;
    }
    .content {
        width: 500px;
        float: right;
    }
    /*----------------按钮样式----------------------*/
    .loginbtn {
        color: #497825;
        font-weight: bold;
        border: 1px solid #CCCFD3;
        background-color: #FFFFFF;
        margin-left: 80px;
    }
</style>
```

```
</asp:Content>
```

2. 在<asp:Content ID="Content2" ContentPlaceHolderID="ContentPlaceHolder1" runat="server">和</asp:Content>中设置 DIV 层，代码如下。

```
    <asp:Content  ID="Content2"  ContentPlaceHolderID="ContentPlaceHolder1"
runat="server">
        <div class=" login_head">
            用户登录
        </div>
        <div class=" login_frame">
            <div class="form_row ">
            </div>
            <div class="form_row ">
            </div>
            <div class="form_row ">
            </div>
            <div class="form_row ">
            </div>
        </div>
    </asp:Content>
```

页面布局如图 2-3-6 所示。

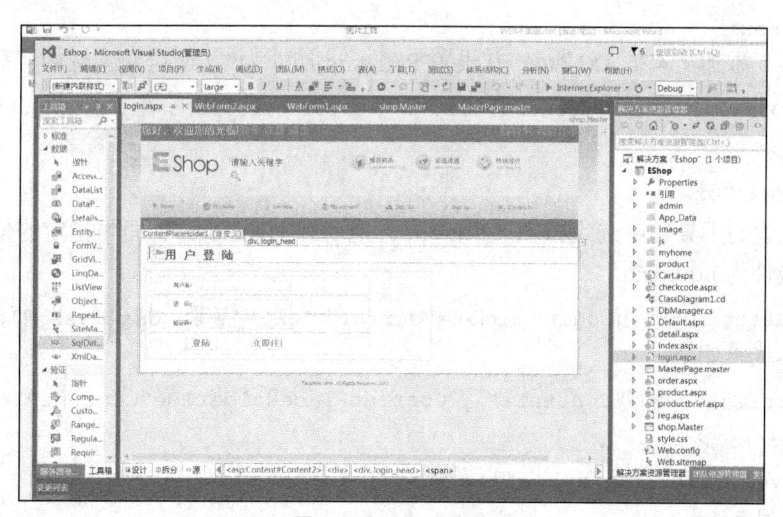

图 2-3-6 DIV 布局

步骤三： 添加 Web 控件。

制作上述的一个用户注册页面，必须得添加基本控件。在 ASP.NET 中常用的服务器控件是运行在服务器上的组件，它封装了相应的用户界面和相关功能，可以在 ASP.NET 页面文件和后台代码文件中使用。

1. 在解决方案资源管理器中，双击文件 login.aspx 以选择 Web 窗体页。
2. 按照提供的样图在窗体中添加 Web 服务器控件。如表 2-3-2 所示。

表 2-3-2　登录页面控件属性设置表

页　面	编　号	项 目 名	类　型	属　性	属 性 值
登录页面	1	登录名:	标签(label)	ID	lblUsername
	2	密码:	标签(label)	ID	lblPassword
	3	会员账号	文本框(TextBox)	ID	txtAccount
	4	登录密码	文本框(TextBox)	ID	txtPwd
				Passwordchar	工*
	5	登录	按钮(Button)	ID	btnLogin

3. 从左边的工具箱中选定标签(label)，拖动到 login.aspx 页面中指定的位置，并设置修改其 ID 属性为 lblUsername、CssClass 属性为 leftlabel、Text 属性为“用户名”。

```
<asp:Label ID="lblUsername" runat="server" CssClass="leftlabel" Text="用户名: "></asp:Label>
```

4. 同 3 方法，添加标签 lblPassword。

```
<asp:Label ID="lblPassword" runat="server" Text="密　码: " CssClass="leftlabel"></asp:Label>
```

5. 从左边的工具箱中选定文本框(TextBox)，拖动到 login.aspx 页面中指定的位置，并设置修改其 ID 属性为 txtAccount，设置其 CssClass 属性为 rightInput。

```
<asp:TextBox ID="txtCheckcode" runat="server" CssClass="rightInput"></asp:TextBox>
```

6. 同第 5 添加文本框 txtPwd，并设置 Password 属性为*，使得文本框中密码掩码显示。

```
<asp:TextBox ID="txtPassword" runat="server" CssClass="rightInput" TextMode="Password">
</asp:TextBox>
```

7. 从左边的工具箱中选定按钮（Button），拖动到 login.aspx 页面中指定的位置，并设置修改其 ID 属性为 btnLogin。

```
<asp:Button ID="btnLogin" runat="server" Text="登录" CssClass="loginbtn" />
```

8. 具体代码如下。

```
<asp:Content ID="Content2" ContentPlaceHolderID="ContentPlaceHolder1" runat= "server">
    <div class=" login_head">
        用户登录
    </div>
    <div class=" login_frame">
        <div class="form_row ">
            <asp:Label ID="lblUsername" runat="server" CssClass="leftlabel" Text="用户名: "></asp:Label>
            <asp:TextBox ID="txtAccount" runat="server" CssClass="rightInput"></asp:TextBox>
        </div>
```

```
        <div class="form_row ">
            <asp:Label ID="lblPassword" runat="server" Text="密 码: " CssClass=
"leftlabel"></asp:Label>
            <asp:TextBox ID="txtPassword" runat="server" CssClass="rightInput"
TextMode="Password"></asp:TextBox>
        </div>
        <div class="form_row ">
            <asp:Label ID="lblCheck" runat="server" Text="验证码: " CssClass=
"leftlabel"></asp:Label>
            <asp:TextBox ID="txtCheckcode" runat="server" CssClass= "rightInput">
</asp:TextBox>
        </div>
        <div class="form_row ">
            <asp:Button ID="btnLogin" runat="server" Text="登录" CssClass=
"loginbtn" />
            <asp:Button ID="btnReg" runat="server" Text="立即注册" CssClass=
"loginbtn" />
        </div>
    </div>
</asp:Content>
```

步骤四： 添加按钮事件。

1. 选定按钮 btnLogin，单击属性窗口的图标，在事件列表中，选择 Click，并双击进入代码编辑视图。

在 btnLogin _Click 事件中完成如下代码。

```
1   protected void btnLogin_Click(object sender, EventArgs e)
2   {
3       if (txtAccount.Text == "123" && txtPassword .Text == "123456")
4        Response.Write("<script>alert('登录成功！')</script>");
5   }
```

2. 按 Shift+F6 生成成功后，调试运行。

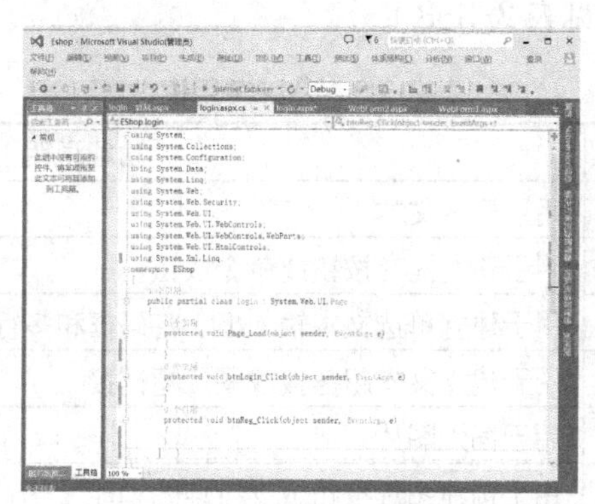

图 2-3-7 代码视图

1. Web 服务器控件

和传统的 Web 开发技术相比，ASP.NET 提供了一种被称为“Web 服务器控件”的强大技术。Web 服务器控件具有内置功能，并提供了丰富的对象模型，方便开发人员使用其来创建和控制 Web 窗体页。Web 服务器控件的种类非常丰富，不但包括传统的窗体控件（如标签控件、文本输入框、按钮等），也包括新的创建控件（如日历控件、菜单、TreeView 控件等）。Web 服务器控件和 Windows Form 编程中的控件比较相似，它们能够将多个或复杂功能组合在一起，为开发人员开发应用程序提供了方便性。

（1）服务器控件分类。

在创建 Web 窗体时，可以使用下列 3 种类型的控件。

● Web 服务器控件：这种控件只能在服务器端使用，但是具有比 HTML 服务控件更多的特性，是 ASP.NET 服务器控件。

● HTML 服务器控件：这种控件和 HTML 中各个元素一一对应，其用法类似于 HTML 的对象模型，并且可以同时在客户端和服务端使用，可以把 HTML 服务器控件转换为 Web 服务器控件。

● 验证控件：主要用来与其他控件配合使用，以验证用户的输入。

（2）服务器控件的生命周期。

每个服务器控件都有其生命周期，通过了解服务器控件的生命周期，我们可以根据其触发的事件，添加合适的代码，以起到不同的效果。

（3）服务器控件添加。

可以在 Web 窗体设计器中使用“工具箱”面板向窗体页面中添加服务器控件。在工具箱中有两个面板：标准和 HTML，这两个页面都可以添加到 Web 窗体页面中。

HTML 服务器控件既可以在服务端使用，又可以在客户端使用在默认情况下，新添加到页面中的 HTML 控件将在客户端使用所以要在服务器端使用它，需要设置其属性 Runat=“server”。

（4）HTML 控件与 服务器控件互转。

选中 HTML 控件，从快捷菜单中选择“作为服务器控件运行”命令，即把它转换成服务器控件。使用该命令后，Web 窗体设计器就会在 HTML 控件的声明中添加 Runat=“server”属性。

```
<input id="Text1" runat="server" type="text" />
```

2. 常用服务器控件（见表 2-3-3）

表 2-3-3 几种常用控件

控件名称	功能说明
Label	用于显示文本
Button	用于建立提交按钮或命令按钮
TextBox	用于建立单选文本输入框、密码框和多行文本输入框
HyperLink	用于建立文本超链接或图片超链接
Image	用于插入图片
ImageButton	用于创建图片按钮或支持地图功能

续表

控件名称	功能说明
LinkButton	功能与 Button 类似，外观与 HyperLink 类似
CheckBox	用于建立复选框
CheckBoxList	功能与 CheckBox 类似，支持数据绑定
RadioButton	用于建立单选按钮
RadioButtonList	功能与 RadioButton 类似，支持数据绑定
ListBox	用于建立单选或复选列表框
DropDownList	用于建立单选下拉列表框
Calendar	显示日历
AdRotator	动态广告控件
GridView	数据绑定控件
DataList	数据绑定控件
Repeater	数据绑定控件
detailsView	数据绑定控件
FileUpLoad	文件上传控件

（1）Label 控件。

Label 控件提供一种以编程方式设置 ASP.NET 网页中文本的方法，通常用于在控件的事件（如按钮单击）中动态更改页面中的文本。通常当希望在运行时更改页面中的文本（比如响应按钮单击）时使用 Label 控件。

① 功能。

可以在设计时，或者在运行时从程序中设置 Label 控件的文本。还可以将 Label 控件的 Text 属性绑定到数据源，以在页面上显示数据库信息。

② 属性。

除了通用的属性之外，其主要属性就是 Text 属性，用于设置和获取文本内容，它支持 HTML 标记。如表 2-3-4 所示。

表 2-3-4　label 的主要属性

属　性	说　明
runat	规定该控件是一个服务器控件。必须设置为“server”
Text	在 label 中显示的文本

（2）TextBox 控件。

文本输入框（TextBox 控件）用于创建单行文本框、密码框和多行文本框，从而为用户提供一种网页上输入信息的方法。

① 功能。

TextBox 控件用于创建用户可输入文本的文本框。

② 属性（见表 2-3-5）。

表 2-3-5 TextBox 的主要属性

属　　性	描　　述
AutoCompleteType	规定 TextBox 控件的 AutoComplete 行为
AutoPostBack	布尔值，规定当内容改变时，是否回传到服务器。默认是 false
CausesValidation	规定当 Postback 发生时，是否验证页面
Columns	textbox 的宽度
MaxLength	在 textbox 中所允许的最大字符数
ReadOnly	规定能否改变文本框中的文本
Rows	textbox 的高度（仅在 TextMode="Multiline" 时使用）
Runat	规定该控件是否是服务器控件。必须设置为 "server"
Text	textbox 的内容
TextMode	规定 TextBox 的行为模式（单行、多行或密码）
ValidationGroup	当 Postback 发生时，被验证的控件组
Wrap	布尔值，指示 textbox 的内容是否换行
OnTextChanged	当 textbox 中的文本被更改时，被执行的函数的名称

③ TextBox 常用事件。

TextBox 常用事件为 TextChanged 事件，即当文本框的内容发生改变时触发的事件。当用户离开 TextBox 控件时，该控件将引发 TextChanged 事件。默认情况下，并不立即引发该事件；而是当提交页时才在服务器上引发。但可以指定 TextBox 控件在用户离开该字段之后马上将页面提交给服务器。

（3）Button 控件。

Button 控件用于创建网页上的标准按钮。

① 功能。

主要目的是使用户对页面内容做出判断，当按下按钮后，页面会对用户的选择做出一定的反应，达到用户交互的目的。Button 控件用于显示按钮。按钮可以是提交按钮或命令按钮。默认地，该控件是提交按钮。提交按钮没有命令名称，在被单击时它会把网页传回服务器。可以编写事件句柄来控制提交按钮被单击时执行的动作。命令按钮拥有命令名称，且允许您在页面上创建多个按钮控件。可以编写事件句柄来控制命令按钮被单击时执行的动作。

② 属性（见表 2-3-6）。

表 2-3-6 TextBox 的主要属性

属　　性	描　　述
CausesValidation	规定当 Button 被单击时是否验证页面
CommandArgument	有关要执行的命令的附加信息
CommandName	与 Command 相关的命令
OnClientClick	当按钮被单击时被执行的函数的名称
PostBackUrl	当 Button 控件被单击时从当前页面传送数据的目标页面 URL

续表

属　性	描　述
Runat	规定该控件是服务器控件。必须设置为“server”
Text	按钮上的文本
UseSubmitBehavior	一个值，该值指示 Button 控件使用浏览器的提交机制，还是使用 ASP.NET 的 postback 机制
ValidationGroup	当 Button 控件回传服务器时，该 Button 所属的哪个控件组引发了验证

③ Button 事件。

● Onclick 事件，即用户按下按钮以后，即将触发的事件。通常在编程中，利用此事件，完成对用户选择的确认，对用户表单的提交，对用户输入数据的修改等。

● OnMouse 事件，当用户的光标进入按钮范围触发的事件。为了使页面有更生动的显示，可以利用此事件完成。

● OnMouseOut 事件，当用户光标脱离按钮范围触发的事件。同样，当光标脱离按钮范围时，也可以发生某种改变，如恢复原状，用以提示用户脱离了按钮选择范围，若此时按下鼠标，将不是对按钮的操作。

任务 2.4　用户注册 UI 设计

建立一个如图 2-4-1 所示的用户注册页面。在此注册页面中，用户可以通过文本框输入用户名、密码、通信地址等相关信息，通过单选按钮、下拉菜单、多选按钮等控件输入性别、学历、产品类型等信息，这样处理会方便用户输入，同时可以提高数据格式的规范性。

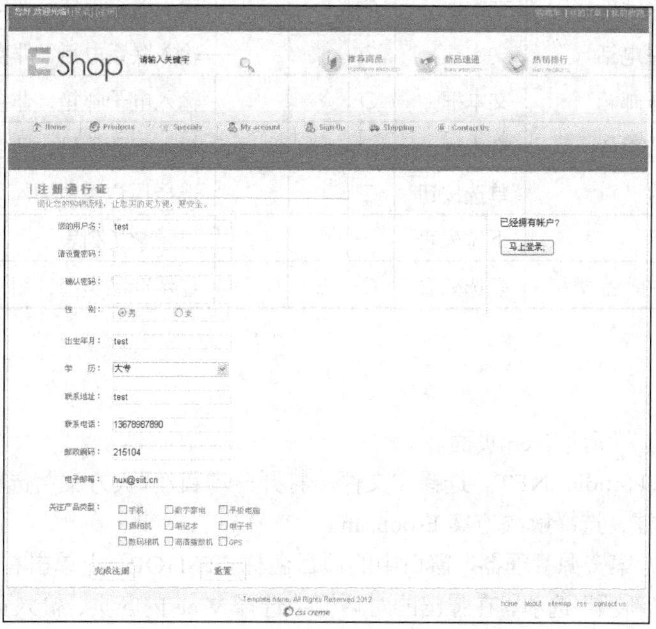

图 2-4-1　用户注册页面（reg.aspx）

1. 能正确地设置和使用 RadioButton、RadioButtonList 控件基本属性和方法，并能够编写简单的事件逻辑代码。

2. 能正确地设置和使用 CheckList、CheckBoxList 控件基本属性和方法，并能够编写简单的事件逻辑代码。

3. 能正确地设置和使用 DropDownList 控件基本属性和方法，并能够编写简单的事件逻辑代码。

1. 页面流（见图 2–4–1）

2. 项目式样（见表 2–4–1）

表 2-4-1 项目样式要求

分类	编号	项目名	类型	输入	表示	必须	处理内容（数据库表状况、条件、计算式、判断、快捷键等）
注册页面	1	注册	按钮	○			注册会员，显示注册成功!
	2	会员类型	下拉列表		○		显示会员级别名称，传值为会员级别 id
	3	登录账号	文本框	○			输入登录账号，非空验证
	4	登录密码	文本框	○			输入登录密码，非空验证
	5	核对密码	文本框	○			输入核对密码，非空验证，两次输入密码相同验证
	6	出生年月	文本框	○			输入出生年月，规则验证
	7	联系地址	文本框	○			输入联系地址，非空规则和规则验证
	8	联系电话	文本框	○			输入联系电话，非空验证和规则验证
	9	电子邮箱	文本框	○			输入电子邮箱，非空规则和规则验证
	10	邮政编码	文本框	○			输入邮政编码，非空规则和规则验证
	11	性别	单选按钮	○			选择用户性别
	12	学历	下拉列表		○		显示学历列表
	13	关注产品类型	多选列表	○	○		显示产品类型，用户选择

实现过程

步骤一： 新建 Web 页面。

1. 启动 Visual Studio .NET。选择“文件→打开→项目/解决方案”选项。

2. 弹出对话框，选择解决方案 Eshop.sln。

3. 在“解决方案资源管理器”窗口中的项目名称“ESHOP”上单击右键，在快捷菜单中选择“添加→添加新项”选项，在弹出的对话框中选择 Web 内容页，输入页面名称 Reg.aspx，然后单击“添加”按钮，在弹出的对话框中选择所要使用的母版页，即完成注册页面的创建。

步骤二： 页面布局（DIV+CSS）。

1. 打开 Login.aspx 页面，进入源视图设计，在<asp:Content ID="Content1" ContentPlaceHolderID= "head" runat="server"> 和 </asp:Content>之间添加本页面的样式，代码如下。

```
<asp:Content ID="Content1" ContentPlaceHolderID="head" runat="Server">
    <style type="text/css">
        .title_bar
        {
            width: 900px;
            padding-left: 30px;
            margin-top: 20px;
            text-align :left ;
        }
        .title_content
        {
            width: 500px;
            border-bottom-style: solid;
            border-bottom-width: thin;
            border-bottom-color: #C0C0C0;
            font-family: 黑体;
            font-weight: bold;
            font-size: large;
            color: #339933;
            text-align: left;
            letter-spacing: 3pt;
        }
        .reg_content
        {
            width: 600px;
            margin-top: 5px;
            padding-left: 30px;
            float: left;
        }
        .span_font
        {
            color: #808080;
            margin-left: 15px;
            font-size: small;
        }
        .form_row
        {
            padding: 10px 0px 10px 0px;
```

```
    width: 600px;
    clear: both;
}
.row_lbl
{
    padding: 4px 15px 0px 0px;
    width: 120px;
    font-size: 12px;
    color: #333333;
    text-align: right;
    float: left;
}
.row_input
{
    border: 1px solid #DFDFDF;
    width: 180px;
    height: 18px;
    float: left;
}
.reg_right
{
    width: 230px;
    height: 150px;
    float: right;
    padding: 10px 0px 0px 20px;
    text-align: left;
    font-size: 14px;
    border-left-style: dotted;
    border-left-width: thin;
    border-left-color: #CCCCCC;
}
.btn
{
    height: 27px;
    width: 70px;
    color: #497825;
    font-weight: bold;
    border: 1px solid #CCCFD3;
    background-color: #FFFFFF;
    margin-left: 100px;
}
```

```
        .error
        {
           width: 120px;
           float: left;
           font-size: 12px;
           text-align: left;
           padding: 4px 5px 0 10px;
           color: #333333;
        }
    </style>
</asp:Content>
```

2. 设置DIV层，代码如下。

```
<asp:Content  ID="Content2"  ContentPlaceHolderID="ContentPlaceHolder1"
runat="server">
    <div class="title_bar">
       <div class="title_content">
          <span>|注册通行证</span>
       </div>
       <span class="span_font">简化您的购物流程，让您买得更方便，更安全。</span>
    </div>
    <div class="reg_content">
       <div class="form_row">
       </div>
       <div class="form_row">
       </div>
       <div class="form_row">
       </div>
       <div class="form_row">
       </div>
       <div class="form_row">
       </div>
       <div class="form_row">
       </div>
       <div class="form_row">
       </div>
       <div class="form_row">
       </div>
       <div class="form_row">
       </div>
       <div class="form_row">
       </div>
```

```
        <div class="form_row">
        </div>
        <div class="form_row">
        </div>
    </div>
    <div class="reg_right">
        <div>
            已经拥有账户？
        </div>
    </div>
</asp:Content>
```

页面布局如图 2-4-2 所示。

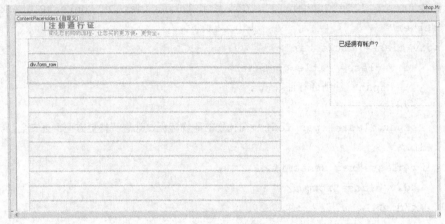

图 2-4-2　reg.aspx 页面 DIV 布局

步骤三： 添加 Web 控件。

完成上述的一个用户注册页面，必须得添加基本控件。在 ASP.NET 中常用的服务器控件是运行在服务器上的组件，它封装了相应的用户界面和相关功能，可以在 ASP.NET 页面文件和后台代码文件中使用。

1. 在解决方案资源管理器中，双击文件 reg.aspx 以选择 Web 窗体页。
2. 按照提供的样图在窗体中添加如表 2-4-2 所示的 Web 服务器控件。

表 2-4-2　用户注册页面

页面	编号	项 目 名	类　型	属　性	属 性 值
注册页面	1	注册	按钮(Button)	ID	btnReg
				Text	注册
	2	会员类型	下拉列表(DropDownList)	ID	ddlMember
				Items	输入三项，分别为管理员，普通会员
	3	登录账号	文本框(TextBox)	ID	txtAccount
	4	登录密码	文本框(TextBox)	ID	txtPwd
				Passwordchar	*

续表

页面	编号	项目名	类型	属性	属性值
注册页面	5	核对密码	文本框(TextBox)	ID	txtRePwd
				Passwordchar	*
	6	出生年月	文本框(TextBox)	ID	txtBirth
	7	联系地址	文本框(TextBox)	ID	txtAddress
	8	联系电话	文本框(TextBox)	ID	txtTel
	9	电子邮箱	文本框(TextBox)	ID	txtEmail
	10	邮政编码	文本框(TextBox)	ID	txtPostcode
	11	性别	单选按钮列表(RadioButtonList)	ID	rdolSex
				Items	输入项，分别为男，女
	12	学历	下拉列表(DropDownList)	ID	ddlEdu
				Items	输入项分别为博士、研究生、本科、专科、中专、高中、初中
	13	关注产品类型	复选列表(CheckBoxList)	ID	chlAttention
				Items	输入项分别为小说、艺术、青春、励志、少儿、生活、人文社科、管理、科技、教育

3. 在新建立的窗体网页 reg.aspx 中添加“姓名”、“密码”等文本框，方法同上节内容。

4. 从左边的工具箱中选定下拉列表(DropDownList)，拖动到 reg.aspx 页面中指定的位置，并设置修改其 ID 属性为 ddlMember；单击 Items 属性后面的 [...]，打开如图 2-4-3 所示 ListItem 集合编辑器，完成如图 2-4-4 所示内容。

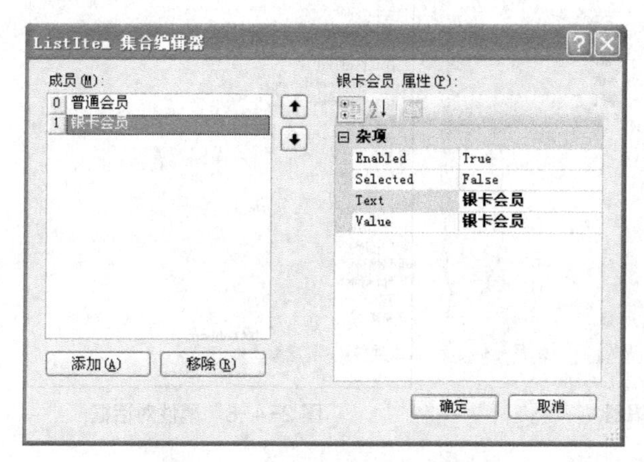

图 2-4-3 ListItem 集合编辑器

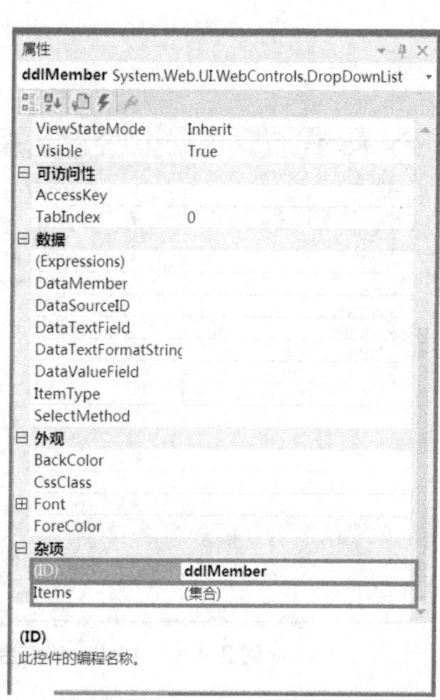

图 2-4-4 ddlMember 属性对话框

5. 从左边的工具箱中选定单选列表(RadioButtonList)，拖动到 reg.aspx 页面中指定的位置，并设置修改其 ID 属性为 rdolSex；单击 Items 属性后面的 ...，打开如图 2-4-5 所示 ListItem 集合编辑器，完成如图 2-4-6 所示内容。

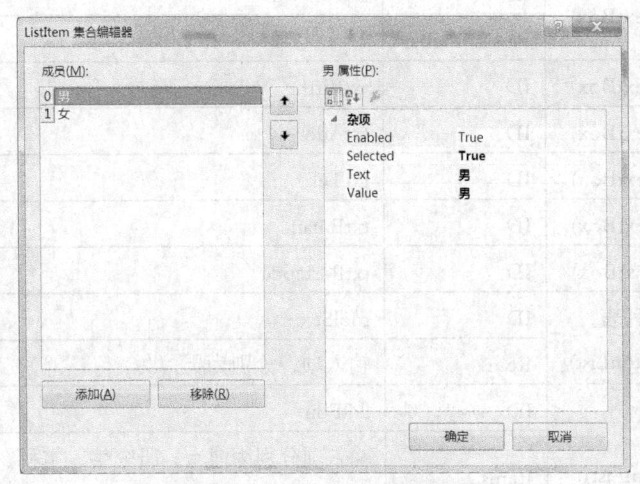

图 2-4-5 ListItem 集合编辑器　　图 2-4-6 RadioButtonList 属性图

6. 同 4 添加下拉学历下拉列表，并按照要求设置其属性。

7. 从左边的工具箱中选定复选列表(CheckBoxList)，拖动到 reg.aspx 页面中指定的位置，并设置修改其 ID 属性为 chlAttention；单击 Items 属性后面的 ...，打开如图 2-4-7 所示 ListItem 集合编辑器，完成如图 2-4-8 所示内容设置；设置 RepeatColumns 值为 3，使一行显示三个复选项；设置项的布局方向属性 RepeatDirection 为 Horizontal，效果如图 2-4-9 所示。

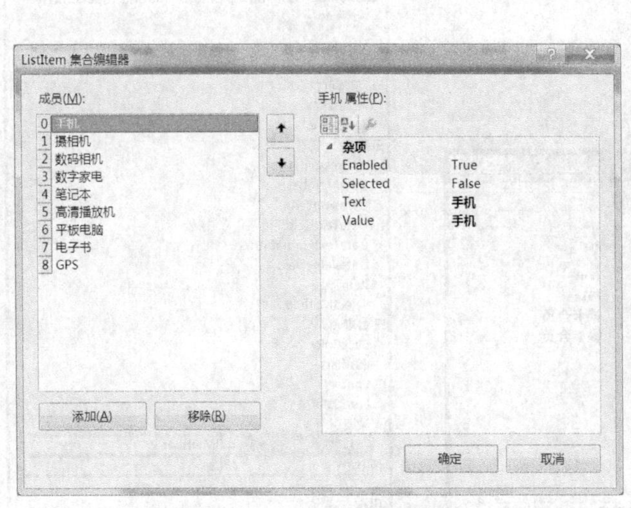

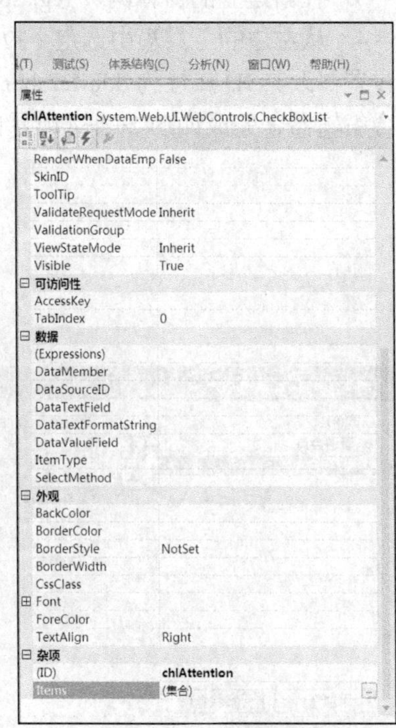

图 2-4-7 ListItem 集合编辑器　　图 2-4-8 属性对话框

关注产品类型：		
□ 手机	□ 数字家电	□ 平板电脑
□ 摄像机	□ 笔记本	□ 电子书
□ 数码相机	□ 高清播放机	□GPS

图 2-4-9 CheckList 效果图

设计完成后代码如下所示。

```
<div class="title_bar">
        <div class="title_content">
            <span>|注册通行证</span>
        </div>
        <span class="span_font">简化您的购物流程，让您买的更方便，更安全。</span>
    </div>
    <div class="reg_content">
        <div class="form_row">
            <asp:Label  ID="lblUser"  runat="server"  Text=" 您 的 用 户 名 ： "
CssClass="row_lbl"></asp:Label>
            <asp:TextBox ID="txtAccount" runat="server" CssClass="row_input
">test</asp:TextBox>
        </div>
        <div class="form_row">
            <asp:Label  ID="lblPassword"  runat="server"  CssClass="row_lbl"
Text="请设置密码："></asp:Label>
            <asp:TextBox  ID="txtPwd"  runat="server"  CssClass="row_input  "
TextMode="Password">test</asp:TextBox>
        </div>
        <div class="form_row">
            <asp:Label ID="lblRePassword" runat="server" CssClass="row_lbl"
Text="确认密码："></asp:Label>
            <asp:TextBox ID="txtRePwd" runat="server" CssClass="row_input "
TextMode="Password"></asp:TextBox>
        </div>
        <div class="form_row">
            <asp:Label ID="lblSex" runat="server" CssClass="row_lbl" Text="
性    别："></asp:Label>
            <asp:RadioButtonList         ID="rdolSex"         runat="server"
CssClass="row_input " RepeatDirection="Horizontal">
                <asp:ListItem Selected="True">男</asp:ListItem>
                <asp:ListItem>女</asp:ListItem>
            </asp:RadioButtonList>
        </div>
        <div class="form_row">
```

```
            <asp:Label ID="Label1" runat="server" CssClass="row_lbl" Text=
"出生年月：" ></asp:Label>
            <asp:TextBox ID="txtBirth" runat="server" CssClass="row_input
">test</asp:TextBox>
        </div>
        <div class="form_row">
            <asp:Label ID="lblEducation" runat="server" CssClass="row_lbl"
Text="学    历：" ></asp:Label>
            <asp:DropDownList ID="ddlEdu" runat="server" CssClass="row_input
">
                <asp:ListItem>大专</asp:ListItem>
                <asp:ListItem>本科</asp:ListItem>
                <asp:ListItem>硕士</asp:ListItem>
                <asp:ListItem>博士</asp:ListItem>
            </asp:DropDownList>
        </div>
        <div class="form_row">
            <asp:Label ID="lblAddress" runat="server" CssClass="row_lbl"
Text="联系地址：" ></asp:Label>
            <asp:TextBox ID="txtAddress" runat="server" CssClass="row_input
"></asp:TextBox>
        </div>
        <div class="form_row">
            <asp:Label ID="lblCall" runat="server" CssClass="row_lbl" Text="
联系电话：" ></asp:Label>
            <asp:TextBox ID="txtTel" runat="server" CssClass="row_input ">
13678987890</asp:TextBox>
        </div>
        <div class="form_row">
            <asp:Label ID="Label2" runat="server" CssClass="row_lbl" Text="
邮政编码：" ></asp:Label>
            <asp:TextBox ID="txtPostcode" runat="server" CssClass="row_input
">215104</asp:TextBox>
        </div>
        <div class="form_row">
            <asp:Label ID="lblEmail" runat="server" CssClass="row_lbl"
Text="电子邮箱：" ></asp:Label>
            <asp:TextBox ID="txtEmail" runat="server" CssClass="row_input
">abc@siit.cn</asp:TextBox>
        </div>
        <div class="form_row">
```

```
            <asp:Label ID="lblAttention" runat="server" CssClass="row_lbl" Text="关注产品类型: "></asp:Label>
            <asp:CheckBoxList ID="chlAttention" runat="server" RepeatColumns="3">
                <asp:ListItem>手机</asp:ListItem>
                <asp:ListItem>摄像机</asp:ListItem>
                <asp:ListItem>数码相机</asp:ListItem>
                <asp:ListItem>数字家电</asp:ListItem>
                <asp:ListItem>笔记本</asp:ListItem>
                <asp:ListItem>高清播放机</asp:ListItem>
                <asp:ListItem>平板电脑</asp:ListItem>
                <asp:ListItem>电子书</asp:ListItem>
                <asp:ListItem>GPS</asp:ListItem>
            </asp:CheckBoxList>
        </div>
        <div class="form_row">
            <asp:Button ID="btnReg" runat="server" CssClass="btn" OnClick="btnReg_Click" Text="完成注册" Width="103px" />
            <asp:Button ID="btnReset" runat="server" CssClass="btn" Text="重置" />
        </div>
    </div>
    <div class="reg_right">
        <div>
            已经拥有账户?
        </div>
    </div>
```

步骤四: 添加按钮事件。

1. 选定按钮 btnReg，单击属性窗口的图标，在事件列表中，选择 Click，并双击进入代码编辑视图，如图 2-4-10 所示。

```
using System.Collections.Generic;
using System.Linq;
using System.Web;
using System.Web.UI;
using System.Web.UI.WebControls;

namespace Eshop
{
    1 个引用
    public partial class reg : System.Web.UI.Page
    {
        0 个引用
        protected void Page_Load(object sender, EventArgs e)
        {
        }

        0 个引用
        protected void btnReg_Click(object sender, EventArgs e)
        {

        }

    }
}
```

图 2-4-10 代码编辑视图

2. 在 btnReg_Click 事件中完成如下代码。

```
1   protected void btnReg_Click(object sender, EventArgs e)
2   {
3   string str = "注册信息为<br/>";
4   str += "用户帐号：" + txtAccount.Text + "<br/>";
5   str += "出生年月：" + txtBirth.Text + "<br/>";
6   str += "联系地址：" + txtAddress.Text + "<br/>";
7   str += "联系电话：" + txtTel.Text + "<br/>";
8   str += "电子邮箱：" + txtEmail.Text + "<br/>";
9   str += "邮政编码：" + txtPostcode.Text + "<br/>";
10  str += "性别：" + rdolSex.SelectedValue + "<br/>";
11  str += "学历：" + ddlEdu.SelectedValue + "<br/>";
12  string strAttention="您关注的类型为:";
13  //获取复选列表框中选中项；
14  for (int i = 0; i < chlAttention.Items.Count; i++)
15  {
16  if (chlAttention.Items[i].Selected)
17  strAttention += chlAttention.Items[i].Text+"  ";
18  }
19  str += strAttention;
20  Response .Write (str);
21  }
```

程序说明如下。

第 3 行：定义字符串用来存放用户输入信息；

第 4～9 行：读取各文本框中信息存放到字符变量 Str 中；

第 10 行：读取单选按钮中的信息存放到字符变量 Str 中；

第 11 行：读取下拉框中的选择的信息存放到字符串变量 Str 中；

第 14～18 行：读取复选框中用户选择的信息；

第 20 行：将读取的信息输出。

3. 按 Shift+F6 生成成功后，调试运行。显示效果如图 2-4-11 所示。

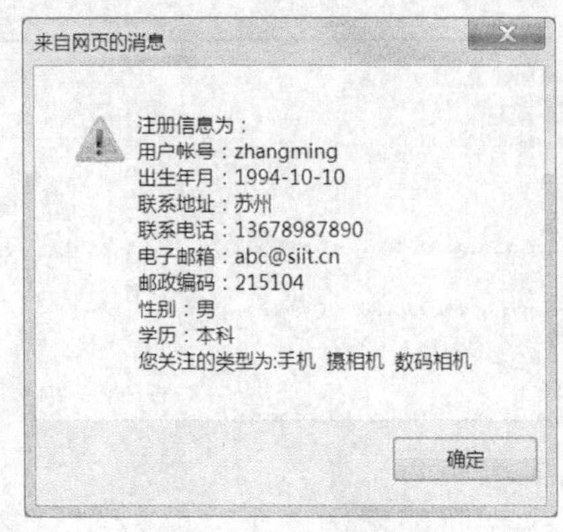

图 2-4-11　显示效果

1．RadioButton 和 RadioButtonList 控件

RadioButton 和 RadioButtonList 控件都可以用来在 ASP.NET 网页上创建单选按钮，允许用户从一组互相排斥的预定义选项中进行选择。所不同的是，每个 RadioButton 创建一个单独的单选按钮，而 RadioButtonList 创建一个单选按钮列表。

（1）RadioButton 控件。

● 功能

RadioButton 控件用于显示单选按钮。

● 属性（见表 2-4-3）

表 2-4-3　RadioButton 控件常用属性

属　　性	描　　述
AutoPostBack	布尔值，规定在 Checked 属性被改变后，是否立即回传表单。默认是 False
Checked	布尔值，规定是否选定单选按钮
Id	控件的唯一 id
GroupName	该单选按钮所属控件组的名称
OnCheckedChanged	当 Checked 被改变时，被执行的函数的名称
runat	规定该控件是服务器控件。必须设置为 "server"
Text	单选按钮旁边的文本
TextAlign	文本应出现在单选按钮的哪一侧（左侧还是右侧）

（2）RadioButtonList。

● 功能

RadioButtonList 控件用于创建单选按钮组，该控件支持数据绑定。RadioButtonList 控件中的每个可选项是通过 ListItem 元素来定义。

● 属性(见表 2-4-4)

表 2-4-4　RadioButtonList 常用属性

属　　性	描　　述
CellPadding	单元格边框与内容之间的像素数
CellSpacing	表格单元格之间的像素数
RepeatColumns	当显示单选按钮组时要使用的列数
RepeatDirection	规定单选按钮组应水平重复还是垂直重复
RepeatLayout	单选按钮组的布局。
runat	规定该控件是服务器控件。必须设置为 "server"
TextAlign	文本应出现在单选按钮的哪一侧（左侧还是右侧）

2．CheckBox 和 CheckBoxList 控件

CheckBox 和 CheckBoxList 控件都能在 ASP.NET 网页上创建复选框，给用户提供一种在

网页上输入布尔型数据的方法。类似于 RadioButton 和 RadioButtonList 的区别，每一个 CheckBox 创建一个单独的复选框，而 CheckBoxList 创建一个复选框列表。

（1）CheckBox。

● 功能

CheckBox 控件用于显示复选框。

● 属性（见表 2-4-5）

表 2-4-5　checkBox 常用属性

属　性	描　述
AutoPostBack	规定在 Checked 属性已改变后，是否立即向服务器回传表单。默认是 false
CausesValidation	规定单击 Button 控件时是否执行验证
Checked	规定是否已选中该复选框
InputAttributes	该 CheckBox 控件的 Input 元素所用的属性名和值的集合
LabelAttributes	该 CheckBox 控件的 Label 元素所用的属性名和值的集合
runat	规定该控件是服务器控件。必须被设置为"server"
Text	与 CheckBox 关联的文本标签
TextAlign	与 CheckBox 控件关联的文本标签的对齐方式(right 或 left)
ValidationGroup	在 CheckBox 控件回发到服务器时要进行验证的控件组
OnCheckedChanged	当 Checked 属性被改变时，被执行函数的名称

（2）CheckBoxList。

● 功能

checkBoxList 控件用于创建多选的复选框组，该控件支持数据绑定。每个 CheckBoxList 控件中的可选项都是由 ListItem 元素定义。

● 属性（见表 2-4-6）

表 2-4-6　checkBoxList 常用属性

属　性	描　述
CellPadding	表格单元格的边框与内容之间的像素数
CellSpacing	表格单元格之间的像素数
RepeatColumns	当显示复选框组时所用的列数
RepeatDirection	规定复选框组水平重复还是垂直重复
RepeatLayout	复选框组的布局
runat	规定该控件是服务器控件。必须设置为 "server"
TextAlign	文本出现在复选框的那一侧

（3）DropDownList 控件。

● 功能

DropDownList 控件用于创建下拉列表，支持数据绑定。控件中的每个可选项都是由 ListItem 元素定义的。

● 属性（见表 2-4-7）

表 2-4-7　DropDownList 常用属性

属　　性	描　　述
SelectedIndex	可选项的索引号
OnSelectedIndexChanged	当被选项目的 index 被更改时被执行的函数的名称
runat	规定该控件是服务器控件。必须设置为 "server"

完成后台产品管理的U I 设计，如图 2-4-12 所示。

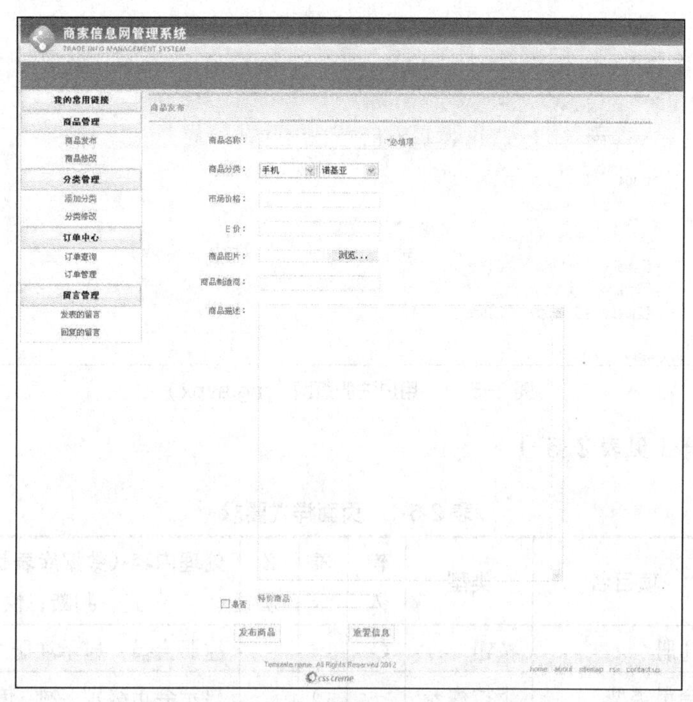

图 2-4-12　后台管理——商品添加页面

任务 2.5　用户界面输入验证

在注册页面中，当用户提交相关信息时，需要保证用户输入的数据信息格式的有效性，同时对输入的信息不符合指定要求时，要给出一定的错误提示信息，减少意外输入错误，提高数据格式的规范性。

1. 能正确地设置和使用 RequiredFieldValidator 控件基本属性。
2. 能正确地设置和使用 CompareValidator 控件基本属性。
3. 能正确地设置和使用 RegularExpressionValidator 控件基本属性，并能够了解简单的正则表达式的书写。

1．页面流（见图 2-5-1）

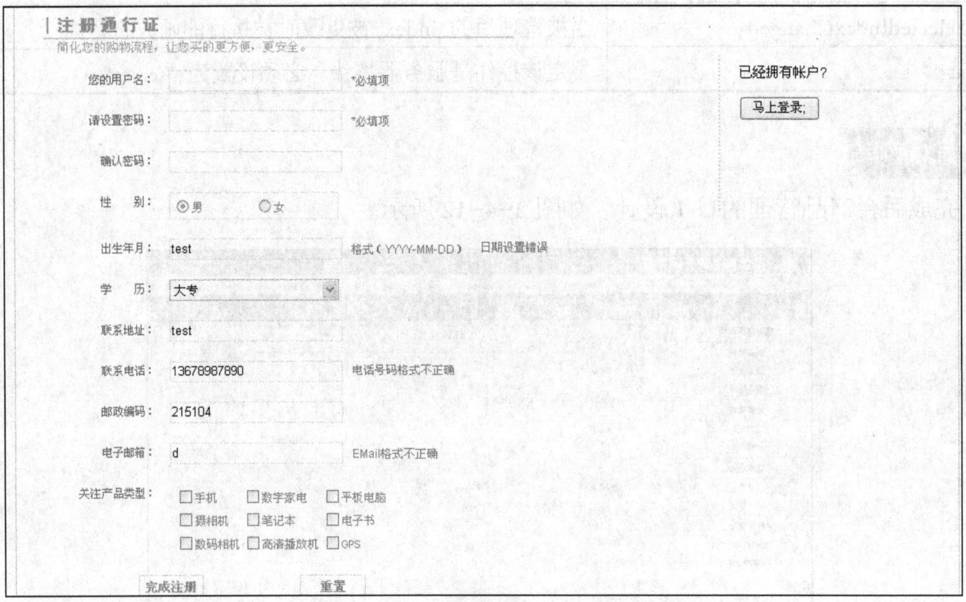

图 2-5-1　用户注册页面（reg.aspx）

2．项目式样（见表 2-5-1）

表 2-5-1　页面样式要求

分类	编号	项目名	类型	输入	表示	必须	处理内容（数据库表状况、条件、计算式、判断、快捷键等）
注册页面	1	注册	按钮	○			注册会员，显示注册成功
	2	会员类型	下拉列表		○		显示会员级别名称，传值为会员级别 id
	3	登录账号	文本框	○			输入登录账号，非空验证
	4	登录密码	文本框	○			输入登录密码，非空验证
	5	核对密码	文本框	○			输入核对密码，非空验证，两次输入密码相同验证
	6	出生年月	文本框	○			输入出生年月，规则验证
	7	联系地址	文本框	○			输入联系地址，非空规则和规则验证
	8	联系电话	文本框	○			输入联系电话，非空验证和规则验证
注册页面	9	电子邮箱	文本框	○			输入电子邮箱，非空规则和规则验证
	10	邮政编码	文本框	○			输入邮政编码，非空规则和规则验证
	11	性别	单选按钮	○			选择用户性别
	12	学历	下拉列表		○		显示学历列表
	13	关注产品类型	多选列表	○	○		显示产品类型，用户选择

步骤一：准备网页文件。打开解决方案下的用户注册页面 Reg.aspx。

步骤二：添加必填项验证控件。

在用户名后和密码后各添加一个必填项验证控件 RequiredFieldValidator，限制文本框 txtUer 和 txtPassword 不得为空，所设置必填项验证控件的属性如表 2-5-2 所示。

表 2-5-2　控件 RequiredFieldValidator 的初始属性设置

控　件	属　性	值	说　明
RequiredFieldValidator1	ID	RequiredFieldValidator1	RequiredFieldValidator 在程序中的名称
	ControlToValidate	txtUser	指定验证控件的验证对象为姓名文本框
	Text	“用户名不得为空！”	验证失败时显示的信息
	ErrorMessage	“姓名必填”	验证失败时显示在 ValidationSummary 中的信息
RequiredFieldValidator2	ID	RequiredFieldValidator2	RequiredFieldValidator 在程序中的名称
	ControlToValidate	txtPassword	指定验证控件的验证对象为密码文本框
	Text	“密码不得为空！”	验证失败时显示的信息
	ErrorMessage	“密码必填”	验证失败时显示在 ValidationSummary 中的信息

步骤三：添加比较验证控件。

在校验密码后添加一个比较验证控件 CompareValidator，限制校验密码和密码要一致。设置属性如表 2-5-3 所示。

表 2-5-3　控件 CompareValidator 的初始属性设置

控　件	属　性	值	说　明
CompareValidator1	ID	CompareValidator1	CompareValidator 在程序中的名称
	ControlToValidate	txtRePassword	指定验证控件的验证对象为校验密码文本框
	ControlToCompare	txtPassword	指定要比较的控件名称
	Text	"密码不一致！"	验证失败时显示的信息
	ErrorMessage	“两次密码不同”	验证失败时显示在 ValidationSummary 中的信息

步骤四： 添加范围验证控件。

在年龄后添加一个范围验证控件 RangeValidator，限制年龄要是 0～100 之间的整数，设置属性如表 2-5-4 所示。

表 2-5-4 控件 CompareValidator 的初始属性设置

控 件	属 性	值	说 明
RangeValidator1	ID	RangeValidator1	RangeValidator 在程序中的名称
	ControlToValidate	txtBirth	指定验证控件的验证对象为生日文本框
	MinimumValue	"1900-01-01"	指定最小值
	MaximumValue	"2012-02-29"	指定最大值
	Type	Date	指定输入值的类型
	Text	"日期设置错误！"	验证失败时显示的信息
	ErrorMessage	"请输入一个 0～100 之间的整数"	验证失败时显示在 ValidationSummary 中的信息

步骤五： 添加正则验证控件。

在 E-mail、联系电话、邮政编码后各添加一个正则验证控件 RegularExpressionValidator，限制输入的邮箱格式、联系电话、邮政编码要合法。设置属性如表 2-5-5 所示。

表 2-5-5 控件 RegularExpressionValidator 的初始属性设置

控 件	属 性	值	说 明
RegularExpression Validator1	ID	RegularExpressionValidator1	RegularExpressionValidator 在程序中的名称
	ControlToValidate	txtEmail	指定验证控件的验证对象为 E-mail 文本框
	ValidationExpression	"\w+([-+.']\w+)*@\w+([-.]\w+)*\.\w+([-.]\w+)*"	正则表达式
	Text	"邮箱格式不正确"	验证失败时显示的信息
	ErrorMessage	"请输入一个合法的 Email"	验证失败时显示在 ValidationSummary 中的信息
RegularExpression Validator2	ID	RegularExpressionValidator2	RegularExpressionValidator 在程序中的名称
	ControlToValidate	txtCall	指定验证控件的验证对象为电话号码文本框
	ValidationExpression	"(\(\d{3}\) | \d{3}-)?\d{8}"	正则表达式
	Text	"联系电话格式不正确"	验证失败时显示的信息
	ErrorMessage	"请输入一个合法的电话号码"	验证失败时显示在 ValidationSummary 中的信息

续表

控　　件	属　　性	值	说　　明
RegularExpression Validator3	ID	RegularExpressionValidator3	RegularExpressionValidator 在程序中的名称
	ControlToValidate	txtZip	指定验证控件的验证对象为邮政编码文本框
	ValidationExpression	“\d{6}”	正则表达式
	Text	“邮编格式不正确”	验证失败时显示的信息
	ErrorMessage	“请输入一个合法的邮政编码”	验证失败时显示在 ValidationSummary 中的信息

步骤六： 设置 Web Form 使用 UnobtrusiveValidationMode 来验证。

打开 reg.aspx.cs 文件，在 page_load 事件中添加如下代码。

```
1    protected void Page_Load(object sender, EventArgs e)
2            {
3                UnobtrusiveValidationMode = UnobtrusiveValidationMode.None;
4            }
```

步骤七： 运行查看结果。

完成上述设计后运行该网页，尝试输入一些不合法的数据，查看各验证控件的作用，如图 2-5-2 所示。

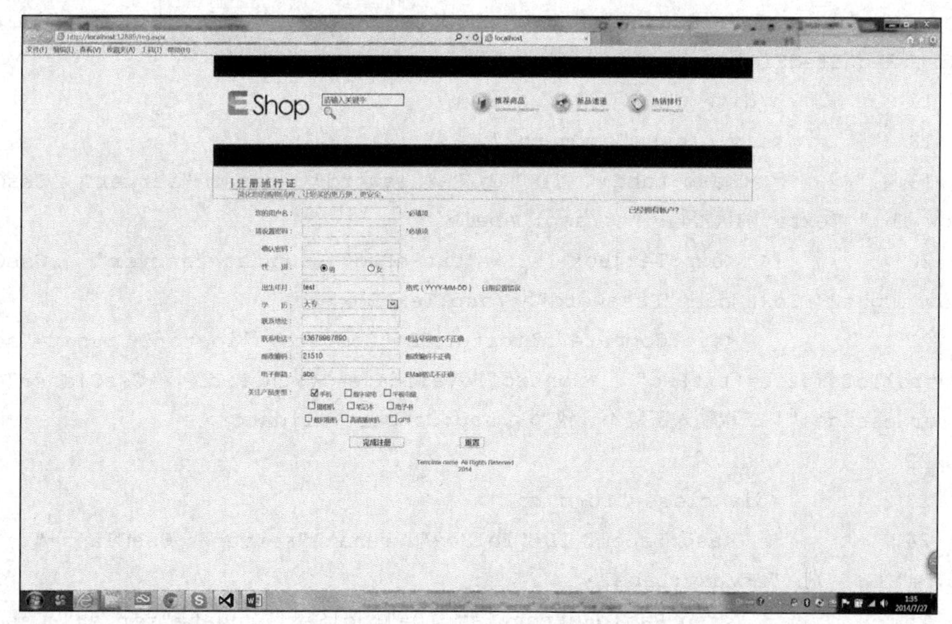

图 2-5-2　用户输入验证效果显示

页面代码如下。

```
1    <div class="title_bar">
2            <div class="title_content">
```

```
 3              <span>|注册通行证</span>
 4          </div>
 5          <span class="span_font">简化您的购物流程，让您买得更方便，更安全。
</span>
 6      </div>
 7      <div class="reg_content">
 8          <div class="form_row">
 9              <asp:Label ID="lblUser" runat="server" Text="您的用户名："
CssClass="row_lbl"></asp:Label>
10              <asp:TextBox  ID="txtAccount"  runat="server"  CssClass=
"row_input ">test</asp:TextBox>
11              <asp:RequiredFieldValidator ID="RequiredFieldValidator1" runat=
"server" ControlToValidate="txtAccount" CssClass="error" ErrorMessage="*必填项
"></asp:RequiredFieldValidator>
12          </div>
13          <div class="form_row">
14              <asp:Label          ID="lblPassword"          runat="server"
CssClass="row_lbl" Text="请设置密码："></asp:Label>
15              <asp:TextBox ID="txtPwd" runat="server" CssClass="row_input
" TextMode="Password">test</asp:TextBox>
16              <asp:RequiredFieldValidator ID="RequiredFieldValidator2" runat=
"server" ControlToValidate="txtPwd" CssClass="error" ErrorMessage="*必填项">
</asp:RequiredFieldValidator>
17          </div>
18          <div class="form_row">
19              <asp:Label  ID="lblRePassword"  runat="server"  CssClass=
"row_lbl" Text="确认密码："></asp:Label>
20              <asp:TextBox   ID="txtRePwd"   runat="server"   CssClass=
"row_input " TextMode="Password"></asp:TextBox>
21              <asp:CompareValidator ID="CompareValidator1" runat="server"
ControlToCompare="txtPwd"   ControlToValidate="txtRePwd"   CssClass="error"
ErrorMessage="！二次输入密码不一致"></asp:CompareValidator>
22          </div>
23          <div class="form_row">
24              <asp:Label  ID="lblSex"  runat="server"  CssClass="row_lbl"
Text="性    别："></asp:Label>
25              <asp:RadioButtonList ID="rdolSex" runat="server" CssClass=
"row_input " RepeatDirection="Horizontal">
26                  <asp:ListItem Selected="True">男</asp:ListItem>
27                  <asp:ListItem>女</asp:ListItem>
28              </asp:RadioButtonList>
```

```
29          </div>
30          <div class="form_row">
31              <asp:Label ID="Label1" runat="server" CssClass="row_lbl"
Text="出生年月: "></asp:Label>
32              <asp:TextBox ID="txtBirth" runat="server" CssClass="row_
input ">test</asp:TextBox>
33              <asp:RegularExpressionValidator
ID="RegularExpressionValidator1" runat="server" ControlToValidate="txtBirth"
CssClass="error" Display="Dynamic" ErrorMessage="格式（YYYY-MM-DD）"
ValidationExpression="\d{4}-\d{2}-\d{2}"></asp:RegularExpressionValidator>
34              <asp:RangeValidator ID="RangeValidator1" runat="server"
ControlToValidate="txtBirth" CssClass="error" Display="Dynamic" ErrorMessage=
"日期设置错误" MaximumValue="2012-02-29" MinimumValue ="1900-01-01" Type=
"Date"></asp:RangeValidator>
34          </div>
36          <div class="form_row">
37              <asp:Label ID="lblEducation" runat="server" CssClass="row_
lbl" Text="学    历: "></asp:Label>
38              <asp:DropDownList ID="ddlEdu" runat="server"
CssClass="row_input ">
39                  <asp:ListItem>大专</asp:ListItem>
40                  <asp:ListItem>本科</asp:ListItem>
41                  <asp:ListItem>硕士</asp:ListItem>
42                  <asp:ListItem>博士</asp:ListItem>
43              </asp:DropDownList>
44          </div>
45          <div class="form_row">
46              <asp:Label ID="lblAddress" runat="server" CssClass="row_
lbl" Text="联系地址: "></asp:Label>
47              <asp:TextBox ID="txtAddress" runat="server"
CssClass="row_input "></asp:TextBox>
48          </div>
49          <div class="form_row">
50              <asp:Label ID="lblCall" runat="server" CssClass="row_lbl"
Text="联系电话: "></asp:Label>
51              <asp:TextBox ID="txtTel" runat="server" CssClass="row_input
">13678987890</asp:TextBox>
52              <asp:RegularExpressionValidator
ID="RegularExpressionValidator2" runat="server" ControlToValidate="txtTel"
CssClass="error" ErrorMessage="电话号码格式不正确" ValidationExpression=
"(\(\d{3}\)|\d{3}-)?\d{8}"></asp:RegularExpressionValidator>
```

```
53         </div>
54         <div class="form_row">
55             <asp:Label  ID="Label2"  runat="server"  CssClass="row_lbl" 
Text="邮政编码: "></asp:Label>
56             <asp:TextBox ID="txtPostcode" runat="server" CssClass="row_
input ">215104</asp:TextBox>
57             <asp:RegularExpressionValidator ID="RegularExpressionValidator3" 
runat="server" ControlToValidate="txtPostcode" CssClass="error" ErrorMessage="邮政编
码不正确" ValidationExpression="\d{6}"></asp:RegularExpressionValidator>
58         </div>
59         <div class="form_row">
60             <asp:Label ID="lblEmail" runat="server" CssClass="row_lbl" 
Text="电子邮箱: "></asp:Label>
61             <asp:TextBox  ID="txtEmail"  runat="server"  CssClass="row_
input ">abc@siit.cn</asp:TextBox>
62             <asp:RegularExpressionValidator 
ID="RegularExpressionValidator4" runat="server" ControlToValidate="txtEmail" 
CssClass="error"  ErrorMessage="EMail 格 式 不 正 确 " ValidationExpression=
"\w+([-+.']\w+)*@\w+([-.]\w+)*\.\w+([-.]\w+)*" 
Width="101px"></asp:RegularExpressionValidator>
63         </div>
64         <div class="form_row">
65             <asp:Label ID="lblAttention" runat="server" CssClass="row_
lbl" Text="关注产品类型: "></asp:Label>
66             <asp:CheckBoxList ID="chlAttention" runat="server" RepeatColumns=
"3">
67                 <asp:ListItem>手机</asp:ListItem>
68                 <asp:ListItem>摄像机</asp:ListItem>
69                 <asp:ListItem>数码相机</asp:ListItem>
70                 <asp:ListItem>数字家电</asp:ListItem>
71                 <asp:ListItem>笔记本</asp:ListItem>
72                 <asp:ListItem>高清播放机</asp:ListItem>
73                 <asp:ListItem>平板电脑</asp:ListItem>
74                 <asp:ListItem>电子书</asp:ListItem>
75                 <asp:ListItem>GPS</asp:ListItem>
76             </asp:CheckBoxList>
77         </div>
78         <div class="form_row">
79             <asp:Button ID="btnReg" runat="server" CssClass="btn" OnClick=
"btnReg_Click" Text="完成注册" Width="103px" />
80             <asp:Button  ID="btnReset"  runat="server"  CssClass="btn" 
```

```
Text="重置" />
  81          </div>
  82      </div>
  83      <div class="reg_right">
  84          <div>
  85              已经拥有帐户？
  86          </div>
  87      </div>
```

技术要点

1．验证控件

（1）简介。

ASP.NET 提供了一系列的服务器验证控件，其重要目的是检查用户输入的信息是否有效。验证控件是 Visual Studio .NET 提供的一组易用但功能强大的检错方式，在正常情况下在页面上是不可见的，只有用户输入了不符合要求的数据提交时才可见。

数据验证控件可以像其他 Web 服务器控件一样添加到 Web 页面中。不同的验证控件用于特定的检验类型，如范围检查、模式匹配以及确保用户不会跳过必填字段的 RequierdField Validator 等。在实际应用中，通常将多个验证控件附加到同一个输入控件（如文本框）上，从而实现多方面控制用户输入的有效性。例如，可以指定文本框为必填，同时输入的数据只能是某特定范围内的数据等。

（2）处理机制。

在处理用户输入时，Web 窗体将用户的输入传送给与输入控件相关联的验证控件，验证控件检测用户的输入，并设置属性以表示是否通过了验证。处理完所有的验证控件后，将设置 Web 窗体上的 IsValid 属性，该属性值为 True 表示所有验证通过，否则该属性值为 False。如果验证控件发现用户输入的数据有错误，则出错信息可由该验证控件显示到页面中，也可以由布局在页面其他位置的 ValidationSummary 控件，专门负责显示出错信息。

（3）验证控件类型。

ASP.NET 验证控件用于检查用户输入信息的不同方面，其分类如下。

- RequiredFieldValidator：验证某个控件的内容是否被改变。
- Comparevalidator：用于对两个值进行比较验证。
- RangeValidator：用于验证某个值是否在要求的范围内。
- RegularExpressionValidator：用于验证相关输入控件的值是否匹配正则表达式指定的模式。
- ValidationSummary：用于显示所有验证错误的摘要。
- CustomValidator：用户可以自定义该控件，完成不同功能。

2．各类验证控件

（1）验证控件通用属性。

验证控件的通用属性如表 2-5-6 所示。

表 2-5-6　验证控件通用属性

属　　性	功能说明
ControlToValidate	要验证控件的 ID
ErrorMessage	当没通过验证时的显示在 ValidationSummary 中的错误信息，当 Text 中为空是显示此处错误信息
Text	当验证没通过时显示在验证控件中的错误信息，当 Text 与 ErrorMessage 同时设置时，显示 Text 中信息
Display	验证控件的显示方式
IsValid	表示验证是否通过，其值是 True 或 False
ForeColor	设置错误提示信息的颜色，默认为红色

（2）RequiredValidator 控件。

● 功能

用于在用户输入信息时，对必选字段进行验证。

● 注意事项

必填项验证控件 RequiredFieldValidator 要求指定输入控件不能空，必须填值。

InitialValue 属性用于获取或设置要被检验的初始值，默认情况下，初始值为空字符串，即不能为空。如需设置输入不得为某个值 ，也可通过该属性来进行设置。

（3）CompareValidator 控件。

● 功能

用于将用户输入的值和其他控件的值或者常数进行比较。使用该控件，可以将两个值进行比较以确定这两个值是否与由比较运算符（小于、等于、大于等）指定的关系相匹配。

● 注意事项

比较验证控件 CompaeValidator 一般用于将用户输入的值与另一个控件的值进行比较，比较两个控件的内容是否一样，或者比较输入值的类型是否与指定类型一致，如输入的年龄是否为整型等。

如果希望将特定的输入控件与另一个输入控件相比较，就使用要被比较的控件名称设置 ControlToCompare 属性。如果希望将特定的输入控件与某一常量值进行比较，就使用要被比较的常量值设置 ValueTocompare 属性。

Type 属性指定了两个比较值的数据类型。Type 属性可选的各种数据类型如表 2-5-7 所示。

表 2-5-7　Type 属性可选的各种数据类型

数据类型	描　　述
String	字符串数据类型
Integer	32 位有符号整数数据类型
Double	双精度浮点数数据类型
Date	日期数据类型
Currency	可以包含货币符号的十进制数据类型

Operate 属性指定了进行比较的类型，如大于、等于等。Operate 属性可选的符号如表 2-5-8 所示。

表 2-5-8 Operate 属性可选的符号

数据类型	描 述
Equal	所验证的输入控件的值与其他控件的值或常数值之间的相等比较
NotEqual	所验证的输入控件的值与其他控件的值或常数值之间的不相等比较
GreaterThan	所验证的输入控件的值与其他控件的值或常数值之间大于比较
GreaterThanEqual	所验证的输入控件的值与其他控件的值或常数之间大于或等于比较
LessThan	所验证的输入控件的值与其他控件的值或常数值之间小于比较
LessThanEqual	所验证的输入控件的值与其他控件的值或常数之间小于或等于比较
DataTypeCheck	输入到所验证输入控件的值与基本数据类型之间的数据类型的比较

（4）RangeValidator 控件。

● 功能

范围验证控件 RangeValidator 的作用是计算被验证控件的值，以确定该值是否处于指定的最大和最小值范围之间。使用 RangeValidator 控件可以检查用户的输入是否在指定的范围之间，可以检查由数字对、字母对和日期对限定的范围，范围边界（最大值和最小值）用常数表示。

● 注意事项

MaximunValue 值指定有效值的最大值，MinimumValue 值指定有效值的最小值。

（5）RegularExpressionValidator 控件。

● 功能

正则表达式验证控件 RegularExpressionValidator 用于计算输入控件的值以确定该值是否与某个正则表达式所定义的模式相匹配。

● 注意事项

如果输入控件的值为空，则不调用任何验证函数且可以通过验证，这通常需要使用必须项验证控件的配合，以避免用户跳过某项的输入。

除非浏览器不支持客户端验证，或禁用了客户端验证，否则客户端验证和服务器端验证都要被执行。客户端的正则表达式验证语法与服务器端略有不同。在客户端使用的是 JScript 正则表达式语法，在服务器端使用的是 Regex 语法。由于 JScript 正则表达式语法是 Regex 语法的子集，故建议读者最好使用 JScript 语法，以便使客户端和服务器端得到相同的结果。

ValidationExpression 属性提供了正则表达规则，即验证规则。

正则表达式中不同的字符表示不同的含义，一般规则如下。

● "." 表示任意字符
● "*" 表示和其他表达式一起，表示任意组合
● "[A–Z]" 表示任意大写字母
● "\d" 表示任意一个数字
● 数字开头后接一个大写字母：\d[A–Z] *
● 只能输入 1 个数字：^\d$
● 只能输入 n 个数字：^\d{n}$，例如^\d{8}$
● 只能输入至少 n 个数字：^\d{n,}$，例如^\d{8,}$
● 只能输入 m 到 n 个数字：^\d{m,n}$，例如^\d{7,8}$ ，如 12345678,1234567

- 只能输入数字：^[0-9] *$
- 只能输入 0 和非 0 打头的数字：^(0|[1-9][0-9] *)$
- 只能输入实数：^[-+]?\d+(\.\d+)?$
- 只能输入 n 位小数的正实数：^[0-9]+(.[0-9]{n})?$
- 只能输入 m-n 位小数的正实数：^[0-9]+(.[0-9]{m,n})?$
- 只能输入非 0 的正整数：^\+?[1-9][0-9] *$
- 只能输入非 0 的负整数：^\-[1-9][0-9] *$
- 只能输入 n 个字符：^.{n}$，注意汉字只算 1 个字符
- 只能输入英文字符：^.[A-Za-z]+$
- 只能输入大写英文字符：^.[A-Z]+$
- 只能输入小写英文字符：^.[a-z]+$
- 只能输入英文字符+数字：^.[A-Za-z0-9]+$
- 只能输入英文字符/数字/下画线：^\w+$
- 验证首字母大写：\b[^\Wa-z0-9_][^\WA-Z0-9_]*\b
- 验证汉字：^[\u4e00-\u9fa5]{0,}$
- 验证 QQ 号：[0-9]{5,9} 描述 5-9 位的 QQ 号
- 验证身份证号：^[1-9]([0-9]{16}|[0-9]{13})[xX0-9]$
- 验证手机号（包含 159，不包含小灵通）：^13[0-9]{1}[0-9]{8}|^15[9]{1}[0-9]{8}

（6）ValidationSummary 验证摘要控件。

- 功能

若页面中存在有很多种类验证控件，可能出现大量提示信息占用较多页面的情况，这对 Web 页面的美观性十分不利。Visual Studio.NET 提供的 ValidatorSummary 控件可以将页面中所有验证控件的提示信息集中起来，在指定区域或以一个弹出信息框的形式显示给用户。ValidatorSummary 控件为页面中每个验证控件显示错误信息，是由每个验证控件的 ErrorMessage 属性确定。若某验证控件没有设置 ErrorMessage 属性，则在 ValidatorSummary 控件中不显示该控件的错误信息。ValidatorSummary 控件必须与其他验证控件一起使用，可分别将各验证控件的 Display 属性设置为"None"，而通过 ValidatorSummary 控件收集所有验证错误，并在指定的网页区域中或以信息框的形式显示给用户。

- 注意事项

DisPlayMode 属性用于设置验证摘要的显示模式，可以使用如下的几个值。

- BulletList：默认的显示模式，每个消息都显示为单独的项。
- List：每个消息显示在单独的行中。
- SingleParagraph：每个消息显示为段落中的一个句子。

ShowMessageBox 属性用于指定是显示还是隐藏 ValidationSummary 控件。如果属性值为 true，则显示消息对话框，否则不显示。

HeadText 属性用于获取或设置显示在摘要上方的标题文本。

1. 按照图 2-5-3 所示完成后台管理母版页设计，在页面左侧为菜单列表，主要显示后台管理的各页面的链接。

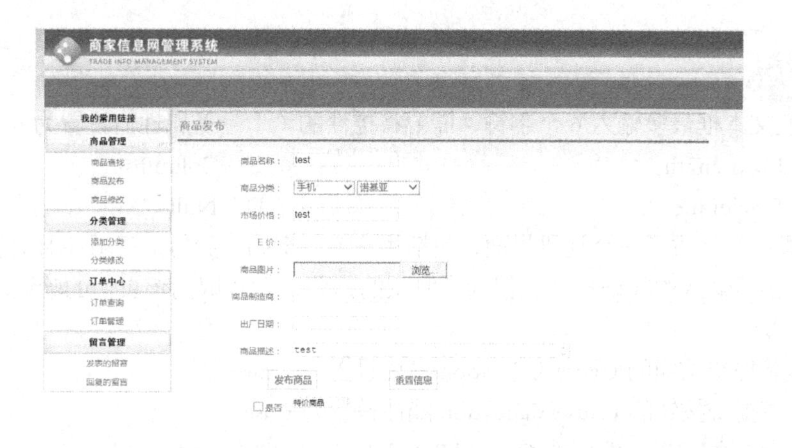

图 2-5-3 后台商品发布

2. 完成后台管理登录界面的设计及用户输入验证，可自行选择模板完成，如图 2-5-4 所示。

3. 根据所学习的内容，完成后台管理商品添加页面设计及完成输入验证设计。如图 2-5-5 所示。

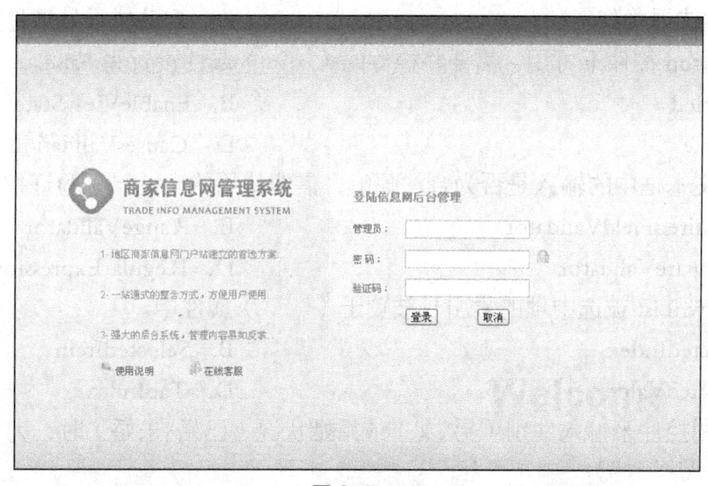

图 2-5-4

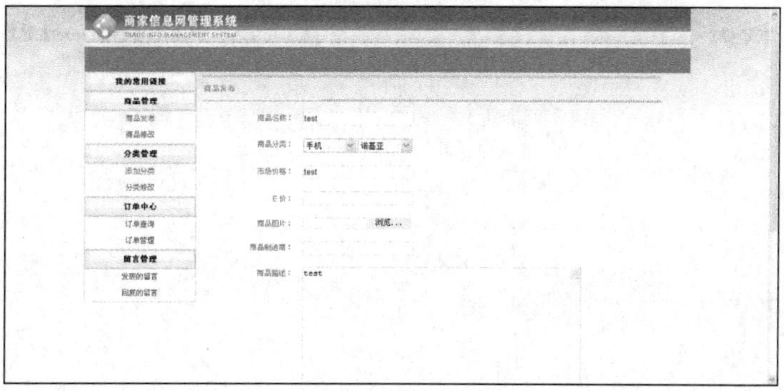

图 2-5-5

1. 要使文本框最多输入 6 个字符，需要将控件的（　　）属性值设置为 6。

A. MaxLength　　B. Columns

C. SingleLine　　D. Null

2. 假设已经完成了一个注册界面，包括用户名、密码、身份证三项注册信息，并为每个控件设置了必须输入的验证控件。但为了测试的需要，暂时取消该页面的验证功能，该如何做？（　　）。

A. 将提交按钮的 CausesValidation 属性设置为 True

B. 将提交按钮的 CausesValidation 属性设置为 False

C. 将相关验证控件属性 ControlToValidation 属性设置为 True

D. 将相关验证控件属性 ControlToValidation 属性设置为 False

3. 要验证文本框中的输入是否为合法邮编，需要使用的（　　）验证控件。

A. RequiredFieldValidator　　B. RangeValidator

C. CompareValidator　　D. RegularExpressionValidator

4. RequireFieldValidator 控件的 ErrorMessage 属性用来（　　）。

A. 设置错误信息　　B. 设置到验证的控件

C. 定位错误类型　　D. 启动错误处理程序

5. 要使 Button 控件不可用，需要将控件的（　　）属性设置为 False。

A. Enabled　　B. EnableViewState

C. Visible　　D. CausesValidation

6. 要验证文本框中的输入是否为合法邮编，需要使用的（　　）验证控件。

A. RequiredFieldValidator　　B. RangeValidator

C. CompareValidator　　D. RegularExpressionValidator

7. DropDownList 被选中项的索引号被置于（　　）属性中。

A. SelectedIndex　　B. SelectedItem

C. SelectedValue　　D. TabIndex

8. 当需要用控件来输入性别（男\女）或婚姻状况（已婚\未婚）时，为了简化输入，应该选用的控件是（　　）。

A. RadioButton　　B. CheckBoxList

C. CheckBox　　D. RadioButtonList

PART 3

第3章 数据访问

本章重点介绍了ADO.NET数据访问的概念、结构及工作方式，带领读者使用ADO.NET完成用户登录和注册；为了提高代码的可维护性，将用户常用的数据库操作封装成数据操作类，并使用操作类完成数据访问的各项功能。

项目三 **学习重点**

- 能正确配置数据库连接。
- 能按步骤实现对数据库记录的查询、插入、删除、修改。
- 能建立数据库操作类。
- 能熟练使用数据库操作类完成数据库记录的查询、插入、删除、修改。

项目任务总览

任务编号	任务名称
任务3.1	用户登录实现
任务3.2	用户注册实现
任务3.3	数据访问类创建

任务3.1 用户登录实现

任务描述

鉴于前面已经写成了用户界面的设计，在下面的任务中主要逐步完成单击登录按钮后要完成的操作。当输入的用户名和密码与数据库中已经存在的用户名和密码相匹配时，就认为登录成功，转向登录成功后的页面，否则提示出错信息。

任务目标

- 能够正确配置web.config，与所建立的数据库相连接。
- 能够完成数据连接测试程序，为后面数据操作打好基础。
- 能够完成数据检索。

任务分析

已注册的用户信息被存放在数据表中，要完成用户的登录则需要到数据库中检索是否存在与之相符的数据，需要与数据库进行交互，ADO.NET 是 Microsoft 统一的数据访问模型，可以方便地连接到指定数据源，并查询、管理和更新其中的数据。

本任务中可以按照以下步骤完成数据访问。

（1）创建数据库连接对象；

（2）创建命令对象；

（3）执行命令对象，返回执行结果（数据阅读器）；

（4）对返回数据进行处理。

实现过程

准备工作： 建立数据库和用户表

选择 SQL SERVER 2008 进行数据库管理。

1. 在网站根目录内新建文件夹 Data。

2. 打开 SQL SERVER Management Studio 企业管理器，新建 SQL SERVER 数据库 eshop，保存在 App_Data 文件夹中。

3. 在 eshop 数据库中新建数据表，表结构如图 3-1-1 所示，该表保存为 member。在数据库中设计数据表和表中字段时，尽量符合数据库的设计规范，如要考虑到表中字段是否是必要的和完整的，有无冗余数据的再现，表与表的关系，当字段确定下来后还要考虑到字段使用什么类型，防止数据类型不对导致出现异常。

USER-PC.eshop - dbo.member

列名	数据类型	允许 Null 值
Id	int	☐
Memberlevel	int	☑
LoginName	varchar(12)	☐
LoginPwd	varchar(12)	☐
Sex	varchar(50)	☑
Birth	varchar(50)	☑
Eduation	varchar(50)	☑
Phone	varchar(15)	☑
Address	varchar(100)	☑
Zip	varchar(6)	☑
Email	varchar(100)	☑
RegDate	varchar(50)	☑
LastDate	varchar(50)	☑
LoginTimes	int	☑
head	varchar(50)	☑
		☐

图 3-1-1 用户表结构

步骤一： 数据库连接的配置。

为了编程和后续维护方便，常将数据库的连接信息存放在 web.config 文件中，打开 web.config，在其中配置数据库连接字符串语句，连接到不同类型的数据库，连接字符串语句有所不同， 这一步非常关键，只要是连接到数据库都可以按下面的语句进行配置。

1. 打开项目的 Web.Config 文件。在解决方案资源管理器中，双击“web.config”文件，如图 3-1-2 所示。

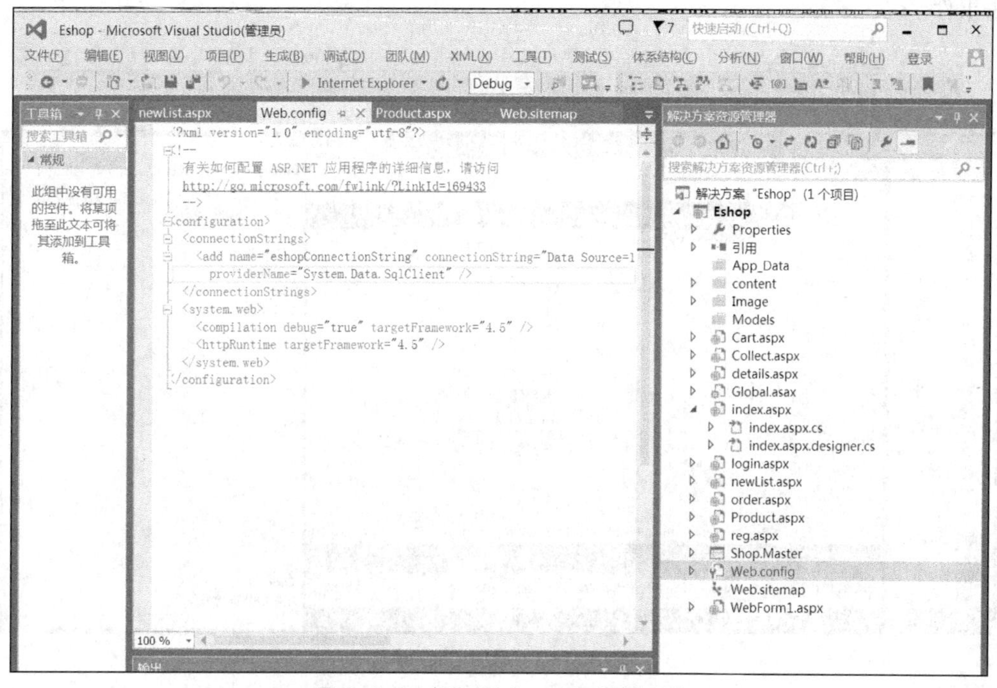

图 3-1-2 打开 Web.config 配置文件

2. 修改 Web.Config 文件，添加连接字符串。

如果是访问 SQL SERVER 数据库，在 web.config 中将<connectionStrings/>按如下格式进行修改替换。

```
<connectionStrings>
<add name="eshopConnectionString" connectionString="Data Source=localhost;
Initial Catalog=数据库名; Integrated Security= False;User=用户名;Pwd=密码;"
providerName="System.Data.SqlClient" />
</connectionStrings>
```

按上面配置要求，本任务中将 web.config 中将<connectionStrings/>替换为如下连接代码。

```
1  <connectionStrings>
2  <add name=" eshopConnectionString " connectionString="Data Source=
localhost; Initial Catalog= eshop; Integrated Security= False;User=sa; Pwd=
123;" providerName="System.Data.SqlClient" />
3  </connectionStrings>
```

程序说明如下。

第 2 行：其中 “eshopConnectionString” 和 Initial Catalog 后的 “eshop” 是我们自定义的一个名字,可以根据实际需要进行修改，登录用户名“sa” 和登录密码 “123” 一般可以根据 SQL SERVER 安装时指定的用户名和密码进行相应修改(也可以在 SQL SERVER 中分配用户名和密码），在其他内容是每次连接到 SQL SERVER 时都一样的，一般不需要改动。

步骤二： 添加按钮单击事件。

打开用户登录页面 login.aspx，为“登录”按钮添加 Click 事件。单击“登录”按钮，在右边的属性窗口中，切换到⚡选项卡，双击“Click”（见图 3-1-3），系统会自动创建按钮的单击事件。

图 3-1-3　添加 Click 事件

代码如下。

```
1    namespace Eshop
2    {
3    public partial class login : System.Web.UI.Page
4    {
5    protected void Page_Load(object sender, EventArgs e)
6    {
7    }
8    protected void btnLogin_Click(object sender, EventArgs e)
9    {
10   }
11   }
12   }
```

程序说明如下。

第 5~6 行：窗体加载事件，当窗体加载时要执行的代码可以在此编写；

第 8~10 行：登录单击事件，当“登录”按钮被按下时，所要执行的代码在此编写。

步骤三： 添加命名空间。System.data.sqlclient 提供了专门操作 SqlServer 数据库的类，如 SqlConnection，SqlCommand，SqlDateAdapter 等，在使用前应引入命名空间的引用。

```
1    using System.Data.SqlClient;
```

步骤四： 编写用户登录代码。

在按钮的单击事件中，添加代码如下。

```
1  protected void btnLogin_Click(object sender, EventArgs e)
2       {
3           //1.创建连接对象
4           SqlConnection cn = new SqlConnection();
5           cn.ConnectionString =
   ConfigurationManager.ConnectionStrings["eshopConnectionString"].ConnectionString;
6           cn.Open();
7           //2.创建命令对象
8           SqlCommand cm = new SqlCommand();
9           cm.Connection = cn;
10          cm.CommandText = string.Format("select * from  member where
   LoginName='{0}' and LoginPwd='{1}'", txtAccount.Text, txtPassword.Text);
11          //3.执行命令对象,返回数据阅读器
12          SqlDataReader dr = cm.ExecuteReader();
13          if (dr.Read())
14          {
15              String username = dr["LoginName"].ToString();
16         Response.Write("<script>alert('"+username+"用户登录成功! ') </
   script>");
17          //4.返回结果
18          }
19          else
20          {
21              Response.Write("<script>alert('用户名或密码不正确')</script>");
22          }
23          dr.Close();
24          cn.Close();
25      }
```

程序说明如下。

第 4 行：创建连接对象；

第 5 行：配置数据库连接字符串，从 web.config 中获取字符串；

第 6 行：打开连接对象；

第 8 行：创建命令对象；

第 9 行：为命令对象设置连接；

第 10 行：配置命令对象，设置 SQL 语句；

第 12 行：执行命令，并将结果存放到数据阅读器 dr 中；

第 13 行：从阅读器中读取数据；

第 15 行：将数据库中获取的数据读取出来。

程序运行界面如图 3-1-4 ~ 图 3-1-6 所示。

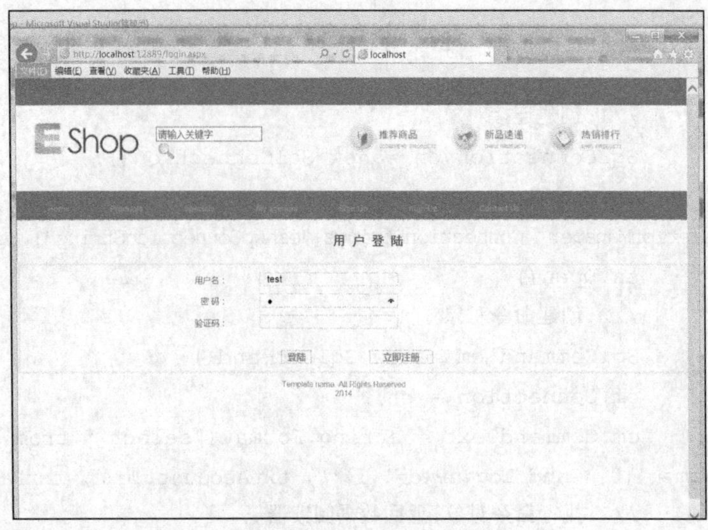

图 3-1-4　用户输入用户名

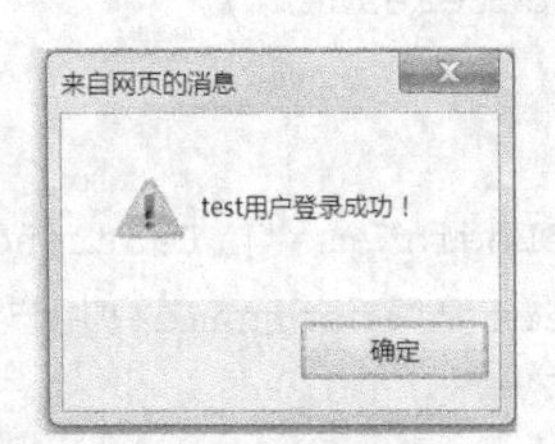

图 3-1-5　用户名密码输入正确

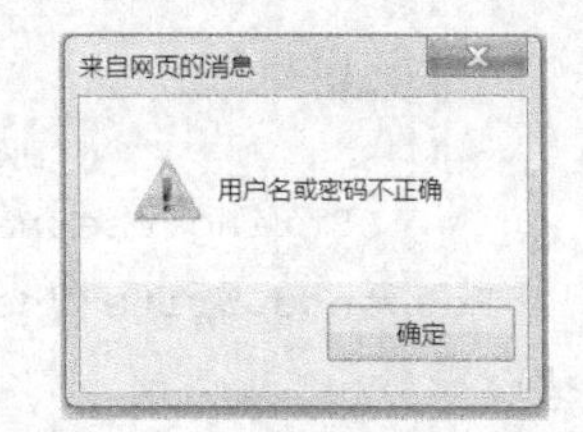

图 3-1-6　用户或密码输入错误

1．Web.Config

（1）简介

Web.config 文件是一个 XML 文本文件，它用来储存 ASP.NET Web 应用程序的配置信息（如最常用的设置 ASP.NET Web 应用程序的身份验证方式），它可以出现在应用程序的每一个目录中。当你通过.NET 新建一个 Web 应用程序后，默认情况下会在根目录自动创建一个默认的 Web.config 文件，包括默认的配置设置，所有的子目录都继承它的配置设置。如果你想修改子目录的配置设置，你可以在该子目录下新建一个 Web.config 文件。它可以提供除从父目录继承的配置信息以外的配置信息，也可以重写或修改父目录中定义的设置。

（2）配置文件节点介绍

● <configSections>：configSections 元素指定了配置节和处理程序声明。

所有 Web.config 的根配置节都存储于<configuration>标记中，在它内部封装了其他的配置节，示例代码如下所示。

```
<configuration>
    <syste.web>
          ......
</configuration>
```

● <appSettings>：该节点下主要用来存储 ASP.NET 应用程序的一些配置信息，也可以把数据库连接字符串也放在这里，不过.NET 提供了 connectionStrings 节点，所以数据库连接字符串还是不建议放在这里。

```
<appSettings>
 <add key="Name"value="test                                    //增加自定义配置节
    <add key="E-mail" value=" test@siit.edu.cn "/>
    </appSettings>
```

上述代码添加了两个自定义配置节，这两个自定义配置节分别为 Name 和 E-mail，用于定义该 Web 应用程序的开发者的信息，以便在其他页面中使用该配置节。

若需要在页面中使用该配置节，可以使用 ConfigurationSettings.appSettings(“key 的名称”)方法来获取自定义配置节中的配置值。

● <customErrors>：用户错误配置节。该配置节能够指定当出现错误时，系统自动跳转到一个错误发生的页面，同时也能够为应用程序配置是否支持自定义错误。<customErrors>配置节包括两种属性，这两种属性分别为 mode 和 defaultRedirect。其中 mode 包括 3 种状态，这三种状态分别为 On、Off 和 RemoteOnly。On 表示启动自定义错误；Off 表示不启动自定义错误；RemoteOnly 表示给远程用户显示自定义错误。另外，defaultRedirect 属性则配置了当应用程序发生错误时跳转的页面。

● <globalization>：用于配置应用程序的编码类型，ASP.NET 应用程序将使用该编码类型分析 ASPX 等页面，常用的编码类型包括如下几种。

UFT-8：Unicode UTF-8 字节编码技术，ASP.NET 应用程序默认编码。

UTF-16：Unicode UTF-16 字节编码技术。

ASCII：标准的 ASCII 编码规范。

Gb2312：中文字符 Gb2312 编码规范。

在配置<globalization>配置节时，其编码类型可以参考上述编码类型，如果不指定编码类型，则 ASP.NET 应用程序默认编码为 UTF-8，示例代码如下所示。

```
<globalization fileEncoding="UTF-8" requestEncoding="UTF-8" responseEncoding=
"UTF-8"/>
```

● <connectionStrings>：connectionStrings 和 appSettings 类似，不过用于保存配置数据库连接信息。

```
<connectionStrings>
   <add name="Conn1" connectionString="server=.;database=dbt1;uid=sa;pwd=
1poviderName="System.Data.SqlClient" />
  <add name="Conn2" connectionString="server=.;database=dbt2;uid=sa;pwd=1
roviderName="System.Data.SqlClient" />
     </connectionStrings>
```

以后在程序代码中可以用 ConfigurationManager.ConnectionStrings ["eshopConnectionString "].ConnectionString 来获取这个名为 eshopConnectionString 的数据库连接。这样处理有利于数据库连接的统一化处理，如果数据库名称或位置改变了，只要在 web.config 中更改一下就全都修改过来。

```
          cn.ConnectionString  =ConfigurationManager  .ConnectionStrings
["eshopConnectionString"].ConnectionString;
```

上述代码即从 Web.Config 中读取配置文件中的值。

2．ADO.NET

ADO.NET 的名称起源于 ADO（ActiveX Data Objects），是一个 COM 组件库，提供了编程语言和统一数据访问方式的一个中间层。它允许开发人员不用关心数据库是如何实现的，只需关心数据库的连接。访问数据库时，SQL 命令可以通过 ADO.NET 中的命令对象来执行。

（1）ADO.NET 命名空间。

要使用 ADO.NET 中的对象，必须先引用 ADO.NET 的命名空间。

● System.Data 命名空间：提供对表示 ADO.NET 结构的类的访问。通过 ADO.NET 可以生成一些组件，用于有效管理多个数据源的数据。ADO.NET 结构的中心构件是 DataSet 类。每个 DataSet 都可以包含多个 DataTable 对象，每个 DataTable 都包含来自单个数据源（如 SQL Server）的数据。因此要使用这些对象，就一定要引用该命名空间。

● System.Data.Sqlclient 命名空间：为 SQL 服务器.NET Framework 数据提供程序，直接和 MS SQL Server 连接。该命名空间定义了 SqlConnection、SqlCommand、SqlDataReader 及 SqlDataAdapter 对象，要使用这些对象，则必须引用该命名空间。

● System.Data.OleDb 命名空间：用于 OLE DB 的 .NET Framework 数据提供程序。

● System.Data.Odbc 命名空间：为 ODBC .NET Framework 数据提供程序。

● System.Data.OracleClient 命名空间：用于 Oracle 的 .NET Framework 数据提供程序。

（2）ADO.NET 对象。

ADO.NET 对象模型中有 5 个主要的组件，分别是 Connection 对象、Command 对象、DataReader 对象、DataAdapter 对象及 DataSet 对象。

● Connection 对象：用于创建到达某个数据源的开放连接。通过此连接，可以对数据库进行访问和操作。如果需要多次访问某个数据库，应当使用 Connection 对象来建立连接，也可以经由 Command 或 Recordset 对象传递连接字符串来创建某个连接。

Connection 对象常用属性如表 3-1-1 所示。

表 3-1-1　Connection 对象常用属性

名　称	描　述
ConnectionString	用于获取或设置用于打开数据库的字符串
ConnectionTimeout	用于指示在终止尝试和产生错误之前执行命令期间需等待的时间
Database	用于获取当前数据库或连接打开后要使用的数据库名称
State	返回一个描述连接是打开还是关闭的值
Provider	设置或返回 Connection 对象提供者的名称

Connection 对象常用方法如表 3-1-2 所示。

表 3-1-2　Connection 对象常用方法

方　法	描　述
Open	打开一个连接
Close	关闭一个连接
Cancel	取消一次执行
CommitTrans	保存任何更改并结束当前事务
RollbackTrans	取消当前事务中所作的任何更改并结束事务

代码示例如下。

```
1 //1.创建连接对象
2           SqlConnection cn = new SqlConnection();
3           cn.ConnectionString
  =ConfigurationManager .ConnectionStrings ["eshopConnectionString"]. ConnectionString;
4           cn.Open();
```

● Command 对象：用于执行面向数据库的一次简单查询。此查询可执行诸如创建、添加、取回、删除或更新记录等动作。如果该查询用于取回数据，此数据将以一个 RecordSet 对象返回。这意味着被取回的数据能够被 RecordSet 对象的属性、集合、方法或事件进行操作。

Command 对象常用属性如表 3-1-3 所示。

表 3-1-3 Command 对象常用属性

名　称	描　述
CommandText	用于获取或设置需要对数据源执行的 SQL 语句或存储过程
CommandTimeout	用于指示在终止尝试和产生错误之前执行命令期间需等待的时间。默认是 30 秒
CommandType	设置或返回一个 Command 对象的类型
State	返回一个值，此值可描述该 Command 对象处于打开、关闭、连接、执行还是取回数据的状态
name	设置或返回一个 Command 对象的名称

Command 对象常用方法如表 3-1-4 所示。

表 3-1-4 Command 对象常用方法

方　法	描　述
ExcuteNonQuery	用于对连接执行 SQL 语句并返回受影响的行数。该方法执行 UPDATE, INSERT,DELETE 语句更改数据库中的数据，只返回执行命令所影响到的表的行数
ExecuteScalar	执行查询，返回结果集中的第一行，第一列，其他的行和列被忽略，该方法从数据库中检索单个值，多用于聚合函数，如 SUM(),COUNT()
ExecuteReader	返回多行结果查询数据

代码示例一：数据查询

```
1   //1.创建连接对象
2           SqlConnection cn = new SqlConnection();
3           cn.ConnectionString =ConfigurationManager .ConnectionStrings
  ["eshopConnectionString"].ConnectionString;
4           cn.Open();
5           //2.创建命令对象
6           SqlCommand cm = new SqlCommand();
7           cm.Connection = cn;
```

```
8              cm.CommandText = "select * from  member";  //查找用户表数据
9              //3.执行命令对象,返回数据阅读器
10             SqlDataReader dr = cm.ExecuteReader(); //返回查询结果
```

代码示例二：数据更新——删除数据

```
1 //1.创建连接对象
2             SqlConnection cn = new SqlConnection();
3             cn.ConnectionString =
  ConfigurationManager .ConnectionStrings ["eshopConnectionString"]. ConnectionString;
4             cn.Open();
5             //2.创建命令对象
6             SqlCommand cm = new SqlCommand();
7             cm.Connection = cn;
8             cm.CommandText = "delete  from  member where LoginName='a' ";
9             //删除用户名为 a 数据
10            //3.执行命令对象
11            Int i = cm. ExcuteNonQuery (); //返回查询结果
```

代码示例三：数据统计

```
1  //1.创建连接对象
2              SqlConnection cn = new SqlConnection();
3              cn.ConnectionString =ConfigurationManager .
   ConnectionStrings["eshopConnectionString"].ConnectionString;
4              cn.Open();
5              //2.创建命令对象
6              SqlCommand cm = new SqlCommand();
7              cm.Connection = cn;
8              cm.CommandText = "select COUNT(*) from member where Sex='男' ";
9              //查询所有男会员的人数
10             //3.执行命令对象
11             int num =(Int) cm. ExcuteNonQuery (); //返回男会员总数
```

● DataReader 对象:DataReader 提供了一种只读的、只向前的数据访问方法，因此在访问比较复杂的数据，或者只是想显示某些数据时，DataReader 再适合不过了。DataAdapter 对象是一个抽象类，因此不能直接实例化，要通过 Command 对象的 ExecuteReader 方法来建立。

DataReader 只能与 Command 对象一起使用，当 Command 对象执行 SQL 命令后，可以将执行语句后产生的数据（查询结果）放置在 DataReader 中，从 DataReader 中读取返回的数据流的典型方法是通过 While 循环迭代每一行。注意在代码中的 While 循环对 DataReader 对象调用的 Read 方法，Read 方法的返回值为 bool 型，并且只要有记录读取就返回 True，在数据流中所有的最后一条记录被读取了，Read 方法就返回 False。

DataReader 对象常用属性如表 3-1-5 所示。

表 3-1-5　DataReader 对象常用属性

名　称	描　述
Connection	获取与 SqlDataReader 关联的 SqlConnection
FieldCount	获取当前行中的列数
HasRows	获取一个值，该值指示 SqlDataReader 是否包含一行或多行
IsClosed	检索一个布尔值，该值指示是否已关闭指定的 SqlDataReader 实例

DataReader 对象常用方法如表 3-1-6 所示。

表 3-1-6　DataReader 对象常用方法

方　法	描　述
Close	关闭 SqlDataReader 对象
Read	使 SqlDataReader 前进到下一条记录

● DataSet 对象：存在于 System.Data 名称空间中，它类似于位于内存中由 Xml 语言构建的一个数据库。DataSet 包含一个或多个 DataTable 对象的集合，每个 DataTable 对象包含 DataRow 对象、DataColumn 对象和 Constraint 对象，分别存放数据表的行信息、列信息及约束信息。

DataSet 对象常用属性如表 3-1-7 所示。

表 3-1-7　DataSet 对象常用属性

名　称	说　明
DataSetName	获取或设置当前 DataSet 的名称
Namespace	获取或设置 DataSet 的命名空间
Tables	获取包含在 DataSet 中的表的集合

DataSet 对象常用方法如表 3-1-8 所示。

表 3-1-8　DataSet 对象常用方法

方 法 名	说　明
Clear	通过移除所有表中的所有行来清除任何数据的 DataSet
Clone	复制 DataSet 的结构，包括所有 DataTable 架构、关系和约束。不要复制任何数据
Copy	复制该 DataSet 的结构和数据
Dispose()	释放由 MarshalByValueComponent 使用的所有资源（继承自 MarshalByValue Component）

● DataAdapter 对象：用于填充 DataSet 和更新 SQL Server 数据库的一组数据命令和一个数据库连接。DataAdapter（数据适配器）的作用就是在 DataSet 和数据源之间架起了一座“桥梁”，DataAdapter 将数据库中数据加载到 DataSet 中，同时它又连接回数据库，根据 DataSet 所执行的操作来更新数据库中的数据。

DataAdapter 的主要工作流程是：在 Connection 对象与数据源建立连接后，DataAdapter 对象通过 Command 对象操作 SQL 指令存取数据，存取的数据通过 Connection 对象返回给

DataAdapter 对象，DataAdapter 对象将数据放入其所产生的 DataTable 对象，将 DataAdapter 对象中的 DataTable 对象加入 DataSet 对象中的 DataTable 对象中，如图 3-1-7 所示。

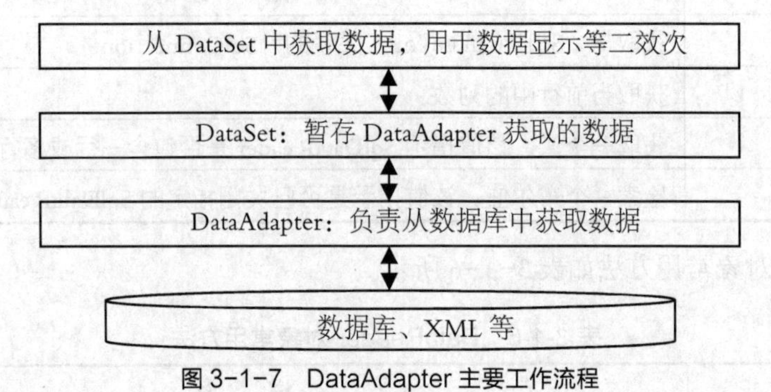

图 3-1-7 DataAdapter 主要工作流程

DataAdapter 对象常用属性如表 3-1-9 所示。

表 3-1-9 DataAdapter 对象常用属性

属性	说明
DeleteCommand	获取或设置一个 Transact-SQL 语句或存储过程，以从数据集删除记录
InsertCommand	获取或设置一个 Transact-SQL 语句或存储过程，以在数据源中插入新记录
SelectCommand	获取或设置一个 Transact-SQL 语句或存储过程，用于在数据源中选择记录
UpdateCommand	获取或设置一个 Transact-SQL 语句或存储过程，用于更新数据源中的记录

DataAdapter 对象常用方法如表 3-1-10 所示。

表 3-1-10 DataAdapter 对象常用方法

方 法 名	说 明
Fill(DataSet)	在 DataSet 中添加或刷新行
Fill(DataTable)	在 DataSet 的指定范围中添加或刷新行，以与使用 DataTable 名称的数据源中的行匹配
Fill(Int32, Int32, DataTable[])	在 DataTable 中添加或刷新行，以与从指定的记录开始一直检索到指定的最大数目的记录的数据源中的行匹配
Update(DataRow[])	通过为 DataSet 中的指定数组中的每个已插入、已更新或已删除的行执行相应的 INSERT、UPDATE 或 DELETE 语句来更新数据库中的值
Update(DataSet)	通过为指定的 DataSet 中的每个已插入、已更新或已删除的行执行相应的 INSERT、UPDATE 或 DELETE 语句来更新数据库中的值
Update(DataTable)	通过为指定的 DataTable 中的每个已插入、已更新或已删除的行执行相应的 INSERT、UPDATE 或 DELETE 语句来更新数据库中的值
Update(DataSet, String)	通过为具有指定名称 DataTable 的 DataSet 中的每个已插入、已更新或已删除的行执行相应的 INSERT、UPDATE 或 DELETE 语句来更新数据库中的值

代码示例如下。

```
1 //1.创建连接对象
2            SqlConnection cn = new SqlConnection();
3            cn.ConnectionString =
  ConfigurationManager .ConnectionStrings ["eshopConnectionString"].Connection String;
4            cn.Open();
5            //2.创建命令对象
6            SqlCommand cm = new SqlCommand();
7            cm.Connection = cn;
8            cm.CommandText = "select *  from  member";
9         //3.创建数据适配器
10
11          SqlDataAdpter da=new SqlDataAdpter();
12           Da.selectcommand=cm;
13           DataSet ds=new DataSet();
14          //4.填充数据集
15           Da.Fill(ds, "member");
```

任务 3.2　用户注册实现

任务描述

用户注册的功能是大多数网上商城都具备的功能，常用于创建用户名、用户密码，有时还用于收集用户信息。用户注册的实质是在数据表（一般为用户表）中插入一条新记录，其中有用户名、用户密码及一些用户的相关信息。在本网站中的用户注册界面如图 3-2-1 所示。

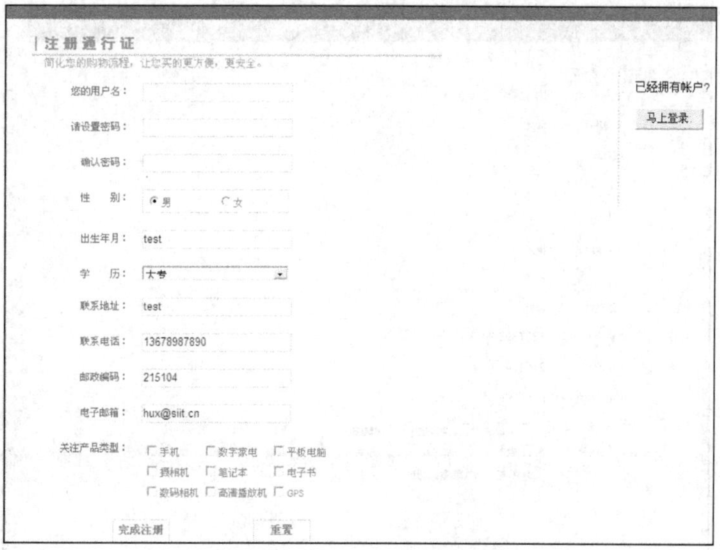

图 3-2-1　用户注册界面

任务目标

- 能掌握数据添加；
- 能掌握数据更新操作。

任务分析

本任务中依然按照任务 3.1 中步骤完成：
（1）创建数据库连接对象；
（2）创建命令对象；
（3）执行命令对象，返回执行结果，影响的行数；
（4）对返回数据进行处理。

实现过程

步骤一： 打开注册页。右击“解决方案资源管理器”，选择 reg.aspx（上一章中已经设计完成），如图 3-2-2 所示。

步骤二： 查看“注册”按钮事件。单击“注册”按钮，在右边的属性窗口中，切换到⚡选项卡，双击“click”（见图 3-2-3），系统会自动打开按钮的单击事件，在第 2 章中，已经为该按钮添加过代码（见图 3-2-4）。

步骤三： 添加命名空间。引入命名空间的引用。

```
using System.Data.SqlClient;
using System.Configuration;
```

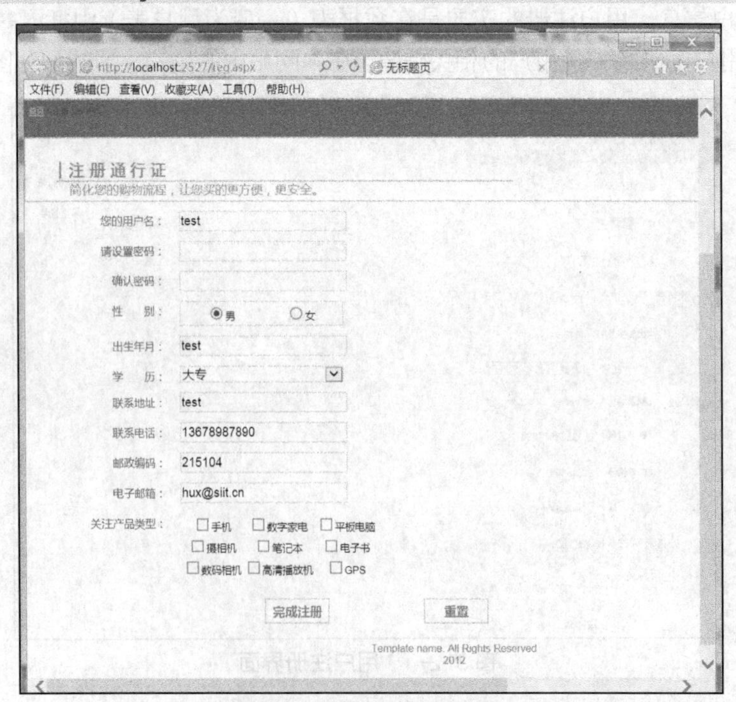

图 3-2-2　用户注册页面

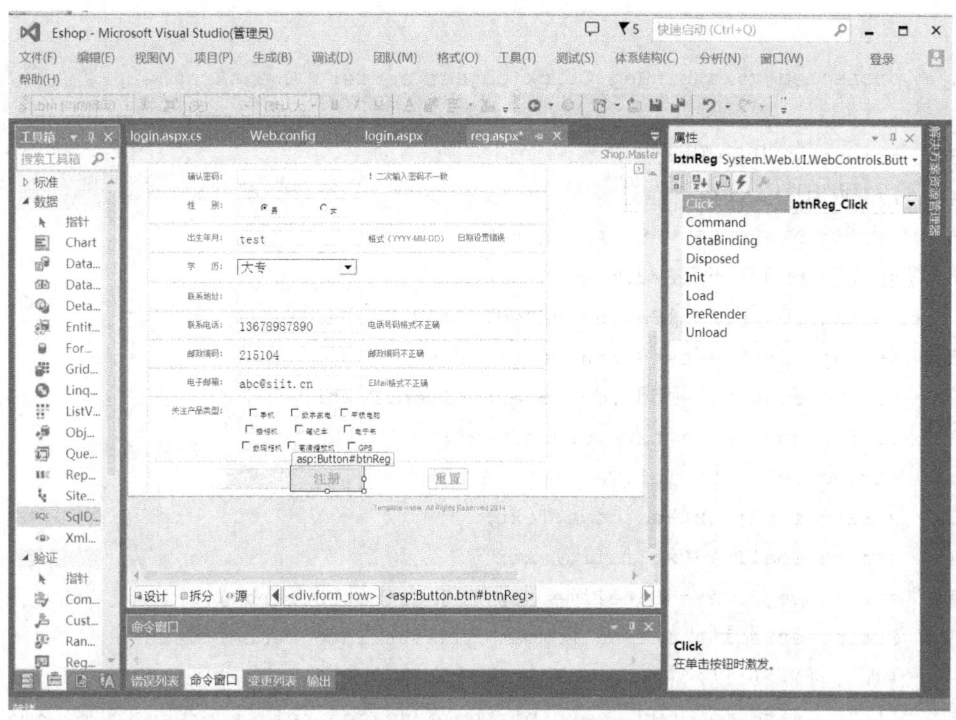

图 3-2-3　添加 Click 事件

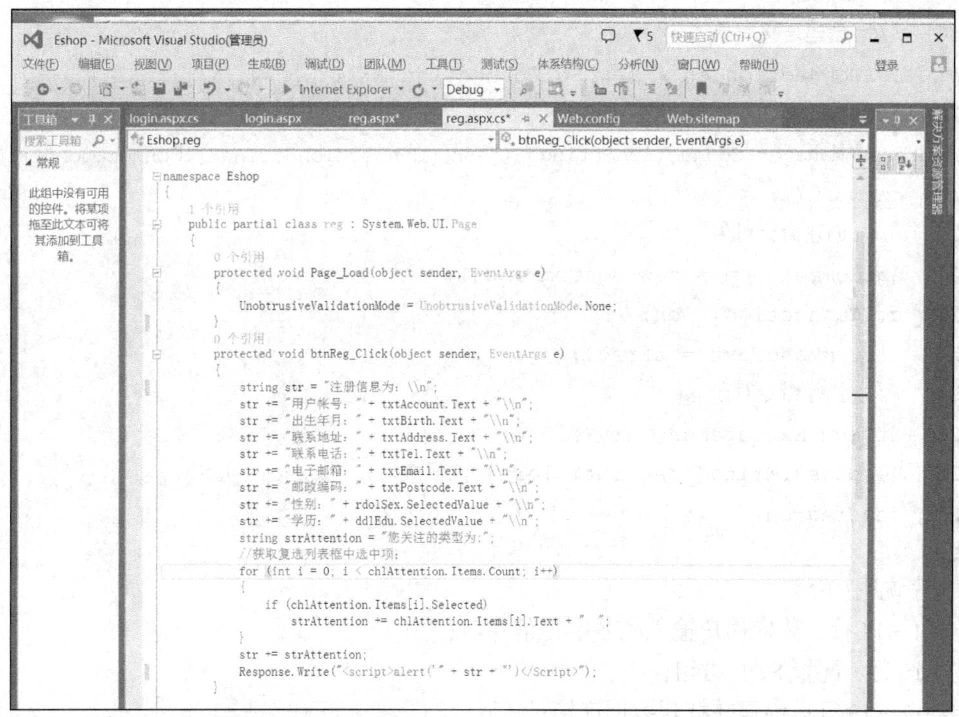

图 3-2-4　代码

步骤四： 编写用户注册代码。

在按钮的单击事件中，在原有的代码下，修改代码如下所示。

```
1   protected void btnReg_Click(object sender, EventArgs e)
2   {
3   #region 添加新的用户
4   //获取用户输入的各个信息
5   string username = txtAccount.Text;
6   string pwd = txtPwd.Text;
7   string sex = rdolSex.SelectedItem.ToString();
8   string birth = txtBirth.Text;
9   string educate = ddlEdu.SelectedItem.Text;
10  string address = txtAddress.Text;
11  string tel = txtTel.Text;
12  string zip = txtPostcode.Text;
13  string email = txtEmail.Text;
14  string regdate = DateTime.Now.ToShortDateString();
15  String strsql = string.Format("insert into member values
    (0,'{0}','{1}','{2}','{3}','{4}','{5}','{6}','{7}','{8}','{9}','',0,
    '')", username, pwd, sex, birth, educate, tel, address, zip, email,
     regdate);
16  //1.创建连接对象
17  SqlConnection cn = new SqlConnection();
18  cn.ConnectionString =
ConfigurationManager.ConnectionStrings ["eshopConnectionString"].ConnectionString;
19  cn.Open();
20  //2.创建命令对象
21  SqlCommand cm = new SqlCommand();
22  cm.Connection = cn;
23  cm.CommandText = strsql;
24  //3.执行命令对象
25  if (cm.ExecuteNonQuery() > 0)
26  Response.Write("<script>alert('注册成功！')</script>");
27  #endregion
28  }
```

程序说明如下。

第 4～14 行：获取用户输入的各字段信息值；

第 15 行：配置 SQL 语句；

第 17～19 行：创建并打开数据连接；

第 20～23 行：创建并配置命令对象；

第 25 行：执行插入记录操作，并判断是否成功。

用户注册页面如图 3-2-5 所示。

图 3-2-5　用户注册页面

步骤五： 添加同名检测代码。会员表中不允许出现同名用户，在用户录入数据写入数据库前需要对当前用户进行同名检测。修改用户注册代码如下。

```
1   protected void btnReg_Click(object sender, EventArgs e)
2    {
3           #region //1.检测用户名是否已经存在。
4           //1.创建连接对象
5           SqlConnection mycon = new SqlConnection();
6           mycon.ConnectionString =
    ConfigurationManager.ConnectionStrings ["eshopConnectionString"]. ConnectionString;
7            mycon.Open();
8            //创建命令对象
9            SqlCommand mycom = new SqlCommand();
10           mycom.Connection = mycon;
11           mycom.CommandText = string.Format("select * from member where
   LoginName='{0}'", txtAccount.Text);
12            //执行命令对象：用户是否存在
13            SqlDataReader dr = mycom.ExecuteReader();
14            if (dr.HasRows)
15            {
16          //1.1 如果存在，则不能注册成功
17      Response.Write("<script>alert('该用户名已经存在，请重新输入！
         ')</script>");
18        }
19        #endregion
20        else
21        {
22      #region 添加新的用户
```

```
23        //获取用户输入的各个信息
24        string username = txtAccount.Text;
25        string pwd = txtPwd.Text;
26        string sex = rdolSex.SelectedItem.ToString();
27        string birth = txtBirth.Text;
28        string educate = ddlEdu.SelectedItem.Text;
29        string address = txtAddress.Text;
30        string tel = txtTel.Text;
31        string zip = txtPostcode.Text;
32        string email = txtEmail.Text;
33        string regdate = DateTime.Now.ToShortDateString();
34        String strsql = string.Format("insert into member values
          (0,'{0}','{1}','{2}','{3}','{4}','{5}','{6}','{7}','{8}','{9}','
          ',0,'')", username, pwd, sex, birth, educate, tel, address, zip,
           email, regdate);
35         //1.创建连接对象
36         SqlConnection cn = new SqlConnection();
37         cn.ConnectionString = ConfigurationManager.ConnectionStrings
           ["eshopConnectionString"].ConnectionString;
38          cn.Open();
39          //2.创建命令对象
40          SqlCommand cm = new SqlCommand();
41          cm.Connection = cn;
42          cm.CommandText = strsql;
43          //3.执行命令对象
44          if (cm.ExecuteNonQuery() > 0)
45              Response.Write("<script>alert('注册成功! ')</script>");
46          #endregion
47              }
48          }
```

程序说明如下。

第 3~19 行：判断用户名是否已经存在。

任务 3.3　数据库操作类的建立

任务 3.2 中在进行用户注册的时候需要先进行重名检测，当用户名没有被注册过时，则将当前数据添加到数据库中。在二次访问数据库时，有很多的代码是重复的，这在处理复杂任务时会浪费不少时间，如果能将这四种操作的代码进行一些处理，简化不必要的代码，使用起来就会更加方便了。

本任务中将数据访问操作封装成一个数据库操作类，将常用的删除、插入、修改、查询和统计等操作设计为类的方法，通过这个类可以方便地执行数据访问操作，用户只要关心如何书写 SQL 语句就可以了。

能熟练完成对数据的增加、删除、修改、查询等操作。

按照数据访问的步骤，通常为创建连接对象、创建命令对象、执行命令、处理数据结果。在数据处理的过程中，大多数的代码是重复的，需要配置的只是 SQL 语句的不同。所有创建的类结构图如图 3-3-1 所示。

图 3-3-1　操作类结构图

- ExceRead()：返回 SqlDataReader 类型的数据，执行数据查询
- ExceScalar()：执行统计检索，返回 Object 数据
- ExceSQL()：执行 SQL 语句，包括增删改
- GetDataSet()：返回 DataSet 类型数据并获得 tableName 参数

步骤一：创建 App_Code 文件夹。右击“Eshop”项目，在弹出菜单项选择“添加”→“添加 ASP.NET 文件夹”→“App_Code”，如图 3-3-2 所示。

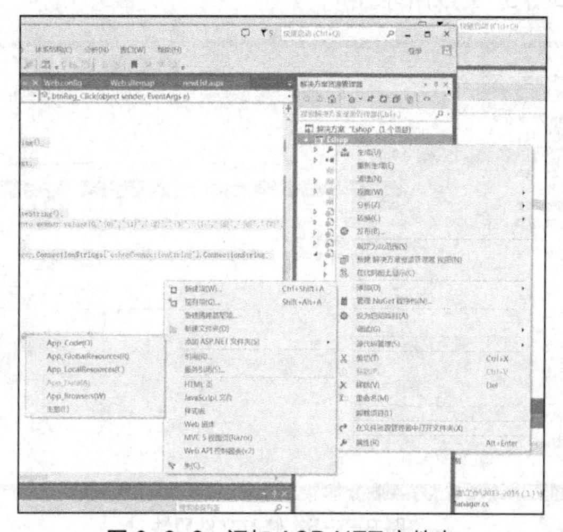

图 3-3-2　添加 ASP.NET 文件夹

步骤二： 创建数据库操作类文件。右击“App_Code”文件夹，选择“添加”→“类”。如图 3-3-3 和图 3-3-4 所示。

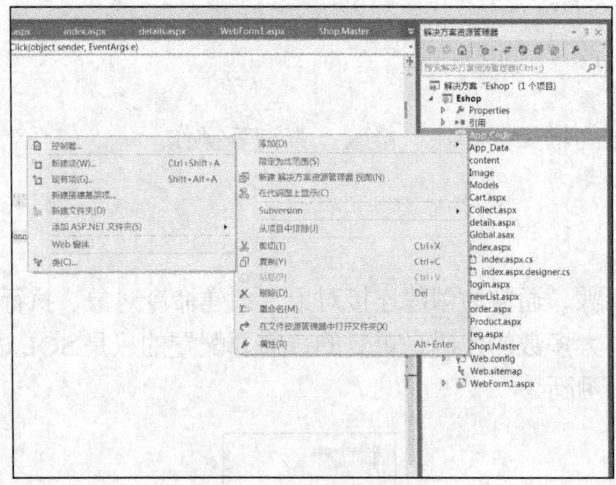

图 3-3-3　新建类文件

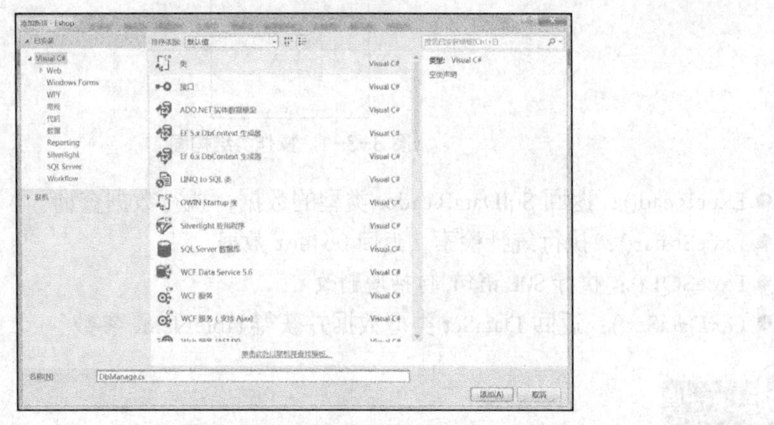

图 3-3-4　添加类文件

步骤三： 设置文件属性。右击文件“DbManage.cs”，选择属性对话框，修改“生成操作”为“编译”。如图 3-3-5 所示。

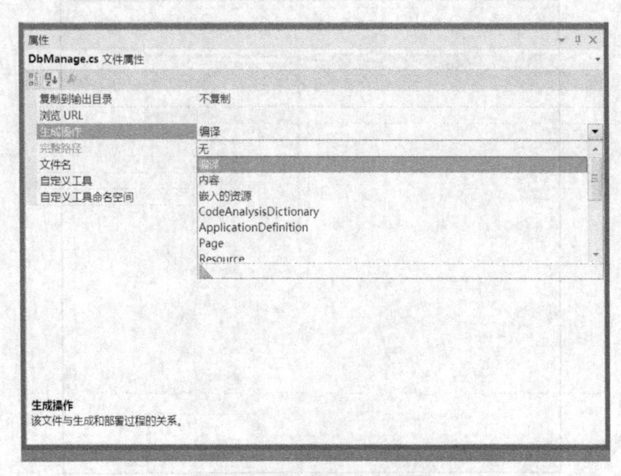

图 3-3-5　修改文件属性

步骤四：添加命名空间。引入命名空间的引用。

```
using System.Data;
using System.Data.SqlClient;
using System.Configuration;
```

步骤五：完成数据库操作类的代码编写。

```
1   using System;
2   using System.Collections.Generic;
3   using System.Linq;
4   using System.Web;
5   using System.Data;
6   using System.Data.SqlClient;
7   using System.Configuration;
8
9   namespace Eshop.App_Code
10  {
11  public class DbManager
12  {
13  #region  类中的全局变量-数据连接字符串
14  public static string strcon = ConfigurationManager.ConnectionStrings["
eshopConnectionString"].ToString();//数据连接字符串,使用WINDOWS登录方式
15
16  #endregion
17
18  #region 构造函数
19  /// <summary>
20  /// 构造函数，初始化时连接数据库
21  /// </summary>
22  public DbManager()
23  {
24  strcon = ConfigurationManager.ConnectionStrings["
eshopConnectionString"].ToString();
25  }
26  #endregion
27
28  #region 返回SqlDataReader-ExceRead类型的数据
29  /// <summary>
30  /// 此方法返回一个SqlDataReader-ExceRead类型的参数
31  /// </summary>
32  /// <param name="SqlCom"></param>
33  /// <returns></returns>
34  public static SqlDataReader ExceRead(string SqlCom)
```

```
35  {
36  SqlConnection con = new SqlConnection(strcon);
37  try
38  {
39  con.Open();
40  SqlCommand com = new SqlCommand(SqlCom, con);
41  SqlDataReader read = com.ExecuteReader();
42
43  return read;
44
45  }
46  catch (System.Data.SqlClient.SqlException E)
47  {
48  throw new Exception(E.Message);
49  }
50
51  }
52  #endregion
53
54  #region 返回 SqlDataReader-ExceScalar 类型的数据
55  /// <summary>
56  /// 此方法返回一个 SqlDataReader-ExceCcalar 类型的参数
57  /// </summary>
58  /// <param name="SqlCom"></param>
59  /// <returns></returns>
60  public static object ExceScalar(string SqlCom)
61  {
62  SqlConnection con = new SqlConnection(strcon);
63  try
64  {
65  con.Open();
66  SqlCommand com = new SqlCommand(SqlCom, con);
67  object strdata = com.ExecuteScalar();
68  return strdata;
69  }
70  catch (System.Data.SqlClient.SqlException E)
71  {
72  throw new Exception(E.Message);
73  }
74
75  }
```

```
76  #endregion
77
78  #region  返回 DataSet 类型数据并获得 tableName 参数
79  /// <summary>
80  /// 此方法返回一个 DataSet 类型
81  /// </summary>
82  /// <param name="SqlCom">要执行的 SQL 语句</param>
83  /// <returns></returns>
84  public static DataSet GetDataSet(string strsql, string tableName)
85  {
86  //定义一个数据集，用来赋值给应用程序的一个数据集
87  SqlConnection conn = new SqlConnection(strcon);
88  DataSet ds = new DataSet();
89  try
90  {
91  SqlDataAdapter DA = new SqlDataAdapter(strsql, conn);
92  DA.Fill(ds, tableName);
93  }
94  catch (System.Data.SqlClient.SqlException E)
95  {
96  throw new Exception(E.Message);
97  }
98  return ds;
99  }
100 #endregion
101
102 #region  执行 SQL 语句,包括增删改
103 /// <summary>
104 /// 此方法用来执行 SQL 语句
105 /// </summary>
106 /// <param name="SqlCom">要执行的 SQL 语句</param>
107 /// <returns></returns>
108 public static bool ExceSQL(string strSqlCom)
109 {
110 SqlConnection conn = new SqlConnection(strcon);
111 SqlCommand com = new SqlCommand(strSqlCom, conn);
112 try
113 {
114 //判断数据库是否为连接状态
115 if (conn.State == System.Data.ConnectionState.Closed)
116 { conn.Open(); }
```

```
117 //执行 SQL 语句
118 com.ExecuteNonQuery();
119 //SQL 语句执行成功，返回 True 值
120 return true;
121 }
122 catch
123 {
124 //SQL 语句执行失败，返回 False 值
125 return false;
126 }
127 finally
128 {
129 //关闭数据库连接
130 conn.Close();
131 }
132 }
133 #endregion
134
135 }
136 }
```

步骤六： 使用数据操作类完成用户注册。修改用户注册代码如下。

```
1   protected void btnReg_Click(object sender, EventArgs e)
2           {
3               #region //1.检测用户名是否已经存在。
4               //1.1 设置 SQL 语句
5               string strsql = string.Format("select * from member where
  LoginName='{0}'", txtAccount.Text);
6               SqlDataReader myread = DbManager.ExceRead(strsql);
7               if (myread.Read())
8               {
9                   Response.Write("<script>alert('该用户名已经存在，请重新输入！
  ')</script>");
10              }
11              #endregion
12              else
13              {
14                  #region 添加新的用户
15                  //获取用户输入的各个信息
16                  string username = txtAccount.Text;
```

```
17                string pwd = txtPwd.Text;
18                string sex = rdolSex.SelectedItem.ToString();
19                string birth = txtBirth.Text;
20                string educate = ddlEdu.SelectedItem.Text;
21                string address = txtAddress.Text;
22                string tel = txtTel.Text;
23                string zip = txtPostcode.Text;
24                string email = txtEmail.Text;
25                string regdate = DateTime.Now.ToShortDateString();
26                strsql = string.Format("insert into member values
   (0,'{0}','{1}','{2}','{3}','{4}','{5}','{6}','{7}','{8}','{9}','',0
   ,'')", username, pwd, sex, birth, educate, tel, address, zip, email,
   regdate);
27
28                //3.执行命令对象
29                if (DbManager.ExceSQL(strsql))
30                    Response.Write("<script>alert('注册成功！')</script>");
31                #endregion
32            }
33        }
```

技能训练

1. 后台管理员登录实现。后台管理页面需要登录窗口，该任务的实现方法与上一个任务类似。效果如图 3-3-6 所示。

图 3-3-6　后台管理员登录界面

2. 后台管理——使用数据操作类实现产品添加。效果如图 3-3-7 所示。

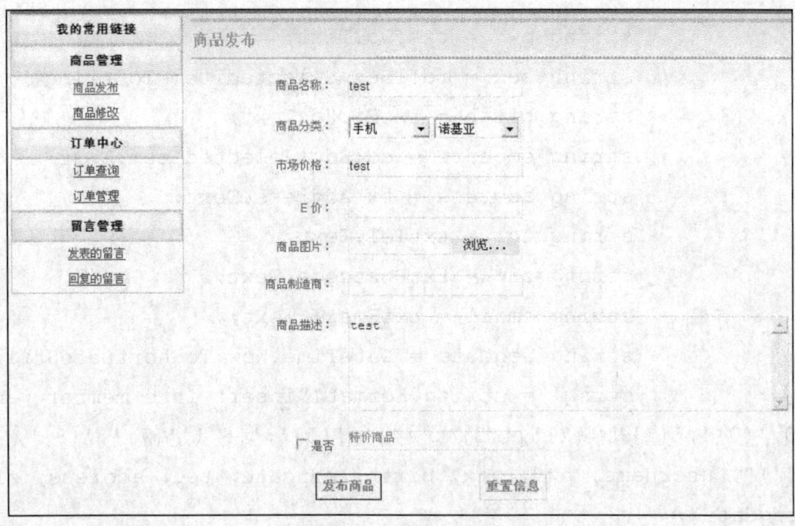

图 3-3-7　添加新产品界面

拓展学习

1. 数据集 DataSet 与 SQL 数据源之间的桥梁是（　　）。

   A. SqlConnection　　B. SqlDataAdapter

   C. SqlCommand　　D. SqlTransaction

2. ADO.NET 是一种（　　）。

   A. 查询语言　　B. 数据库

   C. 数据库管理系统　　D. 用户数据访问的基类库

3. 下列哪个方法用来返回 DataReader 对象（　　）。

   A. ExecuteNonQuery　　B. ExecuteScalar

   C. Application　　D. ExecuteReader

4. 以下对 Web.config 文件的 customErrors 元素描述错误的是（　　）。

   A. mode 属性为 On，表示使用用户自定义报错页面

   B. mode 属性为 Off，表示使用默认的报错页面

   C. mode 属性为 RemoteOnly，表示显示自定义报错页面

   D. defaultRedirect 属性指定自定义错误页面的 URL

PART 4

第 4 章 状态管理

ASP.NET 应用程序项目由多个网页组成，网页间需要进行数据的传递。ASP.NET 预定的内部对象提供对页面或整个应用程序项目的支持，能够对请求、响应、会话等进行处理，可以实现应用程序项目的内部事务的处理。本章节将介绍如何实现 Eshop 商城中页面间数据的传递。

项目四 学习重点

- 熟悉 ASP.NET 内部对象的概念
- 熟悉多网页项目中页面间关系的处理

项目任务总览

任务编号	任务名称
任务 4.1	数码商城项目分析
任务 4.2	构建开发环境

任务 4.1　用户登录信息保存

任务描述

用户登录后，能将用户名和登录状态记录下来，在其他网页中进行调用。

任务目标

1. 能熟悉页面间数据传递的机制；
2. 能正确使用 Session 内置对象。

实现过程

步骤一： 打开登录网页 login.aspx，效果如图 4-1-1 所示。

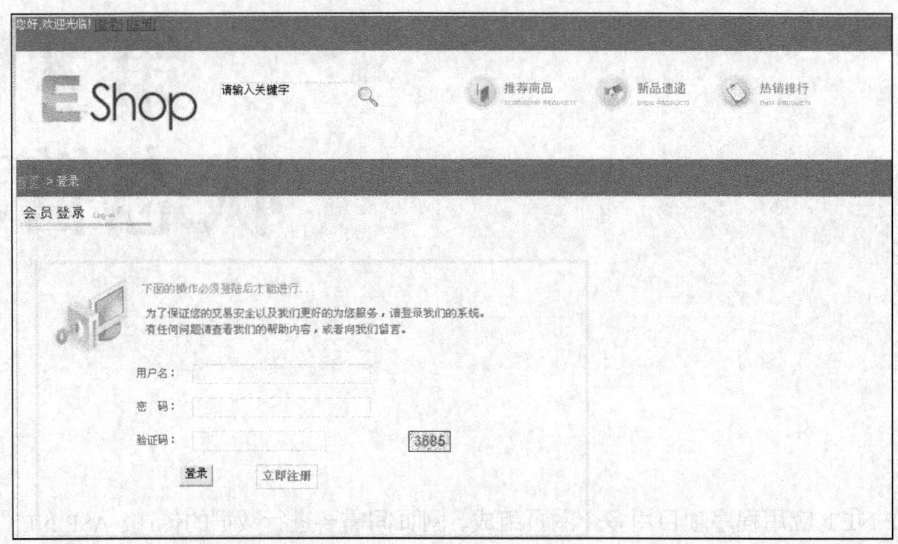

图 4-1-1　用户登录页面

步骤二： 修改“登录”按钮事件代码。编写登录事件代码，要注意的是在代码中利用 Session 记录用户名和用户 ID。

```
1    #region 使用数据访问类来完成登录
2    string sql = string.Format("select * from  member where LoginName='{0}'
and LoginPwd='{1}'", txtAccount.Text, txtPassword.Text);
3    SqlDataReader mydr = DBManage.GetData(sql);
4    if (mydr.Read())
5    {
6    //登录次数更新;
7    int userid = Int32.Parse(mydr["Id"].ToString()); //获取用户 ID
8    Session.Timeout = 20;
9    Session["id"] = userid;
10   Session["username"] = txtAccount.Text;
11
12   Response.Write("<script>alert('" + Session["username"].ToString() +
      "')</script>");
13
14   string strsql = string.Format("update member set LoginTimes =LoginTimes
      +1 where Id={0}", userid);  //将登录次数加 1
15
16   if (DBManage.ExecSQL(strsql) == true)
17   {
18   Response.Write("<script>alert('更新成功！')</script>");
19   Response.Redirect("product1.aspx");
20   }
21   else
```

```
22  Response.Write("<script>alert('不成功! ')</script>");
23  #region//保存用户名和密码
24  #endregion
25  }
26  else
27  {
28  Response.Write("<script>alert('用户名或密码不正确')</script>");
29  }
30
31  #endregion
```

程序说明如下。

第8~11行：将数据存放在Session中。

技术要点

Web应用程序的页面是无状态的，ASP.NET内置对象通过向用户提供基本的请求、响应、会话等处理功能实现了ASP.NET的绝大多数功能。

ASP.NET 中的内置对象主要包括 Response 程序请求对象、Request 程序响应对象、Application 全局变量应用对象、Session 会话信息处理对象、Cookie 保存信息对象、Server 服务器信息处理对象等，本章将对常用的内置对象进行介绍。

（1）Response对象。

Response对象是HttpResponse类的一个对象，与一个HTTP响应相对应，通过该对象的属性和方法可以控制如何将服务器端的数据发送到客户端浏览器。

Response对象的属性如表4-1-1所示。

表4-1-1　Response对象的属性

属　性	说　明
Buffer	表明页输出是否被缓冲
BufferOutput	是否缓冲输出并在完成处理整个页之后将其发送
Cache	获取Web页的缓存策略（过期时间、保密性、变化子句）
Charset	获取或设置输出流的HTTP字符集
ContentEncoding	获取或设置内容的编码格式
ContentType	获取或设置输出流的HTTP MIME类型
Expires	获取或设置在浏览器上缓存的页过期之前的分钟数。如果用户在页过期之前返回同一页，则显示缓存的版本。提供Expires是为了与以前的ASP版本兼容
ExpiresAbsolute	获取或设置将缓存信息从缓存中移除时的绝对日期和时间。提供ExpiresAbsolute是为了与以前的ASP版本兼容

续表

属　　性	说　　明
Filter	获取或设置一个包装筛选器对象，该对象用于在传输之前过滤 HTTP 实体主体
IsClientConnected	指示客户端是否仍连接在服务器上
Output	返回输出 HTTP 响应流的文本输出
OutputStream	返回输出 Http 内容主体的二进制输出流
Status	设置返回到客户端的状态栏
StatusCode	获取或设置返回给客户端的输出 HTTP 状态代码，通过 HTTP 状态代码客户端可以知道服务器端运行情况
StatusDescription	获取或设置返回给客户端的输出的 HTTP 状态字符串
SuppressContent	是否将 HTTP 内容发送到客户端

Response 对象的方法如表 4-1-2 所示。

表 4-1-2　Response 对象的方法

BinaryWrite	将一个二进制字符串写入 HTTP 输出流
Clear	清除缓冲区流中的所有内容输出
ClearContent	清除缓冲区流中的所有内容
ClearHeaders	清除缓冲区流中的所有头信息
Close	关闭到客户端的套接字连接
End	将当前所有缓冲的输出发送到客户端，停止该页的执行，并引发 Application_EndRequest 事件
Flush	向客户端发送当前所有缓冲的输出。Flush 方法和 End 方法都可以将缓冲的内容发送到客户端显示，但是 Flush 与 End 的不同之处在于，Flush 不停止页面的执行
Write	用于将信息写入输出流，输出到客户端显示
WriteFile	直接将指定的文件写入到输出流显示
Redirect	将浏览器转到指定的另外一个网页

（2）Request 对象。

当用户打开 Web 浏览器，并从网站请求 Web 页时，Web 服务器接收一个 HTTP 请求，该请求包含用户、用户的计算机、页面以及浏览器的相关信息，这些信息将被完整地封装，在 ASP.NET 中，这些信息都是通过 Request 对象一次性提供的。

Request 对象是 HttpRequest 类的一个实例，它提供对当前页请求的访问，其中包括标题、Cookie、客户端证书、查询字符串等，用户可以使用该类来读取浏览器已经发送的内容。

Request 对象常用属性如表 4-1-3 所示。

Request 对象常用方法及说明如表 4-1-4 所示。

表 4-1-3　Request 对象常用属性

属　　性	描　　述
ApplicationPath	获取服务器上 ASP.NET 应用程序虚拟应用程序的根目录路径
Browser	获取或设置有关正在请求的客户端浏览器的功能信息
ContentLength	指定客户端发送的内容长度（以字节计）
Cookies	获取客户端发送的 Cookie 集合
FilePath	获取当前请求的虚拟路径
Files	获取采用多部分 MIME 格式的由客户端上载的文件集合
Form	获取窗体变量集合
Item	从 Cookies、Form、QueryString 或 ServerVariables 集合中获取指定的对象
Params	获取 QueryString、Form、ServerVariables 和 Cookies 项的组合集合
Path	获取当前请求的虚拟路径
QueryString	获取 HTTP 查询字符串变量集合
UserHostAddress	获取远程客户端 IP 主机地址

表 4-1-4　Request 对象常用方法及说明

方　　法	描　　述
MapPath	为当前请求将请求的 URL 中的虚拟路径映射到服务器上的物理路径
SaveAs	将 HTTP 请求保存到磁盘

（3）Server 对象。

Server 对象的属性反映了 Web 服务器的各种信息，它提供了服务器可以提供的各种服务。

Server 对象的主要属性和方法，如表 4-1-5 所示。

表 4-1-5　Server 对象常用属性及说明

方　　法	描　　述
MachineName	获取服务器的计算机名称
ScriptTimeout	获取和设置请求超时（以秒计）的时间
GetLastError	可以获得前一个异常，当发生错误时可以通过该方法访问错误信息。通过 ClearError 方法可以清除前一个异常
Transfer 方法	用于终止当前页的执行，并为当前请求开始执行新页
MapPath 方法	应用返回与 Web 服务器上的指定虚拟路径相对应的物理文件路径
HTMLEncode	对要在浏览器中显示的文本进行编码
HTMLDecode	是 HTMLEncode 方法的反操作
UrlEncode	对超连接字符串进行编码
UrlDecode 方法	UrlEncode 方法的反操作

（4）Session 对象。

本任务代码中的 Session["name"]是使用 Session 对象存储特定的用户所需的信息，当用户在应用程序的页之间跳转时，在超时之前是不会清除掉的，类似于全局变量。注意它只对单个登录到这个网站的用户用有效，被不同网页共享使用，但不会跨用户共享。

使用 Session 对象存储特定的用户会话所需的信息，当用户在应用程序的页之间跳转时，存储在 Session 对象中的值是对象类型的，在超时之前是不会清除掉的。

Session 对象常用属性如表 4-1-6 所示。

表 4-1-6 Session 对象常用属性及说明

属　性	描　述
TimeOut	设置 Session 的失效时间，当使用者超过有效时间没有动作，Session 对象就会失效。默认值为 20 分钟
SessionID	当用户请求一个 ASP.NET 页面时，系统将自动创建一个 Session（会话），退出应用程序或关闭服务器时该会话撤销。系统在创建会话时将为其分配一个长长的字符串（SessionID）标识，以实现对会话进行管理和跟踪，该字符串中只包含 URL 中所允许的 ASCII 字符。SessionID 具有的随机性和唯一性保证了会话不会冲突，也不会被怀有恶意的人利用新 SessionID 推算出现有会话的 SessionID。要得到该 SessionID，用 Session 对象的 SessionID 属性，相应代码如下。 <%@ Page Language="C#" %> 你的自动编号为<%=Session.SessionID%> 当页面刷新的时候或重新开启一个页面的时候，该值都会变化，而且永远不会重复

Session 对象常用方法如表 4-1-7 所示。

表 4-1-7 Session 对象常用方法及说明

方　法	描　述
Abandon	不管会话超不超时，显式地结束一个会话。此方法结束当前会话，并清除会话中的所有信息。如果用户随后访问页面，可以为它创建新会话（“重新建立”非常有用，这样用户就可以得到新的会话）
Clear	此方法清除全部的 Session 对象变量，但不结束会话

存储在 Session 对象中的值是 Object 类型的，如果要和其他类型数据进行进一步处理（如数据比较），需要进行类型转换。例如在其他网页中要使用 Session["name"]或 Session["id"]时，可以使用如下操作。

```
If(Session["name"].ToString()!="MIKE")
{Response.Write("Session["username "].ToString();
Response.Write("Session["userid "].ToString();
}
```

注意其中使用了 Session["name"].ToString()的方式将 Session["name"]由 Object 类型转换成 String 类型，转换后再进行比较。今后在使用 Session 时要格外注意这一点。

任务 4.2 使用验证码完善用户登录

任务描述

设计管理员登录页面，其中用户名和密码是事先存储在数据库的用户表中，考虑到安全问题，在登录时要输入随机生成的验证码。

任务目标

能正确地使用 Cookie 保存验证码的信息。

实现过程

步骤一：新建空白页面 checkcode.aspx。

步骤二：生成验证码 GeneratecheckCode ( )。

新建窗页面 checkcode.aspx 中创建方法 GeneratecheckCode( )，随机产生验证码。代码如下。

```
1   private string GeneratecheckCode()
2   {
3   int number;
4   char code;
5   string checkCode = string.Empty;
6   Random random = new Random();
7   for (int i = 0; i < 5; i++)
8   {
9   number = random.Next(10);
10  code = (char)('0'+(char)number);
11  checkCode += code.ToString();
12  }
13  Response .Cookies .Add (new HttpCookie ("checkcode",checkCode ));
14  return checkCode ;
15  }
```

程序说明如下。

第 6 行：产生随机种子；

第 9 行：产生随机整数；

第 10 行：将产生的数字转换成字符；

第 13 行：将产生的随机数存放到 cookie 中。

步骤三：在 Web 页中绘制验证码。新建窗页面 checkcode.aspx 中创建方法 CreateCheckCodeImage ()，随机产生验证码。代码如下。

```
1
2   private void CreateCheckCodeImage(string checkCode)
3       {
```

```
4          if (checkCode == null || checkCode.Trim() == String.Empty)
5              return;
6          System.Drawing.Bitmap image = new
   System.Drawing.Bitmap((int) Math.Ceiling((checkCode.Length * 12.5)), 22);
7          Graphics g = Graphics.FromImage(image);
8          try
9          {
10             //生成随机生成器
11             Random random = new Random();
12             //清空图片背景色
13             g.Clear(Color.White);
14             //画图片的背景噪音线，原来是 i < 25
15             for (int i = 0; i < 25; i++)
16             {
17                 int x1 = random.Next(image.Width);
18                 int x2 = random.Next(image.Width);
19                 int y1 = random.Next(image.Height);
20                 int y2 = random.Next(image.Height);
21                 g.DrawLine(new Pen(Color.GreenYellow), x1, y1, x2, y2);
22             }
23             Font font = new System.Drawing.Font("Verdana", 12,
    (System.Drawing.FontStyle.Bold | System.Drawing.FontStyle.Italic));
24             System.Drawing.Drawing2D.LinearGradientBrush brush = new
    System. Drawing.Drawing2D.LinearGradientBrush(new Rectangle(0, 0,
    image. Width, image.Height), Color.Blue, Color.DarkRed, 1.2f, true);
25             g.DrawString(checkCode, font, brush, 2, 2);
26             //画图片的前景噪音点，原来是 i < 80
27             for (int i = 0; i < 2; i++)
28             {
29                 int x = random.Next(image.Width);
30                 int y = random.Next(image.Height);
31                 image.SetPixel(x, y, Color.FromArgb(random.Next()));
32             }
33             //画图片的边框线
34             g.DrawRectangle(new Pen(Color.Red), 0, 0, image.Width - 1,
   image.Height - 1);
35             System.IO.MemoryStream ms = new System.IO.MemoryStream();
36             image.Save(ms, System.Drawing.Imaging.ImageFormat.Gif);
37             Response.ClearContent();
38             Response.ContentType = "image/Gif";
39             Response.BinaryWrite(ms.ToArray());
```

```
40          }
41          finally
42          {       g.Dispose();
43              image.Dispose();
44          }   }
45      protected void Page_Load(object sender, EventArgs e)
46        {
47          this.CreateCheckCodeImage(GeneratecheckCode());
48  }
```

步骤四： 在登录页显示验证码。打开 login.aspx 页面，在验证码文本框源代码处添加如下代码。

```
1   <img alt="" src="checkcode.aspx" style="border: thin solid #FF0000" />
```

步骤五： 修改“登录”按钮事件代码。

```
1   protected void btnLogin_Click2(object sender, EventArgs e)
2           {
3           string check = Request.Cookies["mycheck"].Value.ToString(); //获取验证码;
4               if (check == txtCheckcode.Text)
5               {
6                   #region 使用数据访问类来完成登录
7                   string sql = string.Format("select * from member where
    LoginName='{0}' and LoginPwd='{1}'", txtAccount.Text, txtPassword.Text);
8                   SqlDataReader mydr = DBManage.GetData(sql);
9                   if (mydr.Read())
10                  {
11                      //登录次数更新;
12                      int userid = Int32.Parse(mydr["Id"].ToString()); //
    获取用户 ID
13                      Session.Timeout = 20;
14                      Session["id"] = userid;
15                      Session["username"] = txtAccount.Text;  Response.Write
    ("<script>alert('" + Session["username"].ToString() + "')</script>");
16
17                      string strsql = string.Format("update member set
    LoginTimes =LoginTimes +1 where Id={0}", userid);  //将登录次数加 1
18
19                      if (DBManage.ExecSQL(strsql) == true)
20                      {
21                          Response.Write("<script>alert('更新成功! ')</script>");
22                          Response.Redirect("product1.aspx");
```

```
23                    }
24                    else
25                        Response.Write("<script>alert('不成功！')</script>");
26                    #region//保存用户名和密码
27                    #endregion
28                }
29                else
30                {
31              Response.Write("<script>alert('用户名或密码不正确')</script>");
32                }
33                #endregion
34            }
35            else
36                Response.Write("<script>alert('验证码不正确')</script>");
37        }
```

程序说明如下。

第 3 行：获取生成的随机验证码的值；

第 4 ~ 24 行：验证码正确后，再进行用户名密码的判断。

1. 验证码

为了防止有人利用机器人自动批量注册、对特定的注册用户用特定程序暴力破解方式进行不断的登陆、灌水。于是程序员想出了只有人眼能够识别的，程序不容易识别的验证码。验证码就是将一串随机产生的数字或符号，生成一幅图片，图片里加上一些干扰像素（防止 OCR），由用户肉眼识别，将其中的验证码信息输入到表单中再提交网站验证，验证成功后才能使用某项功能。

2. Cookie 对象

本任务中生成的随机码是存放在 Cookie 对象中的。Cookie 是一小段文本信息，伴随着用户请求和页面在 Web 服务器和浏览器之间传递。Cookie 包含每次用户访问站点时 Web 应用程序都可以读取的信息。

例如，如果在用户请求站点中的页面时应用程序发送给该用户的不仅仅是一个页面，还有一个包含日期和时间的 Cookie，用户的浏览器在获得页面的同时还获得了该 Cookie，并将它存储在用户硬盘上的某个文件夹中。

以后，如果该用户再次请求您站点中的页面，当该用户输入 URL 时，浏览器便会在本地硬盘上查找与该 URL 关联的 Cookie。如果该 Cookie 存在，浏览器便将该 Cookie 与网页请求一起发送到您的站点。然后，应用程序便可以确定该用户上次访问站点的日期和时间。您可以使用这些信息向用户显示一条消息，也可以检查到期日期。

Cookie 对象常用属性及说明如表 4-2-1 所示。

表 4-2-1 Cookie 对象常用属性及说明

属 性	描 述
Expires	设定 Cookie 变量的有效时间，默认为 1000 分钟，若设为 0，则可以实时删除 Cookie 变量
Name	取得 Cookie 变量的名称
Value	获取或设置 Cookie 变量的内容值
Path	获取或设置 Cookie 适用于的 URL

Cookie 对象常用方法及说明如表 4-2-2 所示。

表 4-2-2 Cookie 对象常用方法及说明

方 法	描 述
Equals	确定指定 Cookie 是否等于当前的 Cookie
ToString	返回 Cookie 对象的一个字符串表示形式
Clear	清除所有的 Cookie
Add	新增一个 Cookie 变量
Get	通过变量名或索引得到 Cookie 的变量值
GetKey	以索引值来获取 Cookie 的变量名称
Remove	通过 Cookie 变量名来删除 Cookie 变量

代码示例如下。

（1）创建 Cookie 对象并设置过期时间。

```
1    protected void Page_Load(object sender, EventArgs e)  { //创建 Cookie
     对象
2    HttpCookie mycookie = new HttpCookie("MyCookie");//创建一个名称为
     " MyCookie " 的 Cookie
3    mycookie.Value = Server.HtmlEncode("大家好，我是 Cookie");//设置 Cookie
     的值
4    mycookie.Expires = DateTime.Now.AddDays(10);//设置 Cookie 过期时间
5    Response.AppendCookie(mycookie);//将一个 HTTP  Cookie 添加到内部 Cookie 集
     合中
6    //Response.Cookies.Add(mycookie);//添加到内部 Cookie 集合中，与上面相同
7    }
```

（2）获取 Cookie 对象。

```
8    protected void Page_Load(object sender, EventArgs e)
9    {
10   //获取 Cookie 对象
11   try
12   {
13   HttpCookie mycookie = new HttpCookie("MyCookie");
```

```
14  mycookie.Value = Server.HtmlEncode("Hello,我是 Cookie");
15  mycookie.Expires = DateTime.Now.AddHours(10);
16  Response.AppendCookie(mycookie);
17  Response.Write("创建 Cookie 成功");
18  Response.Write("<hr>");
19  //----------使用------------
20  HttpCookie getMyCookie = Request.Cookies["MyCookie"];//获取 Cookie
21  Response.Write(getMyCookie.Name + getMyCookie.Value + getMyCookie.
    Expires);//输出
22  }
23  catch
24  {
25  Response.Write("Cookie 创建失败");
26  }
27  }
```

任务 4.3　站点计数

统计网站访问量。

能正确地使用 Application 对象。

步骤一： 打开母版页 shop.master。

步骤二： 打开全局应用程序类 Global.asax。

步骤三： 初始化站点计数器。在 Global.asax 文件的 Application_Start 事件中首先将访问数初始化为 0，代码如下。

```
1   void Application_Start(object sender, EventArgs e)
2   {
3       // 在应用程序启动时运行的代码
4       Application["count"] = 0;
5   }
```

步骤四： 当有新的用户访问网站时，将建立一个新的 Session 对象，并在 Session 对象的 Session_Start 事件中对 Application 对象加锁，以防止因为多个用户同时访问页面造成并行，同时将访问人数加 1；当用户退出该网站时，关闭该用户的 Session 对象，同理对 Application 对象加锁，然后将访问人数减 1。

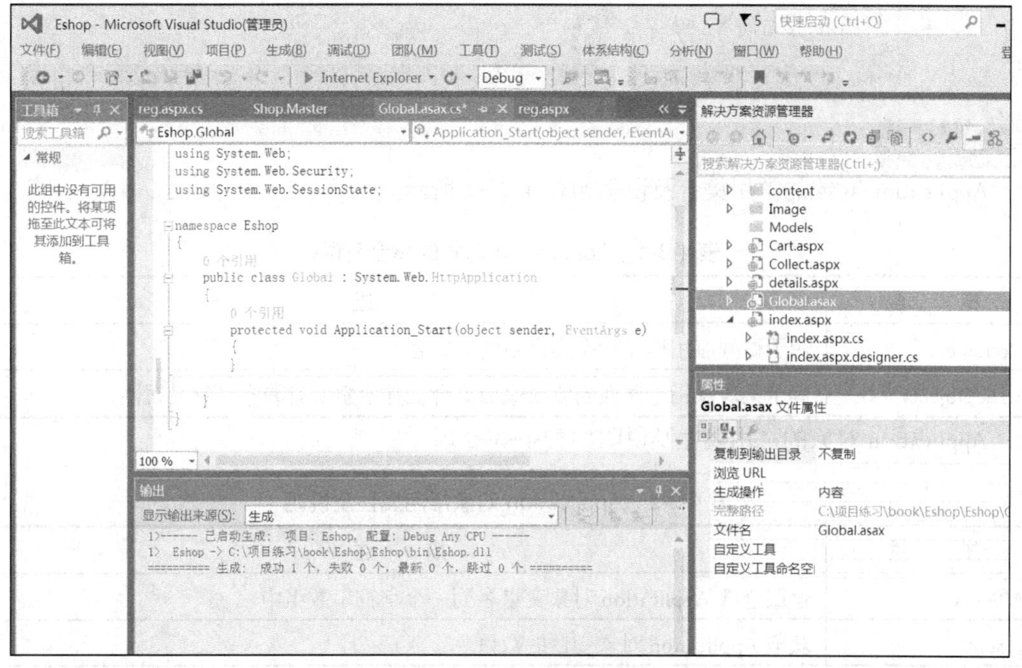

图 4-3-1 全局应用程序类

```
1    void Session_Start(object sender, EventArgs e)
2     {
3         //在新会话启动时运行的代码
4         Application.Lock();
5         Application["count"] = (int)Application["count"] + 1;
6         Application.UnLock();
7     }
8     void Session_End(object sender, EventArgs e)
9     {
10        //在会话结束时运行的代码。
11        // 注意：只有在 Web.config 文件中的 sessionstate 模式设置为
12        // InProc 时，才会引发 Session_End 事件。如果会话模式
13        //设置为 StateServer 或 SQLServer，则不会引发该事件。
14        Application.Lock();
15        Application["count"] = (int)Application["count"] - 1;
16        Application.UnLock();
17    }
```

步骤五： 对 Global.asax 文件进行设置后，需要将访问人数在网站的默认主页 Default.aspx 中显示出来。在 Default.aspx 页面上添加了一个 Label 控件，用于显示访问人数。代码如下。

```
1    protected void Page_Load(object sender, EventArgs e)
2     {
3         Label1.Text = "您是该网站的第 <B>" + Application["count"].ToString()
```

```
        +   "</B> 位访问者!";
4       }
```

Application 对象的常用集合及说明如表 4-3-1 所示。

表 4-3-1 Application 对象的集合及说明

集　　合	描　　述
Contents	用于访问应用程序状态集合中的对象名
StaticObjects	确定某对象指定属性的值或遍历集合，并检索所有静态对象的属性

Application 对象的常用属性及说明如表 4-3-2 所示。

表 4-3-2 Application 对象常用属性及说明

属　　性	描　　述
AllKeys	返回全部 Application 对象变量名到一个字符串数组中
Count	获取 Application 对象变量的数量
Item	允许使用索引或 Application 变量名称传回内容值

Application 对象常用方法及说明如表 4-3-3 所示。

表 4-3-3 Application 对象常用方法及说明

方　　法	描　　述
Add	新增一个 Application 对象变量
Clear	清除全部 Application 对象变量
Lock	锁定全部 Application 对象变量
Remove	使用变量名称移除一个 Application 对象变量
RemoveAll	移除全部 Application 对象变量
Set	使用变量名称更新一个 Application 对象变量的内容
UnLock	解除锁定的 Application 对象变量

后台管理登录验证码

当前后台管理员登录页缺少后台管理登录验证码，在目前的基础之上引入后台管理员登录验证码，提高系统安全性。参见图 3-3-6。

1. 下列不属于 response 对象的方法是（　　）。

   A. Write　　B. End　　C. abandon　　D. Redirect

2. 用于从客户端获取信息的 ASP 内置对象是（　　）。

   A. Response　　B. Request　　C. Session　　D. Application

3. Global.asax 文件一般存储在应用程序的（　　）目录中。

A. 子　B. bin　C. obj　D. 根

4. 应用程序中所有的页面均可以访问（　　）变量。

A. Session　B. Application　C. Server　D. ViewState

5. 商务网站中客户的购物信息最佳保存场所是（　　）。

A. Application　B. Session　C. ViewState　D. 查询字符串

6. Session 对象默认有效期为________分钟。

A. 10　B. 20　C. 30　D. 40

7. Server 对象的哪个方法用于将相对路径转化为物理路径？（　　）

A. HtmlEncode　B. Execute　C. UrlEncode　D. MapPath

PART 5

第 5 章 文件操作

学习重点

- 熟悉 Web 项目需求分析及项目设计
- 熟悉动态网站运行机制
- 熟悉开发环境的安装与配置
- 熟悉 Web 项目的创建基本步骤与方法

项目任务总览

任务编号	任务名称
任务 5.1	照片的上传
任务 5.2	用户资料修改

任务 5.1　照片上传

用户进入系统后，可进行个人资料的完善，为自己添加头像。如图 5-1-1 所示。

图 5-1-1

1. 能正确掌握文件上传控件使用方法。
2. 能熟悉文件上传的方法。

步骤一： 准备头像文件素材。

在站点根文件夹下新建一个专门存放头像的文件夹，其中存放事先处理好的 10 个小头像 01.jpg，02.jpg，…，10.jpg。

步骤二： 设计用户资料添加页面。

1．设计用户资料界面 CSS

```
32  <asp:Content ID="Content1" ContentPlaceHolderID="head" Runat="Server">
33  <style type="text/css">
34          .content_frame
35          {
36              border: thin solid #EEEEEE;
37              width: 760px;
38          }
39          .photo_pre
40          {
41              width: 100px;
42              height: 120px;
43              margin-top: 30px;
44              margin-left: 30px;
45              float: left;
46          }
47          .photo_browse
48          {
49              width: 500px;
50              margin-top: 30px;
51              margin-left: 20px;
52              float: left;
53              font-size: small;
54          }
55          .photo_choice
56          {
57              border: 1px solid #AEC7CB;
58              width: 500px;
59              height: 200px;
```

```
60              background-color: #F4FEFF;
61              margin-top: 15px;
62          }
63          .photo_load
64          {
65              border-bottom-style: dotted;
66              border-bottom-width: thin;
67              border-bottom-color: #C0C0C0;
68               margin-bottom:10px;
69              height :80px;
70              padding: 10px 0 0 25px;
71          }
72      </style>
73  </asp:Content>
```

2．完成界面设计

```
1   <asp:Content ID="Content2" ContentPlaceHolderID="ContentPlaceHolder2"
     Runat="Server">
2       <p>
3           更新个人资料</p>
4   </asp:Content>
5   <asp:Content ID="Content3" ContentPlaceHolderID="ContentPlaceHolder1"
     Runat="Server">
6   <div class="content_frame">
7           <div class="photo_pre">
8               <asp:Image ID="Image1" runat="server" Height="109px" Width=
      "93px" />
9           </div>
10          <div class="photo_browse">
11           <div>
12              <ul>
13                  <li><span >从您的电脑中上传图片作为头像：(建议尺寸 96*96 像素，
      300k 以内)</span> </li>
14              </ul>
15             </div>
16             <div class ="photo_load">
17                  <asp:FileUpload ID="FileUpload1" runat="server" />
18            <asp:Button ID="Button3" runat="server" onclick="Button3_
       Click" Text="上传" />
19            </div>
20             <div>
21                 <ul>
```

```
22                  <li style="width: 224px">您可以在下方选择自己喜欢的头像:
23              </li>
24                  </ul>
25
26              </div>
27              <div class="photo_choice">
28              </div>
29               <asp:Button ID="Button2" runat="server" Text="保存头像" />
30          </div>
31      </div>
32  </asp:Content>
```

步骤三: 代码实现。

```
1     //1. 判断用户是否选择了文件
2         if (FileUpload1.HasFile)
3         {
4             //2. 判断用户是否选择图片
5             string strtype = FileUpload1.PostedFile.ContentType;
6             if (strtype == "image/gif" || strtype == "image/jpeg" ||
      strtype == "image/bmp" || strtype == "image/png")
7             {
8                 //3. 上传到服务器的指定文件夹中
9                 string filename = DateTime.Now.Year.ToString() + DateTime.
      Now. Month.ToString() + DateTime.Now.Day.ToString() + DateTime. Now.
      Hour.ToString() + DateTime.Now.Minute.ToString() + DateTime.Now.
      Second.ToString();
10                string imgurl = "image/" + filename + ".jpg";
11                FileUpload1.SaveAs(Server.MapPath(imgurl));
12                Image1.ImageUrl = imgurl;
13                //4. 将头像的地址保存到对应用户的数据表记录中
14                string strsql = string.Format("update member set head=
     '{0}' where LoginName='{1}'", imgurl, Session["username"]);
15                if (DbManager.ExceSQL(strsql))
16                    Response.Write("<script>alert('头像更新成功')</script>");
17            }
18            else
19                Response.Write("<script>alert('请选择图片类文件')</script>");
20        }
21        else
22        {
23            Response.Write("<script>alert('请选择文件')</script>");
24        }
```

1．Image Web 服务器控件

Image Web 服务器控件使您可以在 Web 窗体页上显示图像，并使用服务器代码管理这些图像，其重要的属性如下。

ImageUrl:用于指定显示图像的来源，这是一个最重要的属性。

AlternateText:为提供替代文本。

ImageAlign:将图像和页面中 HTML 元素对齐。

2．文件上传 FileUpload 控件

（1）常用属性。

- Enable:是否禁用文件上传控件。
- FielContent:以流形式获取上传文件内容。
- FileName:用于获得上传文件的名字。
- HasFile:判断是否有上传文件。
- postedFile:用于获得包装成 HttpPostedFile 对象的上传文件。

（2）常用方法。

- Focus:用于把窗体的焦点转移到 FileUpolad 控件。
- SaveAs:用于把上传文件保存到文件系统中。

（3）相关代码。

```
1    string strPath = Server.MapPath("images/") + "a.jpg";   //图片上传后名
     为a.jpg
2    FileUpload1.PostedFile.SaveAs(strPath);                 //图片上传
3    Image1.ImageUrl = "images/a.jpg" ;                      //显示图片
```

3．上传文件同名覆盖问题

一般情况下，上传一个文件时要考虑服务器上是否有同名文件，如果有往往会覆盖，除非特殊需要，在设计网页时一般要避免这种情况的发生，采用的办法往往是将上传文件按日期和时间自动重命名，保证不会和已有文件重名。

相应的代码如下。

```
string strFileName = DateTime.Now.Year.ToString() + DateTime.Now. Month.
ToString() + DateTime.Now.Day.ToString() + DateTime.Now.Hour.ToString() +
DateTime.Now.Minute.ToString() + DateTime.Now.Second. ToString();
```

4．判断上传文件是否是图片

主要是判断文件的 ContentType 属性是否是指定的图片类型。

```
string strType = FileUpload1.PostedFile.ContentType;
if (strType == "image/pjpeg" || strType == "image/gif" || strType == "image/
png")
```

最后的 if 语句中判断上传的文件类型是否是常见图像 gif、jpg、png 类型。

任务5.2　用户资料修改

设计一个页面，实现修改用户资料的功能，同时提供修改用户照片的功能，照片修改后，原用户头像图片要从服务器上删除。

图5-2-1　修改用户信息

1. 熟悉数据记录修改技术。
2. 熟悉文件删除技术。

步骤一：设计窗体文件。新建UPDATEpro.aspx，设计如图5-2-2所示的页面。

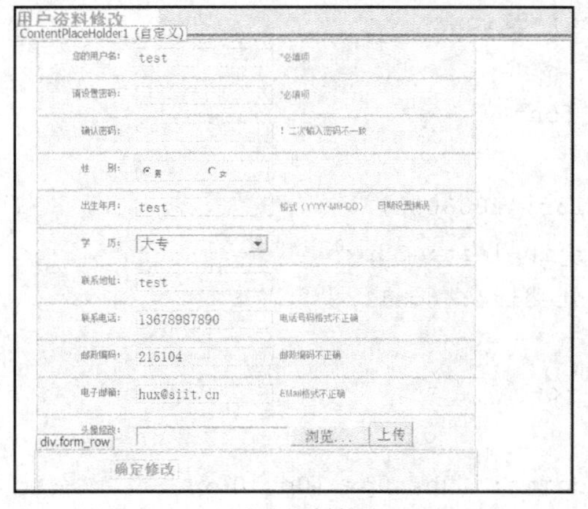

图5-2-2　个人资料修改设计界面

窗体文件 updatepro.aspx 的源代码如下：

```
1    <asp:Content ID="Content1" ContentPlaceHolderID="head" runat= "server">
2     <style type="text/css">
3            .title_bar
4            {
5                width: 900px;
6                padding-left: 30px;
7                margin-top: 20px;
8                text-align :left ;
9            }
10           .title_content
11           {
12               width: 500px;
13               border-bottom-style: solid;
14               border-bottom-width: thin;
15               border-bottom-color: #C0C0C0;
16               font-family: 黑体;
17               font-weight: bold;
18               font-size: large;
19               color: #339933;
20               text-align: left;
21               letter-spacing: 3pt;
22           }
23           .reg_content
24           {
25               width: 680px;
26               margin-top: 5px;
27               padding-left: 30px;
28               float: left;
29            height: 821px;
30       }
31           .span_font
32           {
33               color: #808080;
34               margin-left: 15px;
35               font-size: small;
36           }
37           .form_row
38           {
39               padding: 10px 0px 10px 0px;
40               width: 600px;
```

```
41            height:30px;
42            clear: both;
43         }
44         .row_lbl
45         {
46            padding: 4px 15px 0px 0px;
47            width: 120px;
48            font-size: 12px;
49            color: #333333;
50            text-align: right;
51            float: left;
52         }
53         .row_input
54         {
55            border: 1px solid #DFDFDF;
56            width: 180px;
57            height: 25px;
58            float: left;
59         }
60         .reg_right
61         {
62            width: 230px;
63            height: 150px;
64            float: right;
65            padding: 10px 0px 0px 20px;
66            text-align: left;
67            font-size: 14px;
68            border-left-style: dotted;
69            border-left-width: thin;
70            border-left-color: #CCCCCC;
71         }
72         .btn
73         {
74            color: #497825;
75            font-weight: bold;
76            border: 1px solid #CCCFD3;
77            background-color: #FFFFFF;
78            margin-left: 100px;
79         }
80         .error
81         {
```

```
82              width: 120px;
83              float: left;
84              font-size: 12px;
85              text-align: left;
86              padding: 4px 5px 0 10px;
87              color: #333333;
88          }
89      </style>
90
91  </asp:Content>
92  <asp:Content ID="Content2" ContentPlaceHolderID="ContentPlaceHolder2"
    runat="server">
93  用户资料修改
94  </asp:Content>
95  <asp:Content ID="Content3" ContentPlaceHolderID="ContentPlaceHolder1"
    runat="server">
96            <div class="reg_content">
97          <div class="form_row">
98              <asp:Label ID="lblUser" runat="server" Text="您的用户名："
    CssClass="row_lbl"></asp:Label>
99              <asp:TextBox ID="txtUser" runat="server" CssClass="row_input
    ">test</asp:TextBox>
100             <asp:RequiredFieldValidator ID="RequiredFieldValidator1"
    runat="server"
101                 ControlToValidate="txtUser" CssClass="error" ErrorMessage="*
    必填项"> </asp:RequiredFieldValidator>
102         </div>
103         <div class="form_row">
104             <asp:Label ID="lblPassword" runat="server" Text="请设置密码：
    " CssClass="row_lbl"></asp:Label>
105             <asp:TextBox ID="txtPassword" runat="server" CssClass=
    "row_input "
106                 TextMode="Password">test</asp:TextBox>
107             <asp:RequiredFieldValidator ID="RequiredFieldValidator2"
     runat="server"
108                 CssClass="error" ErrorMessage="*必填项" ControlToValidate=
     "txtPassword"></asp:RequiredFieldValidator>
109         </div>
110         <div class="form_row">
111             <asp:Label ID="lblRePassword" runat="server" Text="确认密码：
    "CssClass="row_lbl"></asp:Label>
```

```
112             <asp:TextBox ID="txtRePassword" runat="server" CssClass=
    "row_input " TextMode="Password">test</asp:TextBox>
113             <asp:CompareValidator ID="CompareValidator1" runat="server"
114                 ControlToCompare="txtPassword" ControlToValidate="txtRePassword"
115                 CssClass="error" ErrorMessage="！二次输入密码不一致">
    </asp:CompareValidator>
116         </div>
117         <div class="form_row">
118             <asp:Label ID="lblSex" runat="server" Text="性    别：" CssClass=
    "row_lbl"></asp:Label>
119             <asp:RadioButtonList ID="radlSex" runat="server" CssClass="row_
    input " RepeatDirection="Horizontal">
120                 <asp:ListItem Selected="True">男</asp:ListItem>
121                 <asp:ListItem>女</asp:ListItem>
122             </asp:RadioButtonList>
123           
             
124         </div>
125         <div class="form_row">
126             <asp:Label ID="Label1" runat="server" Text="出生年月：" CssClass=
    "row_lbl"></asp:Label>
127             <asp:TextBox ID="txtBirth" runat="server" CssClass="row_input "
128                 >test</asp:TextBox>
129             <asp:RegularExpressionValidator ID="RegularExpressionValidator1"
    runat="server"
130                 ControlToValidate="txtBirth" CssClass="error" ErrorMessage=
    "格式（YYYY-MM-DD）"
131               ValidationExpression="\d{4}-\d{2}-\d{2}" Display="Dynamic">
    </asp:RegularExpressionValidator>
132             <asp:RangeValidator ID="RangeValidator1" runat="server" CssClass=
    "error"
133                 ErrorMessage="日期设置错误" ControlToValidate="txtBirth"
    Display="Dynamic"
134                 MaximumValue="2012-02-29" MinimumValue="1900-01-01" Type=
    "Date"></asp:RangeValidator>
135         </div>
136         <div class="form_row">
137             <asp:Label ID="lblEducation" runat="server" Text="学    历："
    CssClass="row_lbl"></asp:Label>
138             <asp:DropDownList ID="dropEducation" runat="server" CssClass=
    "row_input ">
```

```
139                <asp:ListItem>大专</asp:ListItem>
140                <asp:ListItem>本科</asp:ListItem>
141                <asp:ListItem>硕士</asp:ListItem>
142                <asp:ListItem>博士</asp:ListItem>
143            </asp:DropDownList>
144        </div>
145        <div class="form_row">
146            <asp:Label ID="lblAddress" runat="server" Text="联系地址: "
    CssClass="row_lbl"></asp:Label>
147            <asp:TextBox ID="txtAddress" runat="server" CssClass="row_input
    ">test</asp:TextBox>
148        </div>
149        <div class="form_row">
150            <asp:Label ID="lblCall" runat="server" Text="联系电话: "
     CssClass="row_lbl"></asp:Label>
151            <asp:TextBox ID="txtCall" runat="server" CssClass="row_input "
152                >13678987890</asp:TextBox>
153            <asp:RegularExpressionValidator ID="RegularExpression Validator2"
     runat="server"
154                ControlToValidate="txtCall" CssClass="error" ErrorMessage= "
     电话号码格式不正确"
155      ValidationExpression="(\(\d{3}\)|\d{3}-)?\d{8}"></asp:
     RegularExpressionValidator>
156        </div>
157        <div class="form_row">
158            <asp:Label ID="Label2" runat="server" Text="邮政编码: " CssClass=
     "row_lbl"></asp:Label>
159            <asp:TextBox ID="txtZip" runat="server" CssClass="row_input
     ">215104</asp:TextBox>
160            <asp:RegularExpressionValidator ID="RegularExpressionValidator3"
     runat="server"
161                ControlToValidate="txtZip" CssClass="error" ErrorMessage="
     邮政编码不正确"
162      ValidationExpression="\d{6}"></asp:RegularExpression Validator>
163        </div>
164        <div class="form_row">
165            <asp:Label ID="lblEmail" runat="server" Text="电子邮箱: "
     CssClass="row_lbl"></asp:Label>
166            <asp:TextBox ID="txtEmail" runat="server" CssClass="row_input
      ">hux@siit.cn</asp:TextBox>
167            <asp:RegularExpressionValidator ID="RegularExpressionValidator4"
```

```
runat="server"
168                 ControlToValidate="txtEmail" CssClass="error" ErrorMessage=
"EMail 格式不正确"
169                 ValidationExpression="\w+([-+.']\w+)*@\w+([-.]\w+)*\.\
w+([-.]\w+)*"></asp:RegularExpressionValidator>
170         </div>
171         <div class="form_row">
172             <asp:Label ID="lblAttention" runat="server" Text="头像修改:
" CssClass="row_lbl"></asp:Label>
173                 <asp:FileUpload ID="FileUpload1" runat="server" />
174         </div>
175         <div class="form_row" style="height:207px; text-align:center">
176             <asp:Image ID="Image1" runat="server" Height="211px" Width=
"292px" />
177         </div>
178         <div class="form_row">
179             <asp:Button ID="btnReg" runat="server" Text="确定修改" CssClass=
"btn"
180                 OnClick="btnReg_Click" Height="26px" Width="93px" />
181         </div>
182     </div>
183 </asp:Content>
```

步骤二： 设计程序文件。

程序文件 updatepro.aspx.cs 的源代码如下：

```
1   using System;
2   using System.Collections.Generic;
3   using System.Linq;
4   using System.Web;
5   using System.Web.UI;
6   using System.Web.UI.WebControls;
7   using System.Data.SqlClient;
8   using System.IO;
9   namespace EShop.myhome
10  {
11      public partial class WebForm2 : System.Web.UI.Page
12      {
13          protected void Page_Load(object sender, EventArgs e)
14          {
15              // 运行页面时，显示当前用户已有信息
```

```
    if (Session["userid"] != null && Session["userid"].ToString() != "")
16          {
17              if (!IsPostBack)
18              {
19          string sql = "select * from member where Id=" + Session["userid"].
ToString();
20                  SqlDataReader dr = DbManager.ExceRead(sql);
21                  if (dr.Read())
22                  {
23                      txtUser.Text = dr["LoginName"].ToString();
24                      txtPassword.Text = dr["LoginPwd"].ToString();
25                      if (dr["Sex"].ToString() == "男")
26                          radlSex.SelectedIndex = 0;
27                      else if (dr["Sex"].ToString() == "女")
28                          radlSex.SelectedIndex = 1;
29                      txtBirth.Text = dr["Birth"].ToString();
30              switch (dr["Eduation"].ToString())
31                  {
32                  case "大专": dropEducation.SelectedIndex = 0; break;
33                  case "本科": dropEducation.SelectedIndex = 1; break;
34                  case "硕士": dropEducation.SelectedIndex = 2; break;
35                  case "博士": dropEducation.SelectedIndex = 3; break;
36                   default: dropEducation.SelectedIndex = 0; break;
37                   }
38                  txtAddress.Text = dr["Address"].ToString();
39                  txtCall.Text = dr["Phone"].ToString();
40                  txtEmail.Text = dr["Email"].ToString();
41                  txtZip.Text = dr["Zip"].ToString();
42                  Image1.ImageUrl = "~/"+dr["head"].ToString();
43                      }
44                   }
45          }
46          else
47               Response.Redirect("login.aspx");
48      }
49       protected void btnReg_Click(object sender, EventArgs e)
50      {
51          //1.获取用户输入的各项值
52     string loginname = txtUser.Text;              //用户名
53     string loginpwd = txtPassword.Text;            //密码
54     string sex = radlSex.SelectedValue;                //性别
```

```
55        string birth = txtBirth.Text;                        //出生日期
56        string eduation = dropEducation.SelectedValue;  //学历
57        string phone = txtCall.Text;                          //电话
58        string address = txtAddress.Text;                      //地址
59        string zip = txtZip.Text;                          //邮政编码
60        string email = txtEmail.Text;                        //电子邮件
61        string lasttime = DateTime.Now.ToShortDateString();  //最后登录时间
62        string head = Image1.ImageUrl;
63        if (FileUpload1.HasFile)
64        {
65                string strFileName = DateTime.Now.Year.ToString() + DateTime.
   Now.Month.ToString() + DateTime.Now.Day.ToString() + DateTime.Now.Hour.
   ToString() + DateTime.Now.Minute.ToString() + DateTime.Now.Second.
   ToString();
66                //以时间命名图片
67    FileUpload1.SaveAs(Server.MapPath("..")+"\\image\\" + strFileName + ".jpg");
68    if(head!=null && ad!="")
69    File.Delete(Server.MapPath("..")+"\\"+head);  //将原图片从服务器上删除
70                head = "image/"+strFileName + ".jpg";
71                //2.书写SQL语句
72            }
73            string strsql = string.Format("update  member set LoginName=
   '{0}',LoginPwd='{1}',sex='{2}',Birth='{3}',Eduation='{4}',phone='{5}
   ',Address='{6}',Zip='{7}',Email='{8}',LastDate='{9}',head='{10}' where
   id={11}", loginname, loginpwd, sex, birth, eduation, phone, address, zip,
   email, lasttime, head, Session["userid"].ToString());
74            //4.将数据写入数据库
75            if (DbManager.ExceSQL(strsql))
76            {
77                RegisterClientScriptBlock("01", "<script>alert('用户资料
   修改成功')</script>");
78                Response.Redirect("..\\login.aspx");
79            }
80        }
81    }
82 }
```

拓展学习

File类提供用于创建、复制、删除、移动和打开文件的静态方法，并协助创建 FileStream对象。

● 常用方法

名　称	说　明
AppendAllLines(String, IEnumerable<String>)	在一个文件中追加文本行，然后关闭该文件。如果指定文件不存在，此方法会创建一个文件，向其中写入指定的行，然后关闭该文件
AppendAllLines(String, IEnumerable<String>, Encoding)	使用指定的编码向一个文件中追加文本行,然后关闭该文件。 如果指定文件不存在，此方法会创建一个文件，向其中写入指定的行，然后关闭该文件
AppendAllText(String, String)	打开一个文件，向其中追加指定的字符串，然后关闭该文件。如果文件不存在，此方法创建一个文件，将指定的字符串写入文件，然后关闭该文件
AppendAllText(String, String, Encoding)	将指定的字符串追加到文件中，如果文件还不存在则创建该文件
AppendText	创建一个 StreamWriter，它将 UTF-8 编码文本追加到现有文件或新文件（如果指定文件不存在）
Copy(String, String)	将现有文件复制到新文件， 不允许覆盖同名的文件
Copy(String, String, Boolean)	将现有文件复制到新文件， 允许覆盖同名的文件
Create(String)	在指定路径中创建或覆盖文件
Create(String, Int32)	创建或覆盖指定的文件
Create(String, Int32, FileOptions)	创建或覆盖指定的文件，并指定缓冲区大小和一个描述如何创建或覆盖该文件的 FileOptions 值
Create(String, Int32, FileOptions, FileSecurity)	创建或覆盖具有指定的缓冲区大小、文件选项和文件安全性的指定文件
CreateText	创建或打开一个文件用于写入 UTF-8 编码的文本
Delete	删除指定的文件
Exists	确定指定的文件是否存在
Move	将指定文件移到新位置，并提供指定新文件名的选项
Open(String, FileMode)	打开指定路径上的 FileStream，具有读/写访问权限
Open(String, FileMode, FileAccess)	以指定的模式和访问权限打开指定路径上的 FileStream
Open(String, FileMode, FileAccess, FileShare)	打开指定路径上的 FileStream，具有指定的读、写或读/写访问模式以及指定的共享选项
OpenRead	打开现有文件以进行读取
OpenText	打开现有 UTF-8 编码文本文件以进行读取
OpenWrite	打开一个现有文件或创建一个新文件以进行写入
ReadAllBytes	打开一个文件，将文件的内容读入一个字符串，然后关闭该文件
ReadAllLines(String)	打开一个文本文件，读取文件的所有行，然后关闭该文件
ReadAllLines(String, Encoding)	打开一个文件，使用指定的编码读取文件的所有行，然后关闭该文件
ReadAllText(String)	打开一个文本文件，读取文件的所有行，然后关闭该文件

续表

名 称	说 明
ReadAllText(String, Encoding)	打开一个文件，使用指定的编码读取文件的所有行，然后关闭该文件
ReadLines(String)	读取文件的文本行
ReadLines(String, Encoding)	读取具有指定编码的文件的文本行
Replace(String, String, String)	使用其他文件的内容替换指定文件的内容，这一过程将删除原始文件，并创建被替换文件的备份
Replace(String, String, String, Boolean)	用其他文件的内容替换指定文件的内容，删除原始文件，并创建被替换文件的备份和（可选）忽略合并错误
SetAttributes	设置指定路径上文件的指定的 FileAttributes
WriteAllBytes	创建一个新文件，在其中写入指定的字节数组，然后关闭该文件。如果目标文件已存在，则覆盖该文件
WriteAllLines(String, IEnumerable<String>)	创建一个新文件，在其中写入一组字符串，然后关闭该文件
WriteAllLines(String, String[])	创建一个新文件，在其中写入指定的字符串数组，然后关闭该文件
WriteAllLines(String, IEnumerable<String>, Encoding)	使用指定的编码创建一个新文件，在其中写入一组字符串，然后关闭该文件
WriteAllLines(String, String[], Encoding)	创建一个新文件，使用指定的编码在其中写入指定的字符串数组，然后关闭该文件
WriteAllText(String, String)	创建一个新文件，在其中写入指定的字符串，然后关闭文件。如果目标文件已存在，则覆盖该文件
WriteAllText(String, String, Encoding)	创建一个新文件，在其中写入指定的字符串，然后关闭文件。如果目标文件已存在，则覆盖该文件

代码示例：

```
1   using System;
2   using System.IO;
3   class Test
4   {
5   public static void Main()
6   {
7   string path = @"c:\ Test.txt";
8   if (!File.Exists(path))
9   {
10  // Create a file to write to.
11  using (StreamWriter sw = File.CreateText(path))
12  {
13  sw.WriteLine("rose ");
14  sw.WriteLine("jack");
15  sw.WriteLine("Welcome");
```

```
16  }
17  }
18  // Open the file to read from.
19  using (StreamReader sr = File.OpenText(path))
20  {
21  string s = "";
22  while ((s = sr.ReadLine()) != null)
23  {
24  Console.WriteLine(s);
25  }
26  }
27  }
28  }
```

1. 文件上传控件 FileUpload 的 FileName 属性表示（　　）。

A. 服务器端文件的物理路径　　B. 客户端文件物理路径

C. 服务器端文件名称　　D. 客户端文件名称

2. （　　）类提供创建、复制、删除、移动和打开文件的静态方法

A. FileInfo　　B. File　　C. Folder　　D. IO

3. 对于文件上传组件，如果希望获取文件大小，应该用（　　）。

A. Upload.Files("upfile").Size　　B. Upload.Form("upfile").Size

C. Request.Files("upfile").Size　　D. Request.Form("upfile").Size

PART 6

第 6 章 数据显示

在 Eshop 数码商城中，批量商品的页面展示是重要的部分，本章节中将带领读者使用ASP.NET 提供的几种功能十分丰富的数据综合处理控件，快速地设计并完成商品的批量显示、商品的查询、商品的详细显示、购物车管理、订单管理等模块。

项目六 学习重点

- 能熟练配置 SqlDataSource 数据源控件；
- 能熟练使用各类数据绑定控件实现对数据库记录的访问。

项目任务总览

任务编号	任务名称
任务 6.1	商品浏览
任务 6.2	商品检索
任务 6.3	商品详细浏览
任务 6.4	购物车
任务 6.5	订单管理

任务 6.1　商品浏览

任务描述

顾客在进入电子商城后，希望能够看到各类商品的概要信息，以便于进行商品选购。本任务中，将学习如何使用 GridView 和 SqlDataSource 实现数码产品的概要显示。

任务目标

1. 能熟练配置 SqlDataSource，并绑定到 GridView 数据控件。
2. 能熟练应用 GridView 实现对数据库记录的访问。

1．效果图

商品浏览效果图如图 6-1-1 所示。

图片	商品名称	市场价	[illegible]价	购买	收藏
	Nikon（尼康）D90单反数码相机（套机）18-105/3.5-5.6VR镜头	[illegible]	¥6,999.00	[illegible]	收藏
	索尼VX	¥1,590.00	¥[illegible]	购买	[illegible]
	尼康 S2500 数码相机+4G 存储卡+专用数码包+高速读卡器+液晶贴膜	¥1,498.00	¥899.00	购买	收藏
	Apple苹果 iPad2 MC982CH/A 16GB/WIFI+3G版（白色）	¥4,688.00	¥4,499.00	购买	收藏
	苹果iPad2 16G wifi版 平板电脑 9.7英寸屏幕 MC769CH/A黑色	¥3,998.00	¥3,698.00	购买	收藏
	小魔女Magic iPad2智能休眠皮套\支架保护套-玫红色	¥108.00	¥98.00	购买	收藏
	苹果iPad2 Smart Cover原装PU皮套/休眠保护套(送膜+防尘套装)灰	¥598.00	¥298.00	购买	收藏
	汉王N618T电纸书	¥3,280.00	¥3,150.00	购买	收藏

图 6-1-1　商品概要显示页面 product.aspx

2．详细设计

详细设计如图 6-1-2 所示。

<table>
<tr><td colspan="2">任务名称</td><td colspan="4">商品信息概要显示</td><td>页面名称</td><td>Product.aspx</td></tr>
<tr><td colspan="2">数据库表名</td><td colspan="4">Merchandisc 商品表</td><td></td><td></td></tr>
<tr><td colspan="2">机能概要</td><td colspan="6">显示商品的概要信息：商品图片、商品名称、商品原价、商品现价、购买按钮、收藏按钮</td></tr>
<tr><td colspan="8">页面项目式样</td></tr>
<tr><td>序号</td><td>项目名</td><td>项目类型</td><td>输入</td><td>表示</td><td>必须</td><td colspan="2">处理内容</td></tr>
<tr><td>1</td><td>商品图片</td><td>图片</td><td></td><td>○</td><td></td><td colspan="2">显示商品的图片</td></tr>
<tr><td>2</td><td>商品名称</td><td>超链接文本</td><td></td><td>○</td><td></td><td colspan="2">显示商品名称，可链接到商品明细页面</td></tr>
<tr><td>3</td><td>商品原价</td><td>文本</td><td></td><td>○</td><td></td><td colspan="2">显示商品价格，并显示人民币符号格式</td></tr>
<tr><td>4</td><td>商城价格</td><td>文本</td><td></td><td>○</td><td></td><td colspan="2">显示商品价格，并显示人民币符号格式</td></tr>
<tr><td>5</td><td>购买商品</td><td>按钮</td><td>○</td><td></td><td></td><td colspan="2">购买商品，将商品添加到购物车</td></tr>
<tr><td>6</td><td>收藏商品</td><td>按钮</td><td>○</td><td></td><td></td><td colspan="2">收藏商品，将商品添加到收藏夹</td></tr>
</table>

图 6-1-2　详细设计

3．实现流程

实现流程如图 6-1-3 所示。

图 6-1-3　实现流程

步骤一：准备网页文件。

1. 新建 Web 窗体 product.aspx。在“解决方案资源管理器”窗口中的项目名称“ESHOP”上单击右键，在快捷菜单中选择“添加”→“添加新项”选项，弹出对话框中选择 Web 内容页，“添加新项”对话框中选择“包含母版页的 Web 窗体”，单击“添加”按钮。如图 6-1-4 所示。

图 6-1-4　添加新项

2. 弹出如图 6-1-5 所示对话框，选择母版页 shop.Master，单击“确定”按钮，即完成商品浏览页面的创建。

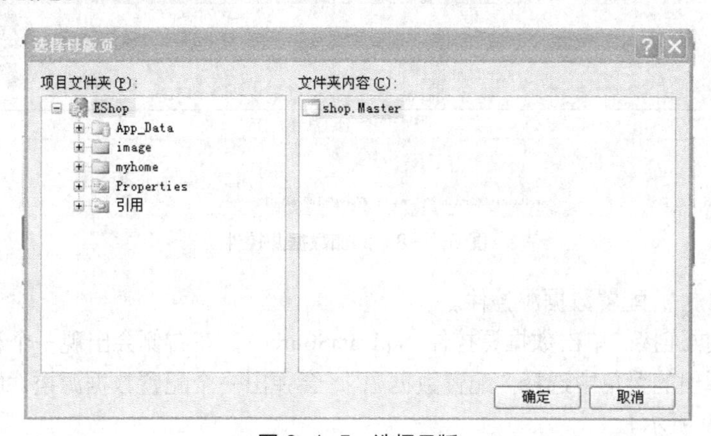

图 6-1-5　选择母版

步骤二： 添加数据绑定控件 GridView 和数据源控件 SqlDataSource。

1. 添加 GridView 数据显示控件。从左边的工具箱的数据分类中选择 GridView 控件，拖动到 product.aspx 页面中，如图 6-1-6 所示。

2. 单击 GridView 控件，并在右边的属性中设置属性 Width 为 100%。如图 6-1-7 所示。

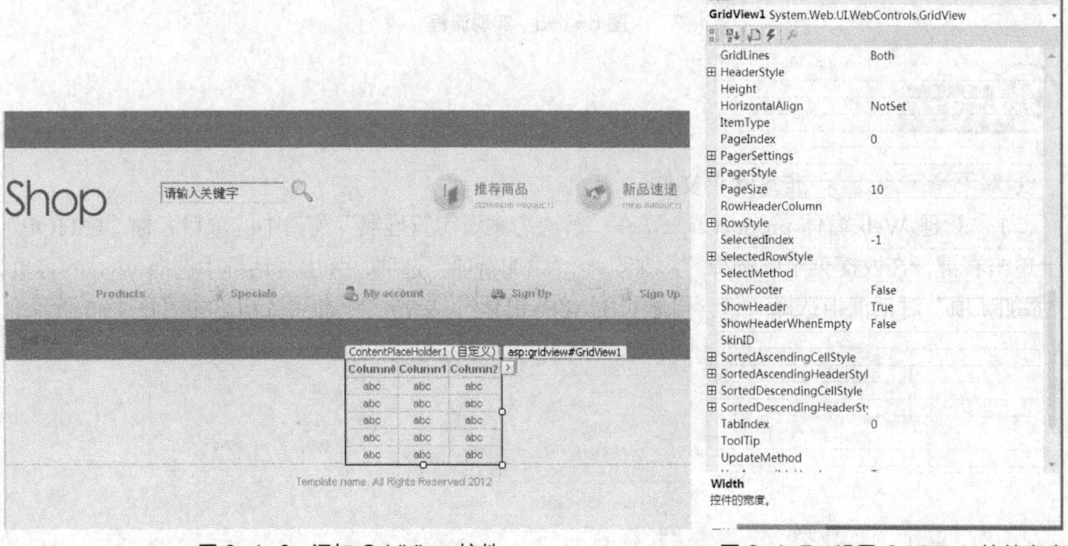

图 6-1-6　添加 GridView 控件　　　图 6-1-7　设置 GridView 控件宽度

3. 添加 SqlDataSource 数据源控件。从左边的工具箱的数据分类中选择 SqlDataSource 控件，拖动到 product.aspx 页面中，如图 6-1-8 所示。

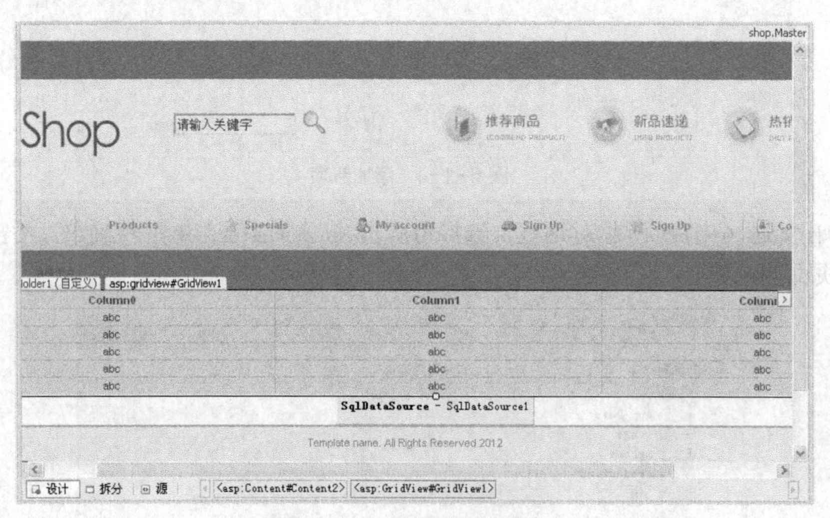

图 6-1-8　添加数据源控件

步骤三： 配置数据源控件。

1. 配置数据连接。单击数据源控件 SqlDataSource1，在右侧会出现一个智能标记，单击智能标记，在弹出的菜单中选择“配置数据源”，会弹出一个配置数据源控件的向导，第一个界面如图 6-1-9 所示。

图 6-1-9 配置数据源向导

2. 配置数据库连接参数。单击“新建连接”按钮进行，添加数据库连接，如图 6-1-10 所示。选择数据库服务器名称（local 表示本地机器作为数据库服务器）、用户登录方式（如使用 SQL SERVER 方式，则需要输入相应用户名、密码）、所使用的数据库名称。单击“确定”按钮后，完成连接字符串的设定，即可查看数据连接字符串，如图 6-1-11 所示。

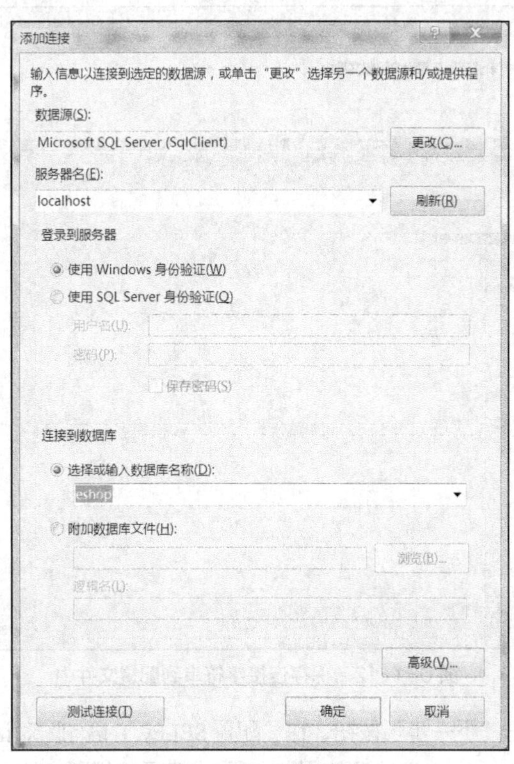

图 6-1-10 创建连接

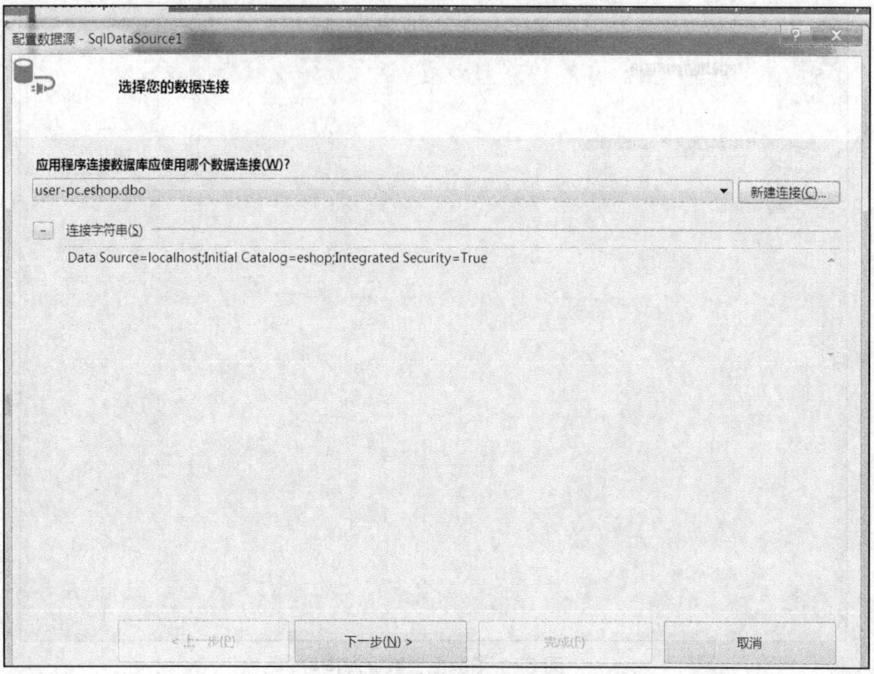

配置数据源 - SqlDataSource1
选择您的数据连接
应用程序连接数据库应使用哪个数据连接(W)?
user-pc.eshop.dbo
新建连接(C)...
连接字符串(S)
Data Source=localhost;Initial Catalog=eshop;Integrated Security=True
< 上一步(P)
下一步(N) >
完成(F)
取消

图 6-1-11　连接字符串

3. 保存连接字符串到配置文件。单击“下一步”按钮，在弹出对话框中，将连接字符串，保存到程序配置文件中，即在应用程序的配置文件 web.config 中可以查看到新创建的连接字符串，可以在整个项目中使用，如图 6-1-12 所示。

配置数据源 - SqlDataSource1
将连接字符串保存到应用程序配置文件中
将连接字符串存储在应用程序配置文件中，可简化维护和部署。若要将连接字符串保存到应用程序配置文件中，请在文本框中输入一个名称，然后单击“下一步”。如果选择不这样做，则连接字符串将作为数据源控件的属性保存在该页中。
是否将连接保存到应用程序配置文件中?
是，将此连接另存为(Y):
eshopConnectionString
< 上一步(P)
下一步(N) >
完成(F)
取消

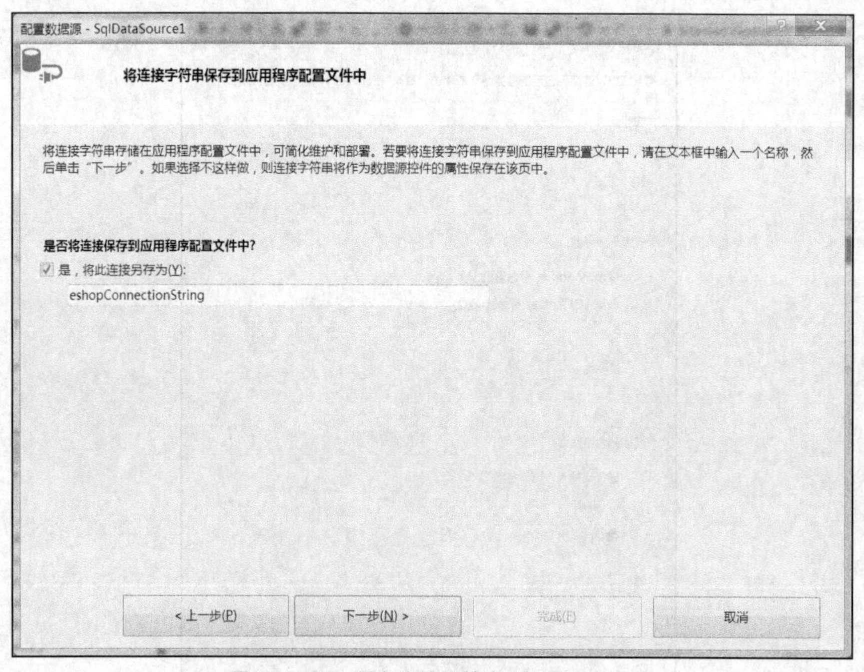

图 6-1-12　保存连接字符串到配置文件中

4. 选择数据表。单击“下一步”按钮，在“配置 SELECT 语句”对话框中，选择指定来自表或视图列，选择数据表 merchandisc，选择要使用的字段，*表示选择所有的字段，如图 6-1-13 所示。

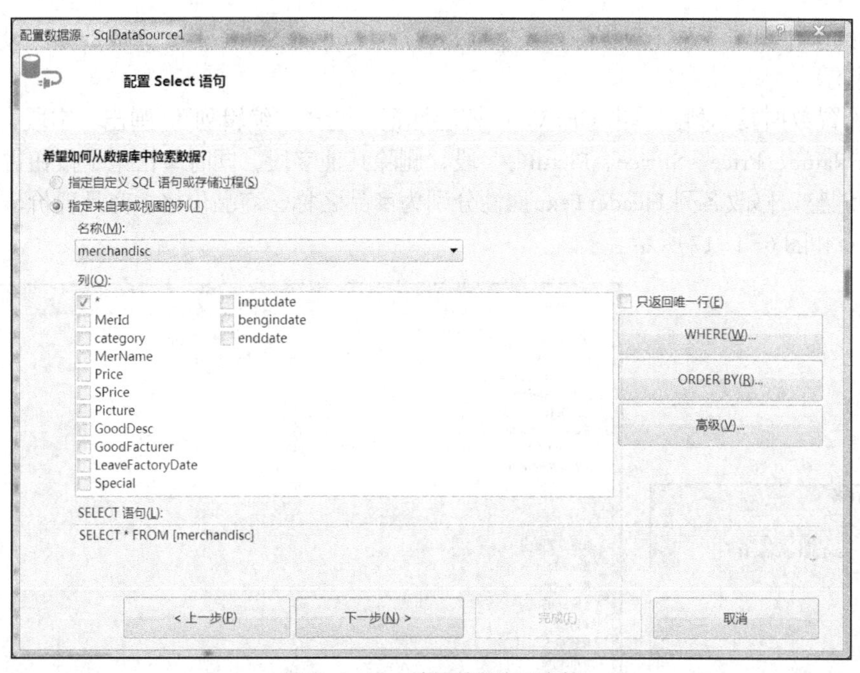

图 6-1-13　选择数据表及字符

5. 测试查询。单击“下一步”按钮，在弹出的对话框中，单击“测试查询”按钮，即可预览即将要显示在 GridView 中的数据，单击“完成”按钮，则完成数据源的配置，如图 6-1-14 所示。

图 6-1-14　完成配置

步骤四： 配置 GridView 控件。

1. 设置 GridView 数据源。配置好 SqlDataSource 后，在 GridView 中单击右侧的智能标记，

在弹出的菜单中单击“选择数据源”菜单项，选择“SqlDataSource1”，完成数据源设置。如图6-1-15所示。

2. 设置数据显示列。单击GridView智能标记，选择“编辑列”，弹出“字段”对话框，保留MerName、Price、SPrice、Picture字段，删除其他字段，同时单击↑↓按钮进行字段显示顺序的调整。修改各列HeaderText属性分别为商品名称、商品价格、商品现价、图片。如图6-1-16和图6-1-17所示。

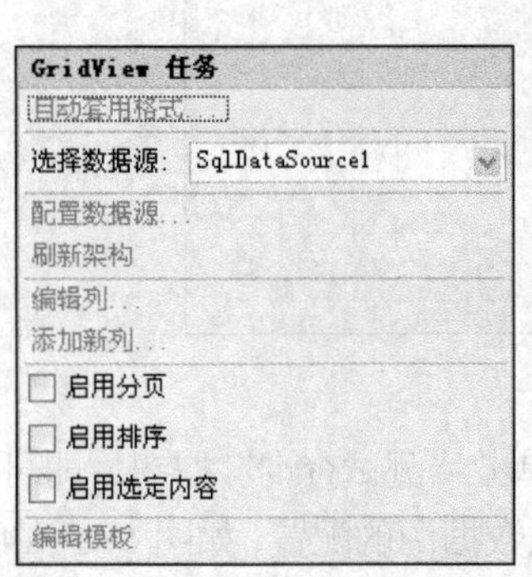

图6-1-15　GridView智能标记

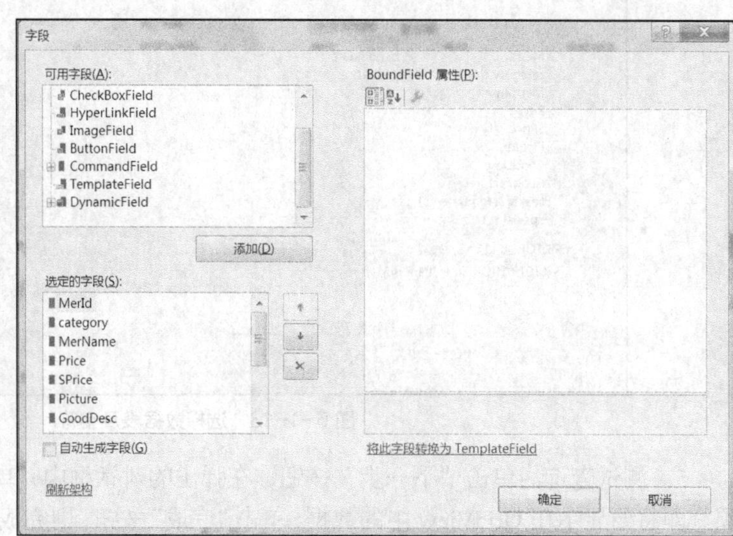

图6-1-16　编辑列

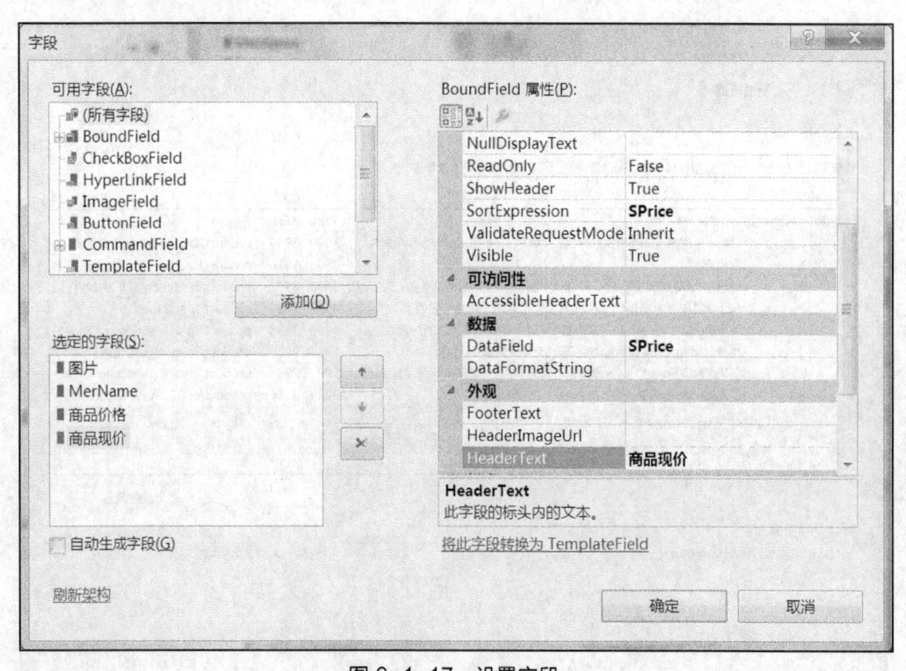

图6-1-17　设置字段

3. 设置文本字段显示格式。配置Price、SPrice字段，将DataText FormatString设置为{0:C}，这表示将价格设置为货币格式。

4. 添加按钮列。选择可用字段中的“ButtonField”列，单击“添加”按钮，并修改按钮的 HeaderText 属性设置标题名称为“购买”，修改 Text 属性为“购买”，设置 ButtonType 为 button，使用同样方法添加一个按钮字段“收藏”。如图 6-1-18 和图 6-1-19 所示。

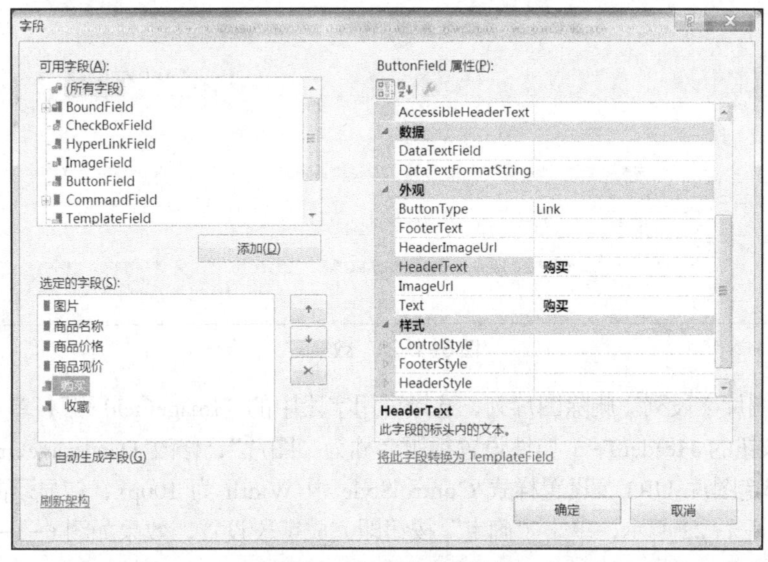

图 6-1-18　添加按钮字段

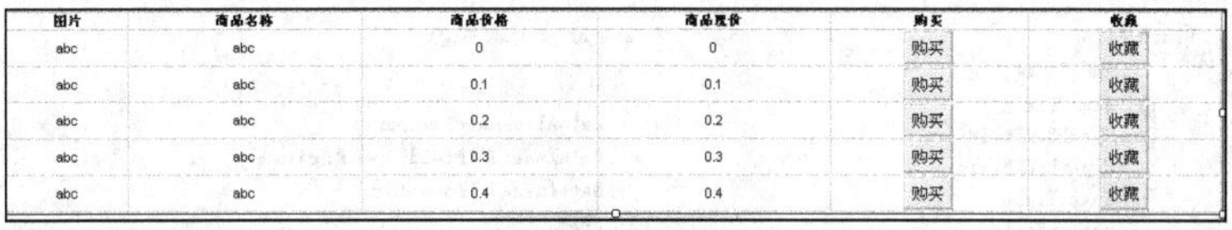

图片	商品名称	商品价格	商品现价	购买	收藏
abc	abc	0	0	购买	收藏
abc	abc	0.1	0.1	购买	收藏
abc	abc	0.2	0.2	购买	收藏
abc	abc	0.3	0.3	购买	收藏
abc	abc	0.4	0.4	购买	收藏

图 6-1-19

5．添加链接字段列。选择可用字段中的“HyperLinkField 列”，单击“添加”按钮，并修改按钮的 HeaderText 属性，设置标题名称为“商品名称”，设置 DataTextField 属性：MerName，设置 DataNavigateUrlField 属性：MerId（以便在链接时将商品编号传递到另一个页面中），设置 DataNavigateUrlFormatString：details.aspx?id={0}，如图 6-1-20 所示。效果如图 6-1-21 所示。

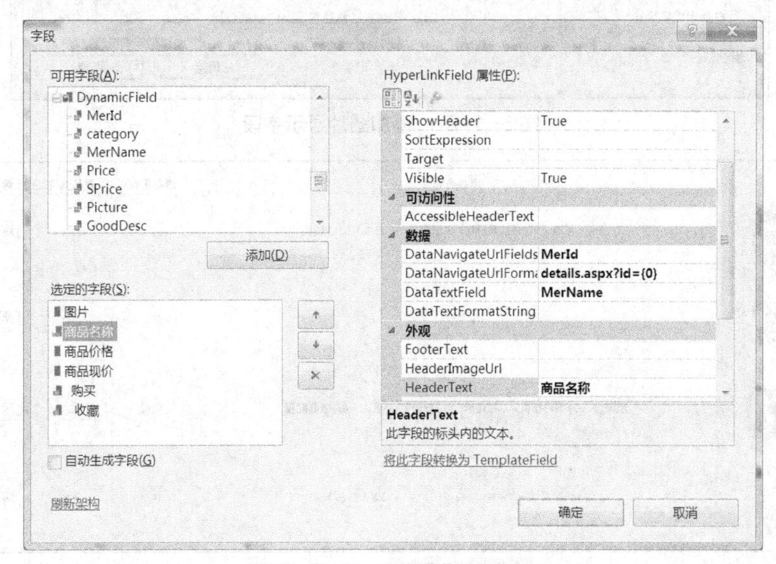

图 6-1-20　添加超链接字段

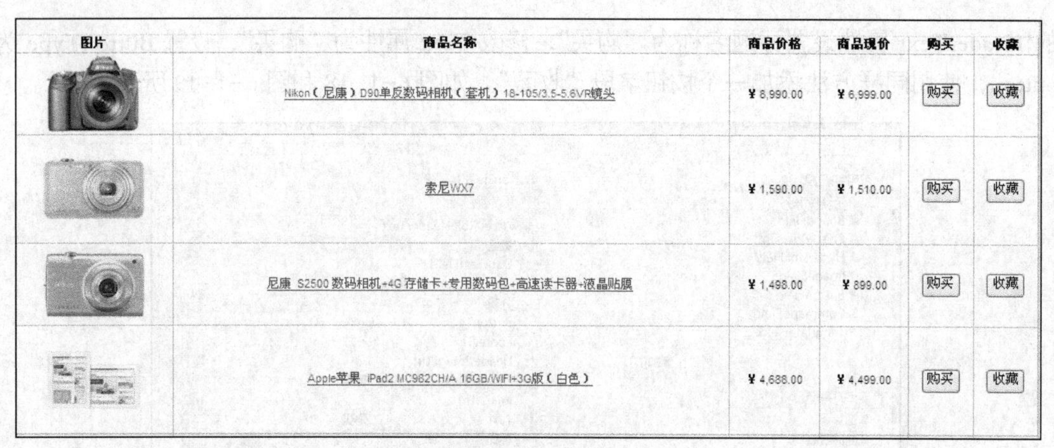

图片	商品名称	商品价格	商品现价	购买	收藏
	Nikon（尼康）D90单反数码相机（套机）18-105/3.5-5.6VR镜头	¥8,990.00	¥6,999.00	购买	收藏
	索尼WX7	¥1,590.00	¥1,510.00	购买	收藏
	尼康 S2500 数码相机+4G 存储卡+专用数码包+高速读卡器+液晶贴膜	¥1,498.00	¥899.00	购买	收藏
	Apple苹果 iPad2 MC982CH/A 16GB/WIFI+3G版（白色）	¥4,688.00	¥4,499.00	购买	收藏

图 6-1-21　效果图

6. 添加图片字段列。删除图片列，选择可用字段中的“ImageField 列”，单击“添加”按钮，并修改按钮的 HeaderText 属性设置标题名称为“图片”，修改 DataImageUrlField 属性为“Picture”，绑定图片 URL，设置样式 ControlStyle 中 Width 为 100px，使显示的图片宽度为 100px，如图 6-1-22 所示，单击“确定”按钮即完成字段设置，效果如图 6-1-23 所示。

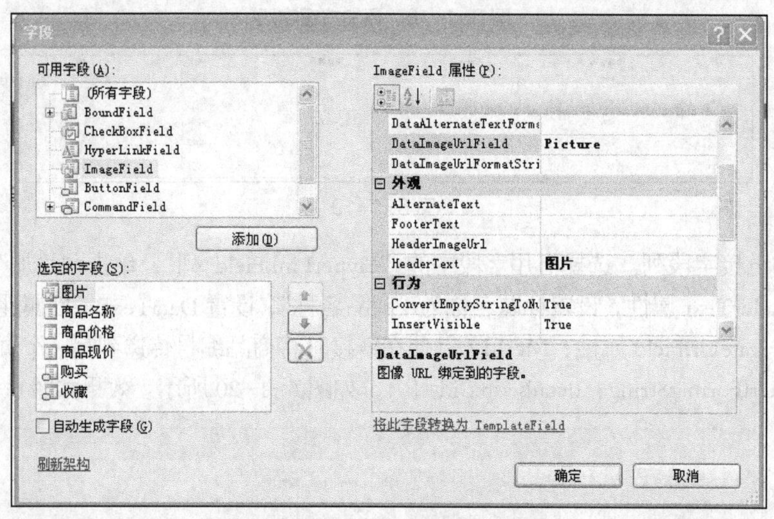

图 6-1-22　添加图片显示字段

图片	商品名称	商品价格	商品现价	购买	收藏
	Nikon（尼康）D90单反数码相机（套机）18-105/3.5-5.6VR镜头	8990	6999	购买	收藏
	索尼WX7	1590	1510	购买	收藏
	尼康 S2500 数码相机+4G 存储卡+专用数码包+高速读卡器+液晶贴膜	1498	899	购买	收藏
	Apple苹果 iPad2 MC982CH/A 16GB/WIFI+3G版（白色）	4688	4499	购买	收藏

图 6-1-23　图片显示字段

1．数据绑定控件

使用数据绑定控件可以将控件绑定到指定的数据结果集中，通过自定义模板完成布局操作。

常用的显示控件有 ListView、GridView、DataList、Repeater、FormView、DetailsView 以及一个相关的分页控件 DataPager。所有的数据库绑定控件都是从 BaseDataboundControl 这个抽象类派生的，这个抽象类定义的重要属性和方法如下。

- DataSource 属性：指定数据绑定控件的数据来源，显示的时候程序从这个数据源中获取并显示数据。
- DataSourceID 属性：指定数据绑定控件的数据源控件的 ID，显示的时候程序将会根据这个 ID 找到相应的数据源控件，并利用这个数据源控件中指定的方法获取数据并显示。在本任务中使用 DataSourceID 属性进行数据绑定，此选项使您能够将 GridView 控件绑定到数据源控件。
- DataBind()方法：当确定了数据源后，可调用 DataBind()方法显示绑定的数据。

2．数据源控件

数据源控件可以用来从它们各自类型的数据源中检索数据，并且可以绑定到各种数据绑定控件。数据源控件减少了为检索和绑定数据甚至对数据进行排序、分页或编辑而需要编写的自定义代码的数量。常用的数据源控件有：SqlDataSource、AccessDataSource、ObjectDataSource、XmlDataSource、EntityDataSource、SiteMapDataSource 和 LinqDataSource。这些数据源控件允许您使用不同类型的数据源，开发人员可以很方便地实现数据源控件连接到数据源，从中检索数据、修改数据，并将其他控件可以方便地绑定到数据源而不需要代码，开发数据库相关应用程序的效率大大提高。

其中对于初学者来讲主要关注的是 AccessDataSource 和 SqlDataSource。

- AccessDataSource：允许您使用 Microsoft Access 数据库。当数据作为 DataSet 对象返回时，支持排序、筛选和分页。
- SqlDataSource:允许您使用 Microsoft SQL Server、OLEDB、ODBC 或 Oracle 数据库。与 SQL Server 一起使用时支持高级缓存功能。当数据作为 DataSet 对象返回时，此控件还支持排序、筛选和分页。

数据源控件具有以下几个特征。

- 当数据库改变时，将数据源绑定到数据控件的方法不变。这大大增加了程序的弹性。
- 数据行添加选择和更新功能时，基本无须编写代码。
- 分页、排序、选择等功能只需设置数据源控件属性即可。

3．显示控件 GridView 控件

GridView 控件用于显示表中的数据。通过使用 GridView 控件，您可以显示、编辑、删除、排序和查看多种不同的数据源中的数据。

（1）作用。

- 通过数据源控件自动绑定和显示数据。
- 通过数据源控件对数据进行选择、排序、分页、编辑和删除。

另外，还可以通过以下方式自定义 GridView 控件的外观和行为。

- 指定自定义列和样式。

● 利用模板创建自定义用户界面(UI)元素。

● 通过处理事件将自己的代码添加到 GridView 控件的功能中。

把数据检索出来呈现给用户，可将数据连接到可以显示和编辑数据的控件，这就是数据绑定，显示数据的控件就是数据绑定控件。

（2）属性。

GridView 支持大量的属性，主要分为以下几大类：行为、可视化设置、样式、状态和模板。

● 行为属性

行为属性如表 6-1-1 所示。

表 6-1-1　行为属性

属　　性	描　　述
AllowPaging	指示该控件是否支持分页
AllowSorting	指示该控件是否支持排序
AutoGenerateColumns	指示是否自动地为数据源中的每个字段创建列。默认为 true
AutoGenerateDeleteButton	指示该控件是否包含一个按钮列以允许用户删除映射到被单击行的记录
AutoGenerateEditButton	指示该控件是否包含一个按钮列以允许用户编辑映射到被单击行的记录
AutoGenerateSelectButton	指示该控件是否包含一个按钮列以允许用户选择映射到被单击行的记录
DataMember	指示一个多成员数据源中的特定表绑定到该网格。该属性与 DataSource 结合使用。如果 DataSource 是有一个 DataSet 对象，则该属性包含要绑定的特定表的名称
DataSource	获得或设置包含用来填充该控件的值的数据源对象
DataSourceID	指示所绑定的数据源控件
EnableSortingAndPagingCallbacks	指示是否使用脚本回调函数完成排序和分页。默认情况下禁用
RowHeaderColumn	用作列标题的列名。该属性旨在改善可访问性
SortDirection	获得列的当前排序方向
SortExpression	获得当前排序表达式
UseAccessibleHeader	规定是否为列标题生成<th>标签(而不是<td>标签)

● 样式属性

样式属性如表 6-1-2 所示。

表 6-1-2　样式属性

属　　性	描　　述
AlternatingRowStyle	定义表中每隔一行的样式属性
EditRowStyle	定义正在编辑的行的样式属性
FooterStyle	定义网格的页脚的样式属性
HeaderStyle	定义网格的标题的样式属性

续表

属　　性	描　　述
EmptyDataRowStyle	定义空行的样式属性，这是在 GridView 绑定到空数据源时生成
PagerStyle	定义网格的分页器的样式属性
RowStyle	定义表中的行的样式属性
SelectedRowStyle	定义当前所选行的样式属性

● 外观属性

外观属性如表 6-1-3 所示。

表 6-1-3　外观属性

属　　性	描　　述
BackImageUrl	指示要在控件背景中显示的图像的 URL
Caption	在该控件的标题中显示的文本
CaptionAlign	标题文本的对齐方式
CellPadding	指示一个单元的内容与边界之间的间隔（以像素为单位）
CellSpacing	指示单元之间的间隔（以像素为单位）
GridLines	指示该控件的网格线样式
HorizontalAlign	指示该页面上的控件水平对齐
EmptyDataText	指示当该控件绑定到一个空的数据源时生成的文本
PagerSettings	引用一个允许我们设置分页器按钮的属性的对象
ShowFooter	指示是否显示页脚行
ShowHeader	指示是否显示标题行

● 状态属性

状态属性如表 6-1-4 所示。

表 6-1-4　状态属性

属　　性	描　　述
BottomPagerRow	返回表格该网格控件的底部分页器的 GridViewRow 对象
Columns	获得一个表示该网格中的列的对象的集合。如果这些列是自动生成的，则该集合总是空的
DataKeyNames	获得一个包含当前显示项的主键字段的名称的数组
DataKeys	获得一个表示在 DataKeyNames 中为当前显示的记录设置的主键字段的值
EditIndex	获得和设置基于 0 的索引，标识当前以编辑模式生成的行
FooterRow	返回一个表示页脚的 GridViewRow 对象
HeaderRow	返回一个表示标题的 GridViewRow 对象
PageCount	获得显示数据源的记录所需的页面数

续表

属　性	描　述
PageIndex	获得或设置基于 0 的索引，标识当前显示的数据页
PageSize	指示在一个页面上要显示的记录数
Rows	获得一个表示该控件中当前显示的数据行的 GridViewRow 对象集合
SelectedDataKey	返回当前选中的记录的 DataKey 对象
SelectedIndex	获得和设置标识当前选中行的基于 0 的索引
SelectedRow	返回一个表示当前选中行的 GridViewRow 对象
SelectedValue	返回 DataKey 对象中存储的键的显式值。类似于 SelectedDataKey
TopPagerRow	返回一个表示网格的顶部分页器的 GridViewRow 对象

● 常用事件

常用事件如表 6-1-5 所示。

表 6-1-5　常用事件

事　件	描　述
PageIndexChanging, PageIndexChanged	这两个事件都是在其中一个分页器按钮被单击时发生。它们分别在网格控件处理分页操作之前和之后激发
RowCancelingEdit	在一个处于编辑模式的行的 Cancel 按钮被单击，但是在该行退出编辑模式之前发生
RowCommand	单击一个按钮时发生
RowCreated	创建一行时发生
RowDataBound	一个数据行绑定到数据时发生
RowDeleting, RowDeleted	这两个事件都是在一行的 Delete 按钮被单击时发生。它们分别在该网格控件删除该行之前和之后激发
RowEditing	当一行的 Edit 按钮被单击时，但是在该控件进入编辑模式之前发生
RowUpdating, RowUpdated	这两个事件都是在一行的 Update 按钮被单击时发生。它们分别在该网格控件更新该行之前和之后激发
SelectedIndexChanging, SelectedIndexChanged	这两个事件都是在一行的 Select 按钮被单击时发生。它们分别在该网格控件处理选择操作之前和之后激发
Sorting, Sorted	这两个事件都是在对一个列进行排序的超链接被单击时发生。它们分别在网格控件处理排序操作之前和之后激发

任务 6.2　商品检索

所有商品均显示在页面中，信息量太大，希望能够对商品进行分页显示，并且能够根据商品名称检索出相关商品的信息。本任务中，将学习如何使用 GridView 实现数码产品的检索，学会 GridView 的分页与排序。

任务目标

1. 能根据要求修改 SqlDataSource 配置，并绑定到 GridView 数据控件。
2. 能实现 GridView 控件的分页与排序。

任务分析

1．效果图

商品检索的效果图如图 6-2-1 所示。

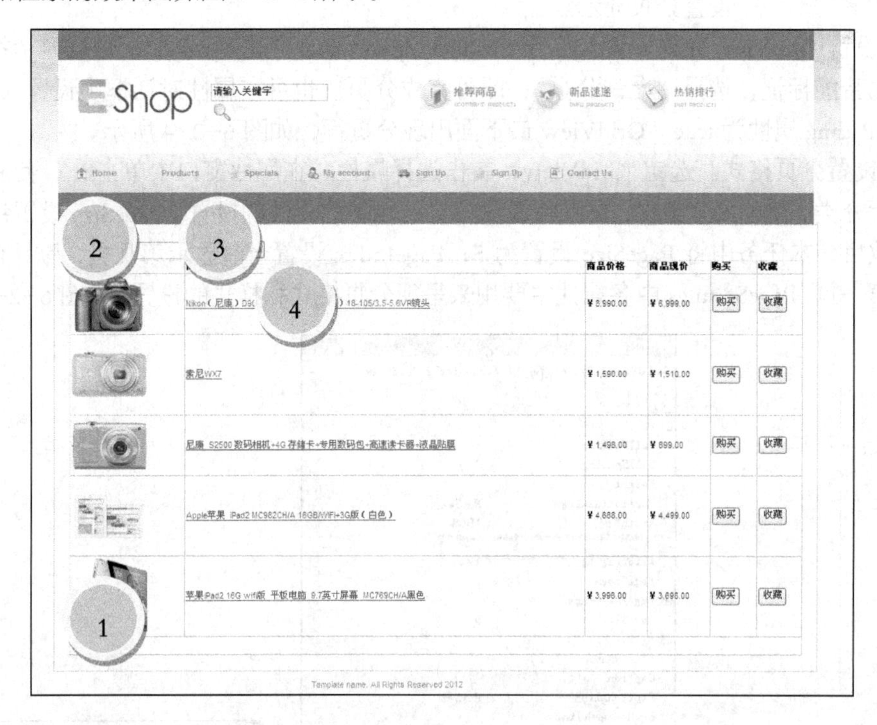

图 6-2-1 商品概要显示页面 product.aspx

2．详细设计（见图 6-2-2）

<table>
<tr><td colspan="2">任务名称</td><td colspan="3">商品信息概要显示</td><td colspan="2">页面名称</td><td>Product.aspx</td></tr>
<tr><td colspan="2">数据库表名</td><td colspan="3">Merchandisc 商品表</td><td colspan="2"></td><td></td></tr>
<tr><td colspan="2">机能概要</td><td colspan="6">根据查询条件显示商品的概要信息：商品图片、商品名称、商品原价、商品现价、购买按钮、收藏按钮</td></tr>
<tr><td colspan="8">页面项目式样</td></tr>
<tr><td>序号</td><td>项目名</td><td>项目类型</td><td>输入</td><td>表示</td><td>必须</td><td colspan="2">处理内容</td></tr>
<tr><td>1</td><td>商品信息分页</td><td>GridView</td><td></td><td>○</td><td></td><td colspan="2">显示商品的相关信息</td></tr>
<tr><td>2</td><td>关键字</td><td>文本</td><td></td><td>○</td><td></td><td colspan="2">显示关键字</td></tr>
<tr><td>3</td><td>关键字</td><td>文本</td><td>○</td><td></td><td></td><td colspan="2">用户输入查询关键字</td></tr>
<tr><td>4</td><td>查询按键</td><td>按钮</td><td>○</td><td></td><td></td><td colspan="2">根据输入关键字查找相关记录</td></tr>
</table>

图 6-2-2 详细设计

3．实现流程（见图 6-2-3）

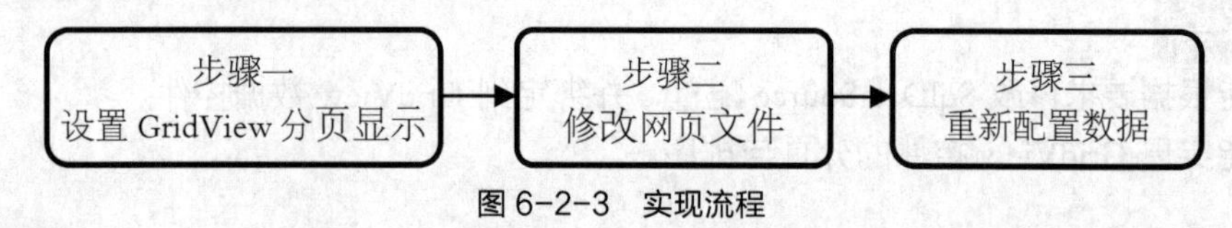

图 6-2-3　实现流程

步骤一： 设置分页显示。

1. 设置 GridView 允许分页。打开 Product.aspx 页面，单击 GridView 数据显示控件，单击右侧的智能标记，选择“允许分页”，即可完成分页。也可在属性对话框中设置 GridView 的 AllowPaging 属性为 true，GridView 最下面出现分页行，如图 6-2-4 所示。

2. 设置分页格式。选定 GridView，右击选择属性，在属性窗口中单击，使属性按照内容进行分类。在分页分类中，可以完成对分页的相关的属性的设置。PageSize 设置每页显示的行的数目，本任务中将 PageSize 设置为 5；PageIndex 设置当前显示第几页，默认值为 0，即显示第一页。PageSettings 中各属性主要用来呈现分页格式和样式的设置，如图 6-2-5 所示。

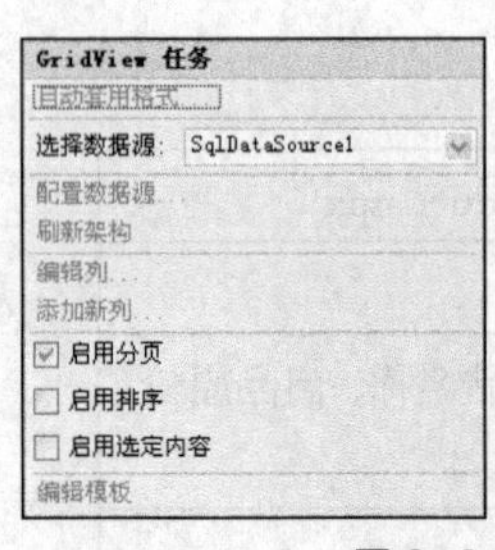

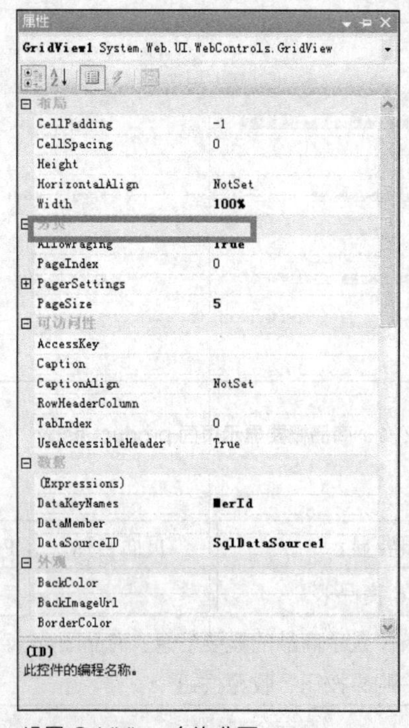

图 6-2-4　设置 GridView 允许分页

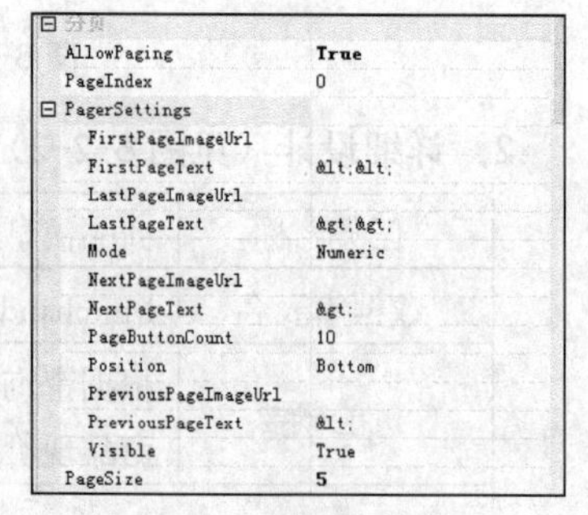

图 6-2-5　设置分页格式

3. 预览效果。设置完成后，当窗体运行时就可以对数据进行分页显示。

步骤二： 修改界面设计。

1. 添加相关服务器控件。从左边的工具箱的数据分类中选择一个 label 控件、一个 TextBox 控件、一个 Button 控件，拖动到 product.aspx 页面中，如图 6-2-6 所示。

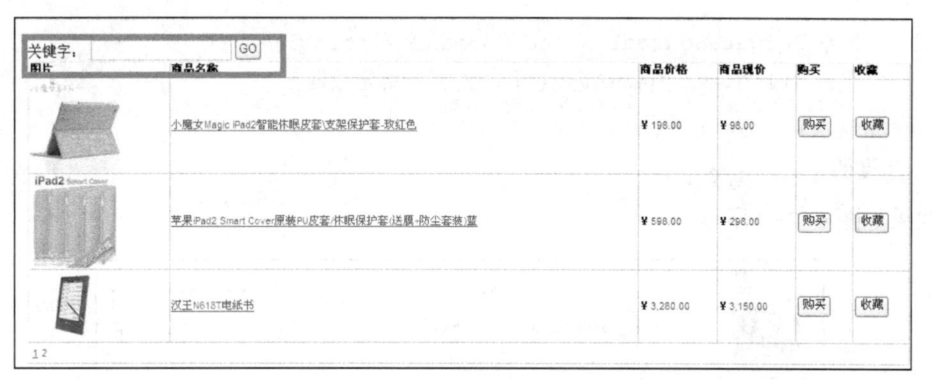

图 6-2-6 添加 GridView 控件

2. 设置各控件相关属性，如表 6-2-1 和图 6-2-7 所示。

表 6-2-1 各项目对应属性

页面	编号	项目名	类型	属性	属性值
商品显示页面	1	关键字	标签(label)	ID	lblText
	2	关键字输入框	文本框(TextBox)	ID	txtKey
	3	按钮	按钮(Button)	ID	btnSearch

3. 添加 SqlDataSource 数据源控件。从左边的工具箱的数据分类中选择 SqlDataSource 控件，拖动到 product.aspx 页面中，如图 6-2-8 所示。

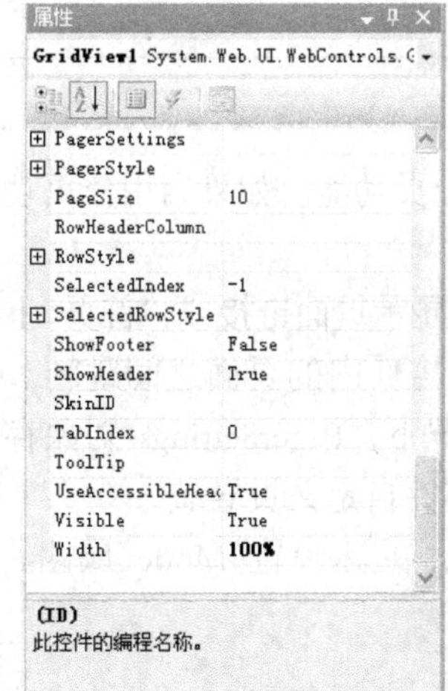

图 6-2-7 设置 GridView 控件宽度

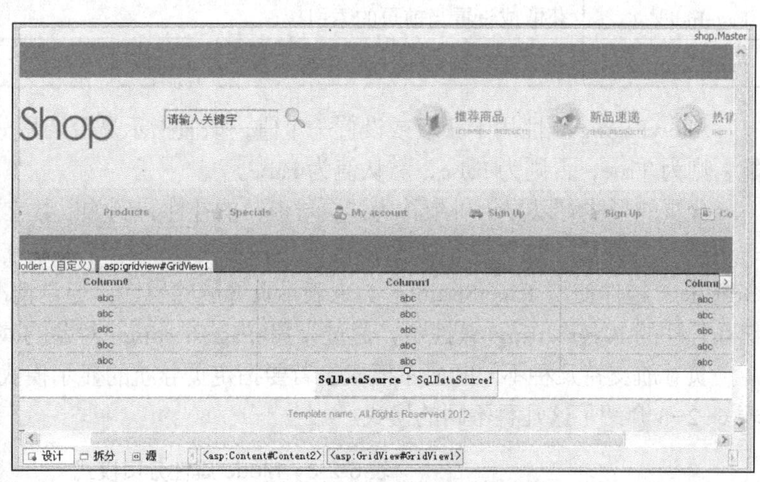

图 6-2-8 添加数据源控件

步骤三： 重新配置数据源控件，重新绑定到 GridView。

单击 BtnSearch 按钮，在按钮的单击事件中，完成数据源的重新设置，如下列代码所示。

```
        protected void btnSearch_Click(object sender, EventArgs e)
        {
            string strsql = string.Format("select * from merchandisc where
MerName like '%{0}%'", txtSearch.Text);                //根据用户输入的内容重新
设置 SQL 语句
```

```
    SqlDataSource1.SelectCommand = strsql;
    GridView1.DataBind();    //重新绑定数据
    }
```

步骤四： 浏览运行。

效果如图 6-2-9 所示。

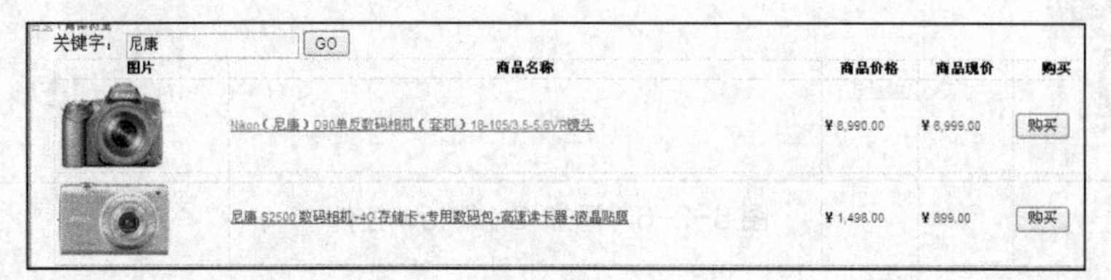

图 6-2-9

这里主要介绍 GridView 分页。

GridView 控件具有内置分页功能，设置 GridView 控件分页的属性如表 6-2-2 所示。

表 6-2-2　GridView 控件分页属性

属　性	描　述
AllowPaging	获取或设置一个值，该值表示是否启用分页功能
PageSize	获取或设置 GridView 控件在每页上所显示的记录的数目，默认值为 10
PageIndex	获取或设置当前页的索引
PageCount	获取在 GridView 控件中显示数据源记录所需要的页数

AllowPaging 属性用于获取或设置一个值，该值指示是否启用分页功能。如果启用分页功能，则为 True，否则为 False，默认值为 False。

分页的形式可以显示一组称为“页导航”的控件，例如以数字显示页面链接或“首页 上一页下一页最后一页”显示页面链接，用户使用这些控件可以在控件内的页面之间跳转。GridView 控件使用 PagerSettings 类来表示页导航的属性。通常情况下，PagerSettings 对象存储在控件的 PagerSettings 属性中，通过设置 PagerSettings 对象的属性自定义页导航。

页导航支持几种不同的显示模式。若要指定页导航的显示模式，可以设置 Mode 属性。表 6-2-3 介绍了这几种不同的模式。

表 6-2-3　Mode 属性分页模式

模　式	说　明
NextPrevious	显示上一页和下一页按钮
NextPreviousFirstLast	显示上一页、下一页、第一页和最后一页按钮
Numeric	可直接访问页面的带编号的链接按钮，默认显示模式
NumericFirstLast	带编号的链接按钮、第一个链接按钮和最后一个链接按钮

当 Mode 属性设置为 NextPrevious、NextPreviousFirstLast 或 NumericFirstLast 值时，可以通过设置表 6-2-4 中所示的属性来为非数字按钮指定自定义文字。

表 6-2-4 设置按钮文字

属　　性	说　　明
FirstPageText	第一页按钮的文字
PreviousPageText	上一页按钮的文字
NextPageText	下一页按钮的文字
LastPageText	最后一页按钮的文字

除了在按钮上设置自定义文字外，还可以通过设置表 6-2-5 中所示的属性为非数字按钮显示图像。

表 6-2-5 设置按钮显示图像

属　　性	说　　明
FirstPageImageUrl	为第一页按钮显示的图像的 URL
PreviousPageImageUrl	为上一页按钮显示的图像的 URL
NextPageImageUrl	为下一页按钮显示的图像的 URL
LastPageImageUrl	为最后一页按钮显示的图像的 URL

如果设置 GridView 控件分页显示为“首页　上一页　下一页　最后一页”的形式，可以设置 AllowPaging=True，然后在 PageSettings 中设置 Mode 的模式为 NextPreviousFirstLast，每一个按钮显示的文字，相关如下所示。

```
1   <asp:GridView ID="GridView1" runat="server" AutoGenerateColumns=
   "False"
2   DataKeyNames="newsId" DataSourceID="SqlDataSource1" AllowPaging="True"
    PageSize="5" >
3   <PagerSettings FirstPageText="首页" LastPageText="最后一页" Mode=
    "NextPreviousFirstLast" NextPageText="下一页" PreviousPageText="上一页" />
```

任务 6.3　商品详细浏览

当单击商品名称时，会链接到一个网页 details.aspx，同时根据传递过来的商品 ID 号，显示该编号对应商品的详细内容。

1. 能正确地设置和使用 DetailsView 控件基本属性。
2. 能正确地使用数据绑定技术完成 DetailsView 数据绑定。

1. 效果图（见图 6-3-1）

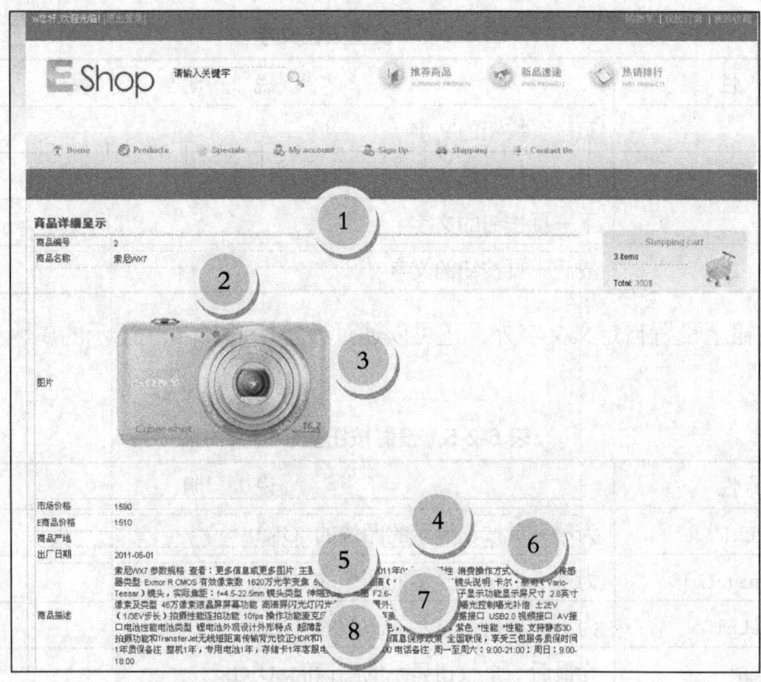

图 6-3-1　商品详细显示页面 product.aspx

2．详细设计（见图 6-3-2）

任务名称		商品信息详细显示		页面名称		Details.aspx
数据库表名		Merchandisc 商品表				
机能概要		显示商品的详细信息：商品图片、商品名称、商品原价、商品现价、商品产地、出厂日期、商品描述				
页面项目式样						
序号	项目名	项目类型	输入	表示	必须	处理内容
1	商品图片	图片		○		显示商品的图片
2	商品名称	文本		○		显示商品名称
3	商品原价	文本		○		显示商品价格，并显示人民币符号格式
4	商城价格	文本		○		显示商品价格，并显示人民币符号格式
5	商品产地	文本		○		显示商品产地
6	出厂日期	文本		○		显示商品日期
7	商品描述	文本		○		显示商品详细描述

图 6-3-2　详细设计

3．实现流程（见图 6-3-3）

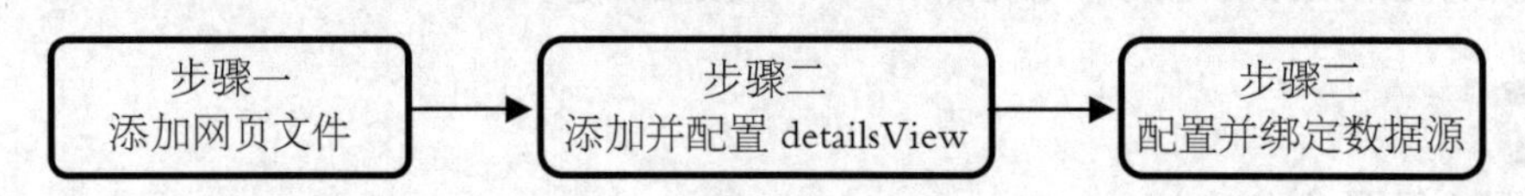

图 6-3-3　实现流程

步骤一：准备网页文件。

1．新建 Web 窗体 detail.aspx。在“解决方案资源管理器”窗口中的项目名称“ESHOP”上单击右键，在快捷菜单中选择“添加”→“添加新项”选项，弹出对话框中选择 Web 内容页，“添加新项”对话框中的选择“Web 内容窗体”，单击“添加”按钮。

2．弹出对话框，选择母版页 shop.Master，单击“确定”按钮，即完成商品浏览页面的创建。

步骤二：添加数据绑定控件 detailsView 和数据源控件 SqlDataSource。

1．添加 detailsView 数据显示控件。从左边的工具箱的数据分类中选择 detailsView 控件，拖动到 detail.aspx 页面中，设置属性 Width 为 100%，如图 6-3-4 所示。

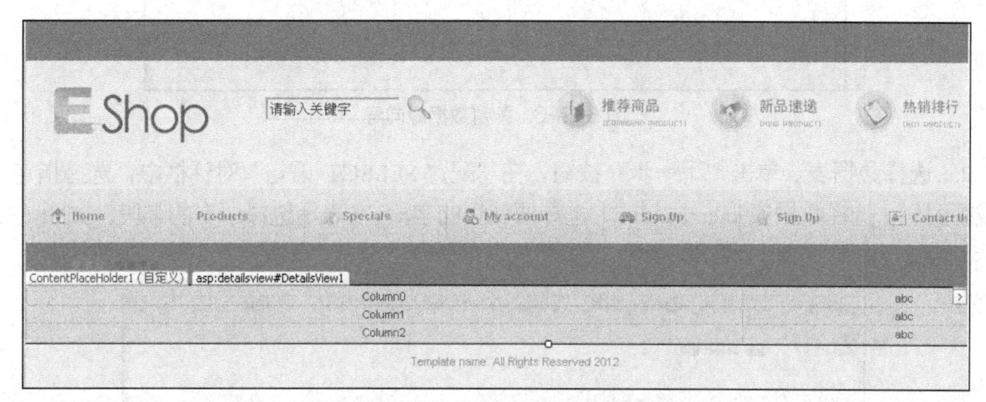

图 6-3-4　设置 GridView 控件宽度

2．添加 SqlDataSource 数据源控件。从左边的工具箱的数据分类中选择 SqlDataSource 控件，拖动到 detail.aspx 页面中，如图 6-3-5 所示。

图 6-3-5　添加数据源控件

步骤三：配置数据源控件。

1．按照任务一中步骤三方法配置数据源配置数据连接。可以在下拉列表中选择在本应用程序中已经创建的连接字符串，如图 6-3-6 所示。

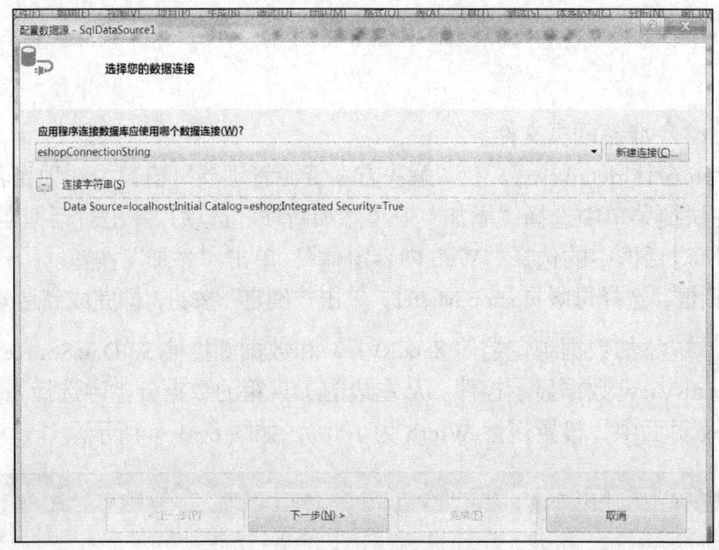

图 6-3-6　配置数据源向导

2. 选择数据表。单击“下一步”按钮，在“配置 SELECT 语句”对话框中，选择指定来自表或视图列，选择数据表 merchandisc，选择要使用的字段，*表示选择所有的字段，如图 6-3-7 所示。

图 6-3-7　选择数据表

3. 设置查询条件。单击 Where 按钮，在弹出的对话框中设置查询条件。如图 6-3-8 所示。设置查询源为 QueryString，QueryString 字段为在 product.aspx 页面中链接字段中设置的 ID，单击“添加”按钮，完成条件设置。

步骤四： 配置 DetailsView 控件。

1. 设置 DetailsView 数据源。配置好 SqlDataSource 后，在 DetailsView 中单击右侧的智能标记，在弹出的菜单中单击“选择数据源”菜单项，选择“SqlDataSource1”，完成数据源设置。

2. 设置数据显示列。单击 DetailsView 智能标记，选择“编辑列”，弹出“字段”对话框，保留 MerId、MerName、Price、SPrice、Picture、GoodDesc、GoodFacturer、LeaveFactoryDate 字段，删除其他字段，同时单击↑↓按钮进行字段显示顺序的调整。修改各列 HeadText 属性分别为商品编号、商品名称、市场价格、商品描述、商品产地、出厂日期，如图 6-3-9 所示。

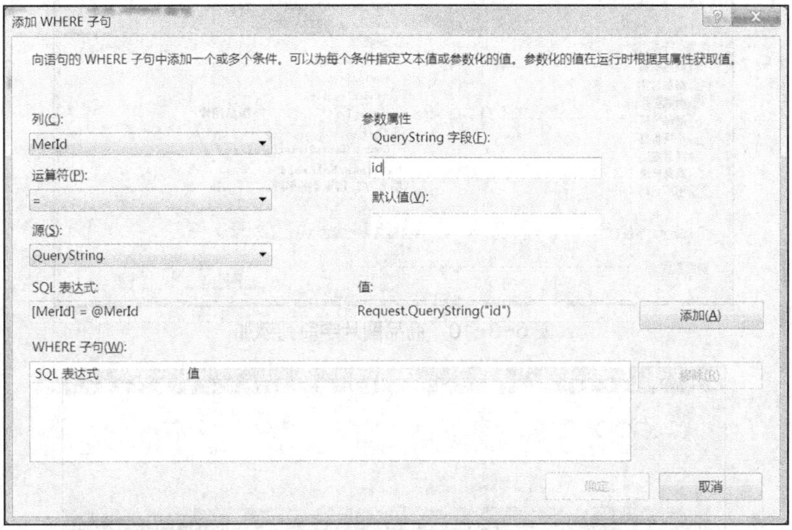

添加 WHERE 子句
向语句的 WHERE 子句中添加一个或多个条件。可以为每个条件指定文本值或参数化的值。参数化的值在运行时根据其属性获取值。
列(C):
MerId
运算符(P):
=
源(S):
QueryString
参数属性
QueryString 字段(F):
id
默认值(V):
SQL 表达式:
[MerId] = @MerId
值:
Request.QueryString("id")
添加(A)
WHERE 子句(W):
SQL 表达式
值
移除(R)
确定
取消

图 6-3-8　完成配置

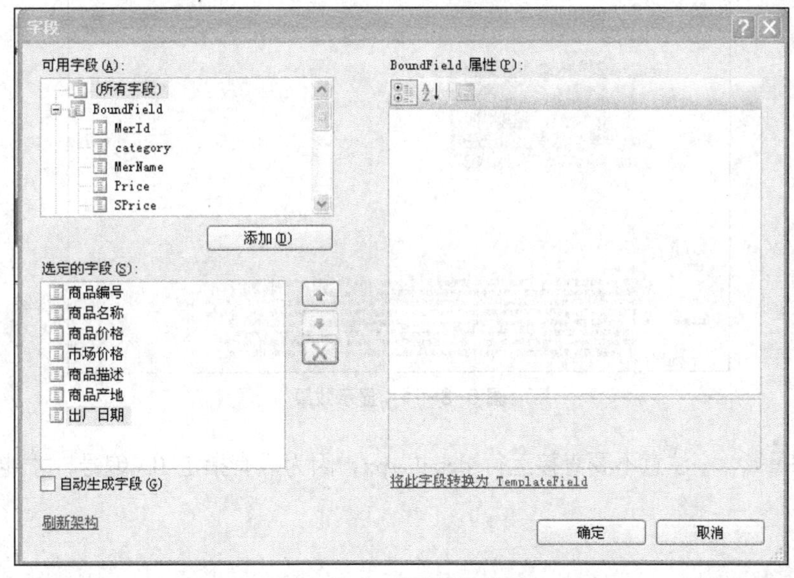

图 6-3-9　字段属性设置

3. 设置文本字段显示格式。配置 price、Sprice 字段，将 DataFormatString 设置为{0:C}，这表示将价格设置为货币格式。

4. 添加图片字段列。删除图片列，选择可用字段中的“ImageField”列，如图 6-3-10 所示，单击“添加”按钮，并修改按钮的 HeadText 属性设置标题名称为“图片”，修改 DataImageUrlField 属性为“Picture”，绑定图片 URL，设置样式 ControlStyle 中 Width：100px，使显示的图片宽度为 100px。单击“确定”按钮即完成字段设置，效果如图 6-3-11 所示。

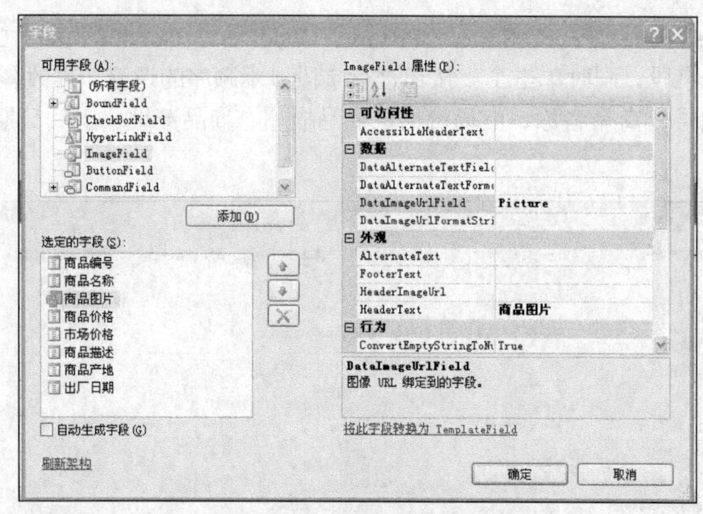

图 6-3-10　商品图片字段列添加

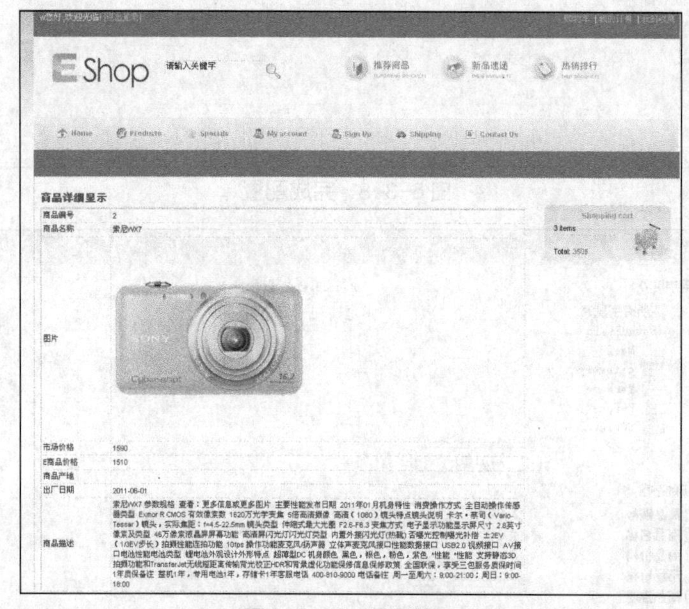

图 6-3-11　显示效果

步骤五： 注意不要直接运行 detail.aspx，因为只有指定 ID 编号，才能显示该商品的详细内容。

DetailsView 控件的主要功能是以表格形式现实和处理来自数据源的单条数据记录，其表格只包含两个数据列。一行数据列逐行显示数据列名，另一个数据列显示与对应列名相关的详细数据值。这种显示方式对于数据列较多，需要逐行显示详细数据的情况非常有帮助。DetailsView 控件可与 GridView 控件结合使用，以便实现主细表信息显示。

（1）功能。

- 支持与数据源控件绑定，例如，SqlDataSource 等。
- 内置数据添加功能。

- 内置更新、删除、分页功能。
- 支持以编程方式访问 DetailsView 对象模型，动态设置属性、处理事件等。
- 可通过主题和样式进行自定义的外观。

（2）属性。

DetailsView 控件的多数属性与 GridView 控件的属性，在属性名称、类型、功能等方面非常类似。例如，DetailsView 控件也是适用 DataSource 属性实现与数据源控件的连接，也是适用 DataKeyNames 设置主键名称。同时，适用类似 AutoGenerateEditButton 名称的属性，启用编辑、添加、删除、自动生成等功能。另外，GridView 控件和 DetailsView 控件也有不同。例如设置自动生成数据行的属性是 AutoGenerateRows，而 GridView 控件使用的是 AutoGenerateColumns，又如，自定义设置数据绑定行的过程中，DetailsView 控件使用了<Fields>标签，而 GridView 控件使用的是<Columns>。

GridView 常见属性如表 6–3–1～表 6–3–5 所示。

表 6-3-1 行为属性

属　性	数据类型	说　明
AllowPaging	bool	获取或设置一个值，该值指示是否启用分页功能
AllowSorting	bool	获取或设置一个值，该值指示是否启用排序功能
AutoGenerateRows	bool	获取或设置一个值，该值指示是否启用控件自动生成数据绑定行字段的功能
AutoGenerateDeleteButton	bool	获取或设置一个值 ，用于表示是否为 DetailsView 中正在显示的数据记录添加一个删除命令按钮
AutoGenerateEditButton	bool	获取或设置一个值用于表示是否为 DetailsView 中正在显示的数据记录添加一个编辑命令按钮
AutoGenerateInsertButton	bool	获取或设置一个值用于表示是否为 DetailsView 中正在显示的数据记录添加一个选择插入按钮
DefaultMode	DetailsViewMode	获取或者设置控件默认数据起始模式
EnablePagingCallbacks	bool	获取或者设置一个布尔值，用于表示是否在执行分页时，启用客户端回调功能

表 6-3-2 外观属性

属　性	数据类型	说　明
BackImageUrl	string	获取或设置要在 DetailsView 控件的背景中显示的图像的 URL
Caption	string	获取或设置要在 DetailsView 控件内的 HTML 标题元素中呈现的文本
CaptionAlign	TableCaptionAlign	获取或设置 DetailsView 控件中的 HTML 标题元素的水平或垂直位置
CellPadding	int	获取或设置单元格的内容和单元格的边框之间的空间量
CellSpacing	int	获取或设置单元格间的空间量

续表

属　性	数据类型	说　明
EmptyDataText	string	获取或设置在 DetailsView 控件绑定到不包含任何记录的数据源时所呈现的空数据行中显示的文本
FooterText	string	获取或设置要在 DetailsView 控件的脚注行中显示的文本
HeaderText	string	获取或设置要在 DetailsView 控件的标题行用户自定义的文本

表 6-3-3　常用样式属性

属　性	数据类型	说　明
AlternatigRowStyle	TableItemStyle	获取对 TableItemStyle 对象的引用，该对象允许设置 DetailsView 控件中的交替数据行的外观
CommandRowStyle	TableItemStyle	获取对 TableItemStyle 对象的引用，该对象允许设置 DetailsView 控件中的命令行的外观
EditRowStyle	TableItemStyle	获取一个对 TableItemStyle 对象的引用，该对象允许设置在 DetailsView 控件处于编辑模式时数据行的外观
FooterStyle	TableItemStyle	获取对 TableItemStyle 对象的引用，该对象允许设置 DetailsView 控件中的脚注行的外观
HeaderStyle	TableItemStyle	获取对 TableItemStyle 对象的引用，该对象允许设置 DetailsView 控件中的标题行的外观
InsertRowStyle	TableItemStyle	获取一个对 TableItemStyle 对象的引用，该对象允许设置在 DetailsView 控件处于插入模式时 DetailsView 控件中的数据行的外观
PagerStyle	TableItemStyle	获取对 TableItemStyle 对象的引用，该对象允许设置 DetailsView 控件中的页导航行的外观
RowStyle	TableItemStyle	获取对 TableItemStyle 对象的引用，该对象允许设置 DetailsView 控件中的数据行的外观

表 6-3-4　常用模板属性

属　性	数据类型	说　明
EmptyDataTemplate	ITemplate	获取或设置当 DetailsView 控件绑定到不包含任何记录的数据源时所呈现的空数据行的用户定义内容
FooterTemplate		获取或设置 DetailsView 控件中的脚注行的用户定义内容
HeaderTemplate		获取或设置 DetailsView 控件中的标题行的用户定义内容
PagerTemplate		获取或设置 DetailsView 控件中页导航行的自定义内容

表 6-3-5　常用状态属性

属　性	数据类型	说　明
BottomPagerRow	DetailsViewRow	获取一个 DetailsViewRow 对象，该对象表示 DetailsView 控件中的底部页导航行

续表

属　　性	数据类型	说　　明
CurrentMode	DetailsViewMode	获取 DetailsView 控件的当前数据输入模式
DataItem	object	获取绑定到 DetailsView 控件的数据项
DataItemCount	int	获取基础数据源中的项数
DataItemIndex	int	从基础数据源中获取 DetailsView 控件中正在显示的项的索引
DataKey	DataKey	获取一个 DataKey 对象，该对象表示所显示的记录的主键
DataKeyName	string[]	获取或设置一个数组，该数组包含数据源的主键字段的名称
Fields	DataControlField Collection	获取 DataControlField 对象的集合，这些对象表示 DetailsView 控件中显式声明的行字段
FooterRow	DetailsViewRow	获取表示 DetailsView 控件中的脚注行的 DetailsViewRow 对象
HeaderRow	DetailsViewRow	获取表示 DetailsView 控件中的标题行的 DetailsViewRow 对象
PageCount	int	获取数据源中的记录数
PageIndex	int	获取或设置所显示的记录的索引
PagerSettings	PagerSettings	获取对 PagerSettings 对象的引用，该对象允许您设置 DetailsView 控件中的页导航按钮的属性
Rows	DataControlField Collection	获取表示 DetailsView 控件中数据行的 DetailsViewRow 对象的集合
SelectedValue	object	获取 DetailsView 控件中的当前记录的数据键值
TopPagerRow	DetailsViewRow	获取一个 DetailsViewRow 对象，该对象表示 DetailsView 控件中的顶部页导航行

（3）常用事件（见表 6-3-6）。

表 6-3-6　常用事件

事　　件	说　　明
ItemCommand	该事件发生在控件中某个按钮被单击时。通常，可以自定义实现一些任务。该事件的事件处理程序为 OnItemCommand
ItemCreated	该事件发生在创建一个新纪录时。通常，可以实现一些任务，例如，添加数据内容等。该事件的事件处理程序为 OnItemCreated
ItemDeleted	该事件发生在单击删除按钮，而执行删除操作之后。通常，在事件中检查删除操作的结果。该事件的事件处理程序为 ItemDeleted
ItemDeleting	该事件发生在单击删除按钮，而执行删除操作之前。通常，在事件中执行取消删除操作。该事件的事件处理程序为 ItemDeleting
ItemInserted	该事件发生在单击添加按钮，而执行添加操作之后。通常，在事件中检查添加操作的结果。该事件的事件处理程序为 ItemInserted
ItemInserting	该事件发生在单击添加按钮，而执行添加操作之前。通常，在事件中执行取消添加操作。该事件的事件处理程序为 ItemInserting

续表

事　件	说　明
ItemUpdated	该事件发生在单击“更新”按钮，而执行更新操作之后。通常，在事件中检查添加更新的结果。该事件的事件处理程序为 ItemUpdated
ItemUpdating	该事件发生在单击“更新”按钮，而执行更新操作之前。通常，在事件中执行取消更新操作。该事件的事件处理程序为 ItemUpdating
PageIndexChanged	该事件发生在 PageIndex 属性的值在分页操作后更改时发生。该事件的事件处理程序为 PageIndexChanged
PageIndexChanging	该事件发生在 PageIndex 属性的值在分页操作前更改时发生。该事件的事件处理程序为 PageIndexChanging

任务 6.4　购物车

用户选择商品后，可以将商品添加至购物车中，以便进行购物。

任务目标

1. 能正确地设置和使用 DataList 控件基本属性。
2. 能正确地使用数据绑定技术完成 DataList 数据绑定。
3. 能正确地使用 DataList 模板显示数据。
4. 能正确地实现 DataList 的自定义分页。

任务分析

1．效果图（见图 6-4-1）

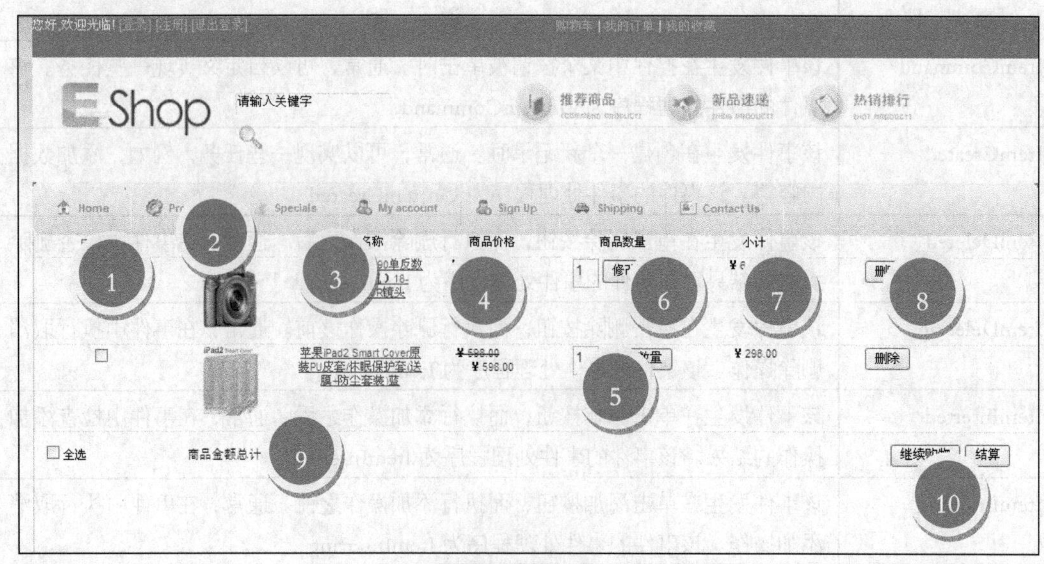

图 6-4-1　商品详细显示页面 product.aspx

2．详细设计（见图 6-4-2）

任务名称	购物车			页面名称			Cart.aspx
数据库表名	商品表 Merchandisc 购物车表 cart						
机能概要	显示购物车中已有商品，并显示商品的相关信息：商品图片、商品名称、商品原价、商品现价、商品数量。修改数量按钮						
页面项目式样							
序号	项目名		项目类型	输入	表示	必须	处理内容
1	商品数据显示 DataList	选择	复选框	○			单击后可以选当前行
2		商品图片	图片框		○		显示商品名称
3		商品名称	链接		○		显示商品名称，链接时可以跳转到相应轮机
4		商品价格	文本		○		显示商品价格
5		商品数量	文本	○			显示选定商品数量，并且可以由用户输入商品数量
6		修改数量	按钮	○			单击按钮即完成数量修改
7		小计	文本		○		当前商品的总价
8		删除	按钮	○			单击按钮即将当前记录删除
9	商品金额总计		文本		○		显示商品详细描述
	结算		按钮	○			进入结算页面

图 6-4-2　详细设计

3．实现流程（见图 6-4-3）

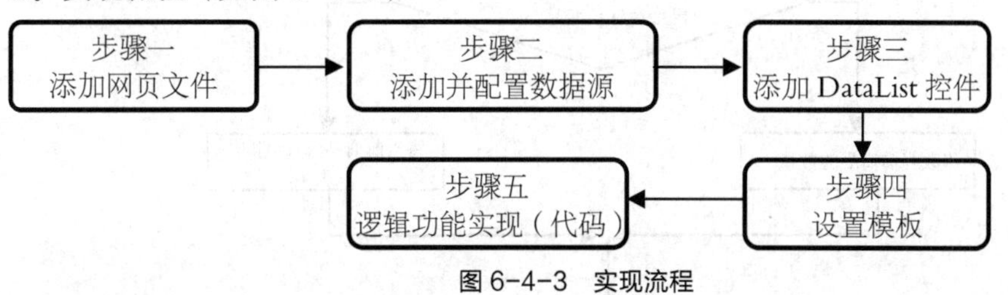

图 6-4-3　实现流程

步骤一：　商品添加到购物车。

1. 添加控件。在 Detail.aspx 页面底部添加如图 6-4-4 所示控件。

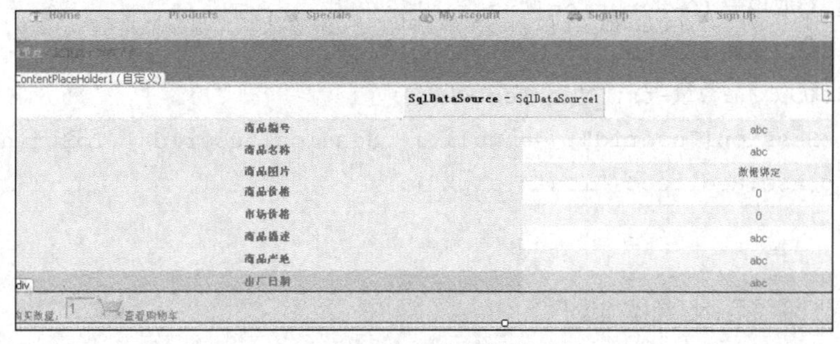

图 6-4-4　添加控件

代码如下。

```
1    <div style="text-align: left">
2    购 买 数 量 ： <asp:TextBox  ID="txt_Num"  runat="server"  Width="31px">1
</asp:TextBox>
3    <asp:ImageButton   ID="ImageButton1"   runat="server"   Height="26px"
ImageUrl="image/icon06.gif"  Width="28px"  />
4    <asp:LinkButton ID="LinkButton1" runat="server" PostBackUrl="~/cart.
aspx">查看购物车</asp:LinkButton>
5    </div>
```

2. 添加实现代码。

流程图如图 6-4-5 所示。

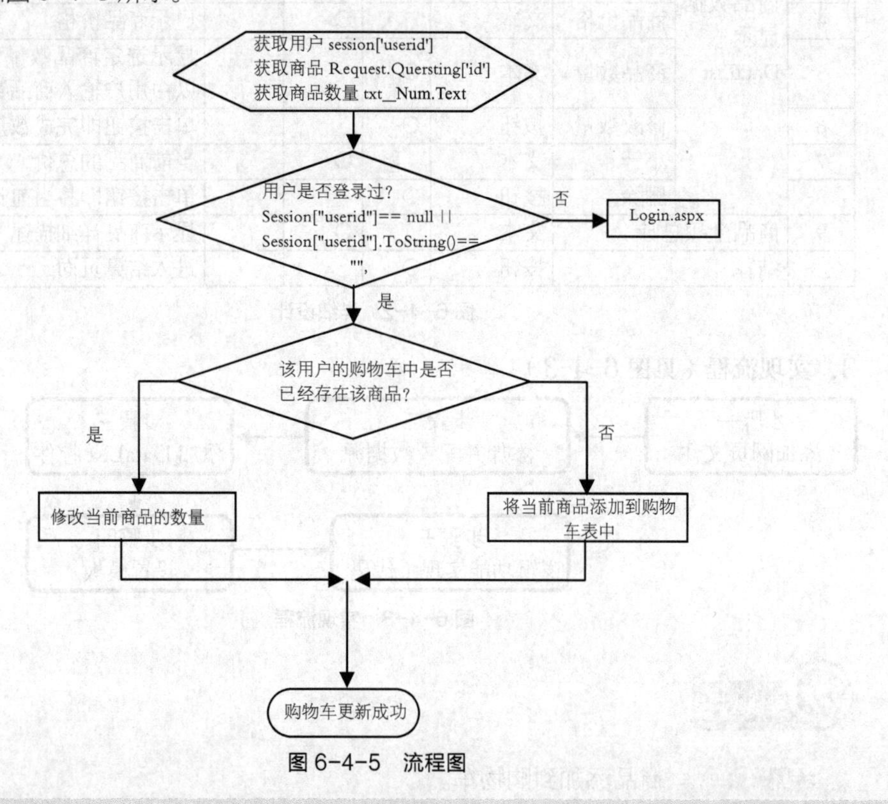

图 6-4-5　流程图

```
1    protected void ImageButton1_Click(object sender, ImageClickEventArgs e)
2    {
3    //1.获取用户 ID--session["userid"]
4    //2.获取商品 id-Request.Quersting["id"]
5    //3.获取商品数量-txt_Num.Text
6    if (Session["userid"] == null || Session["userid"].ToString() == "")
7    Response.Redirect("login.aspx");
8    else
9    {
10   //判断商品是否已经添加过!
11   string strsql = "select * from cart where MemberId=" + Session["userid"]
```

```
+ " and MerId=" + Request.QueryString["id"];
    12  DataSet  ds=DbManager.GetDataSet(strsql,"table");
    13  DataTable dt = ds.Tables["table"];
    14  if (dt.Rows.Count > 0)
    15  {
    16  //修改当前商品的数量
    17  int num=Int32.Parse (dt.Rows [0]["Amount"].ToString ())+Int32.Parse
(txt_Num.Text );
    18  //修改已经添加过的商品的数量
    19  strsql = "update cart set Amount=" + num + "where MemberId=" +
Session["userid"] + " and MerId=" + Request.QueryString["id"];
    20  if(DbManager .ExceSQL (strsql))
    21  Response.Write("<script>alert('添加成功')</script>");
    22  }
    23  else
    24  {
    25  //当前商品不在购物车中，插入商品至购物车中
    26  float price = float.Parse(dtvProduct.Rows[4].Cells[1].Text);
    27  strsql = "Insert into cart values(" + Session["userid"] + "," +
Request.QueryString["id"] + "," + Int32.Parse(txt_Num.Text) + ","+price+")";
    28  if (DbManager.ExceSQL (strsql) )
    29  Response.Write("<script>alert('添加成功')</script>");
    30  }
    31  }
```

程序说明如下。

第6～7行：判断用户是否已经登录；

第11～13行：查询购物车表中是否已经有该商品；

第14～22行：如果购物车中已经存有该商品，则修改商品数量；

第23～30行：购物车中无此商品，则将该商品添加进去。

步骤二： 准备网页文件。

1. 新建Web内容页窗体cart.aspx。在“解决方案资源管理器”窗口中的项目名称“ESHOP”上单击右键，在快捷菜单中选择“添加”→“添加新项”选项，在弹出的对话框中选择Web内容页，“添加新项”对话框中选择“Web内容窗体”，单击“添加”按钮。

2. 弹出对话框，选择母版页shop.Master，单击“确定”按钮，即完成商品浏览页面的创建。

3. 设置页面样式。打开cart.aspx页面，进入源视图设计，在<asp:Content ID="Content1" ContentPlaceHolderID="head" runat="server"> 和 </asp:Content>之间添加本页面的样式，代码如下。

```
1    <asp:Content ID="Content1" ContentPlaceHolderID="head" runat="Server">
2        .title_demo
3          {
4              margin: 10px 0px 0px 0px;
```

```
5            font-family: 宋体;
6            font-size: small;
7            padding-left: 20px;
8            color: #6C6C6C;
9            text-align: left;
10       }
11       .cart_item_frame
12       {
13           width: 980px;
14           border-top-style: solid;
15           border-top-width: 1px;
16           border-top-color: #D0EAFF;
17           border-bottom-style: solid;
18           border-bottom-width: 1px;
19           border-bottom-color: #D0EAFF;
20           background-color: #FAFFFF;
21           text-align: left;
22           vertical-align: middle;
23       }
24       .product_name
25       {
26           vertical-align: middle;
27           padding-left: 20px;
28           float: left;
29           padding-top: 20px;
30           width: 250px;
31       }
32       .cart_footer
33       {
34           text-align: right;
35           width: 960px;
36           padding: 0 10px 0 10px;
37           margin-top: 10px;
38           background-color: #FAFFFF;
39           vertical-align: bottom;
40       }
41       .frame
42       {
43           width: 1000px;
44           text-align: center;
45       }
```

```
46        .btn
47        {
48           height: 27px;
49           width: 70px;
50           color: #FFFFFF;
51           font-weight: bold;
52           border: 1px outset #999999;
53           background-color: #59A9BF;
54           margin-left: 5px;
55        }
56        .chk_frame
57        {
58           width: 50px;
59           float: left;
60           height: 80px;
61           padding-top: 30px;
62        }
63        .picture_frame
64        {
65           width: 100px;
66           float: left;
67           height: 104px;
68        }
69        .price_frame
70        {
71           width: 80px;
72           float: left;
73           padding-left: 0px;
74           padding-top: 20px;
75           text-align: center;
76        }
77        .sprice_frame
78        {
79           width: 150px;
80           float: left;
81           padding-left: 20px;
82           padding-top: 20px;
83           margin-left: 30px;
84        }
85        .sum_frame
86        {
```

```
87              float: left;
88              width: 80px;
89              padding-left: 20px;
90              padding-top: 20px;
91          }
92          .oper_frame
93          {
94              float: left;
95              width: 80px;
96              padding-left: 20px;
97              padding-top: 20px;
98          }
99          .cart_head_frame
100         {
101             width: 980px;
102             border-top-style: solid;
103             border-top-width: 1px;
104             border-top-color: #D0EAFF;
105             border-bottom-style: solid;
106             border-bottom-width: 1px;
107             border-bottom-color: #D0EAFF;
108             background-color: #EEEEEE;
109             text-align: left;
110             vertical-align: middle;
111             height: 30px;
112             font-family: 微软雅黑;
113             font-size: small;
114             font-weight: bold;
115             color: #333300;
116         }
117         .cart_content
118         {
119                         width:100%;
120         }
121         .title_bar
122         {
123                         width:150px;
124                         height :32px;
125                         float :left ;
126         }
127 </style>
```

```
128 </asp:Content>
```

在 <asp:Content ID="Content2" ContentPlaceHolderID="ContentPlaceHolder1" runat="server">和</asp:Content>中设置 DIV 层，代码如下。

```
1   <asp:Content ID="Content2" ContentPlaceHolderID="ContentPlaceHolder1"
    runat="server">
2   <div class="frame">
3           <div class="title_bar">
4    <img alt="" src="image/shopcart.gif" style="width: 150px; height:
     32px; float: left;" />
5           </div>
6           <div class="title_demo">
7               如果您对购物车里面的商品满意，请单击结算
8           </div>
9           <div class="cart_content">
10          </div>
11          <div class="cart_footer">
12          <div style="float: left; width: 80px; text-align: left; height:
     100%">
13            <asp:CheckBox ID="chkAll" runat="server" Text="全选"
     AutoPostBack="True" />
14              </div>
15              <div style="float: right;">
16                  <asp:Button ID="btnShop" runat="server" Text="继续购物"
     CssClass="btn" />
17                  <asp:Button ID="btnOrder" runat="server" Text="结算"
     CssClass="btn" OnClick="Button2_Click" />
18              </div>
19   <div style="float: left; width: 150px; height: 25px; vertical-align:
     bottom; padding-top: 5px">
20   <asp:Label ID="lblTotal" runat="server" Text="商品金额总计：" Font-
     Names="黑体" Font-Size="Small"></asp:Label>
21              </div>
22          </div>
23      </div>
24  </asp:Content>
```

步骤三： 添加数据绑定控件 DataList 和数据源控件 SqlDataSource。

1. 添加 DataList 数据显示控件。从左边的工具箱的数据分类中选择 detailsView 控件，拖动到 cart.aspx 页面 cart_content 层中，设置属性 Width 为 100%。

2. 添加 SqlDataSource 数据源控件。从 DataList1 智能标记中选择数据源，单击新建数据源，如图 6-4-6 所示。

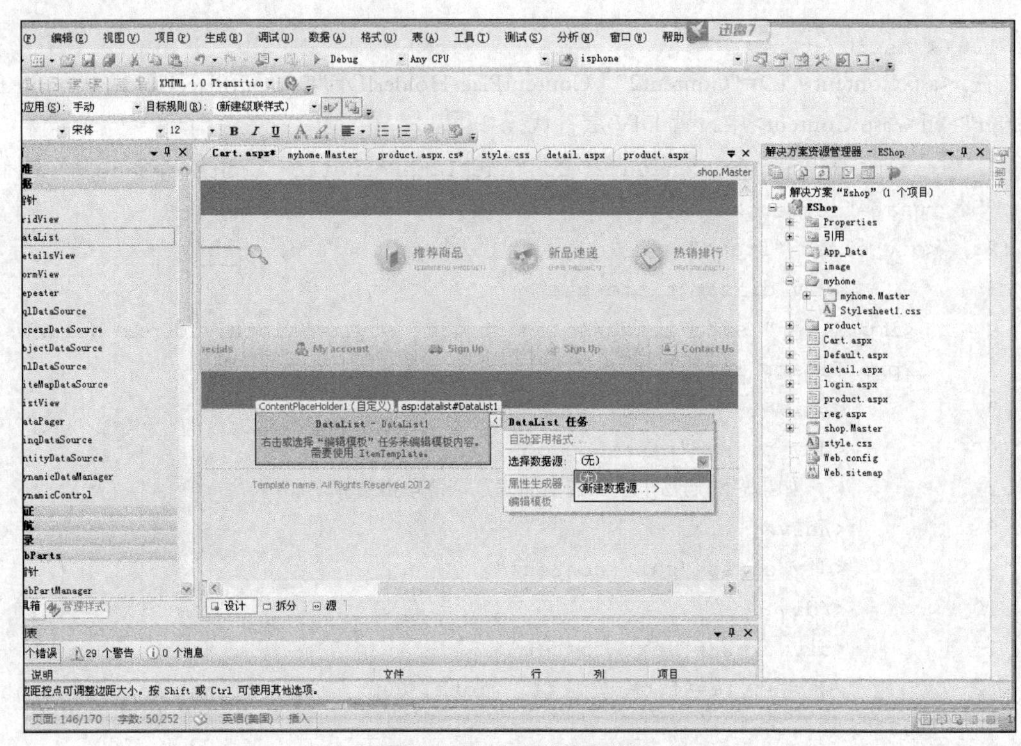

图 6-4-6　添加数据源控件

3. 使用向导配置数据源。在弹出的对话框中选择数据库，单击"确定"按钮，如图 6-4-7 所示。

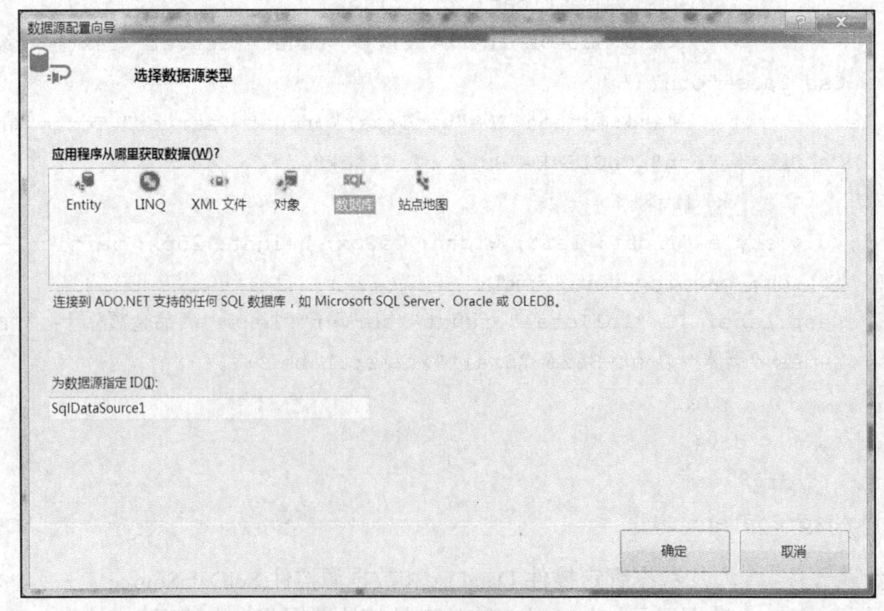

图 6-4-7　选择数据源类型

步骤四： 配置数据源控件。

1. 按照任务 6-1 中步骤三的方法配置数据源配置数据连接。可以在下拉列表中选择在本应用程序中已经创建的连接字符串，如图 6-4-8 所示。

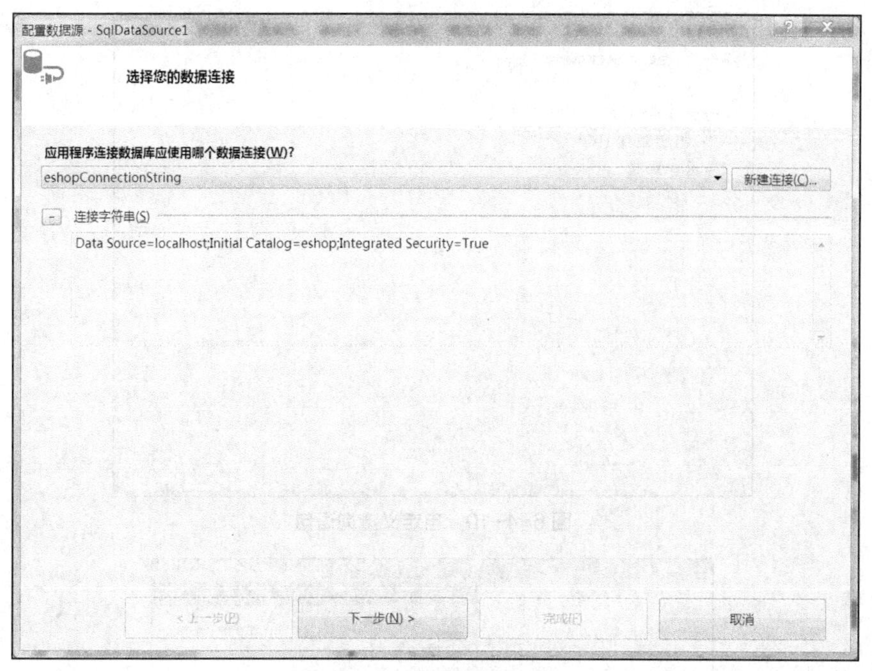

图 6-4-8　配置数据源向导

2. 选择数据表。本任务中要使用到多表进行连接，因此可选用“指定自定义 SQL 语句或存储过程”（见图 6-4-9）。单击“下一步”按钮，在“配置 SELECT 语句”对话框中，选择“指定自定义 SQL 语句或存储过程”，单击查询生成器（见图 6-4-10）。在弹出的“添加表”对话框中，选择“cart”表，单击“添加”按钮（见图 6-4-11）。再继续选择 merchandisc 表，单击“添加”按钮，将数据表添加到查询生成器中（见图 6-4-12）。

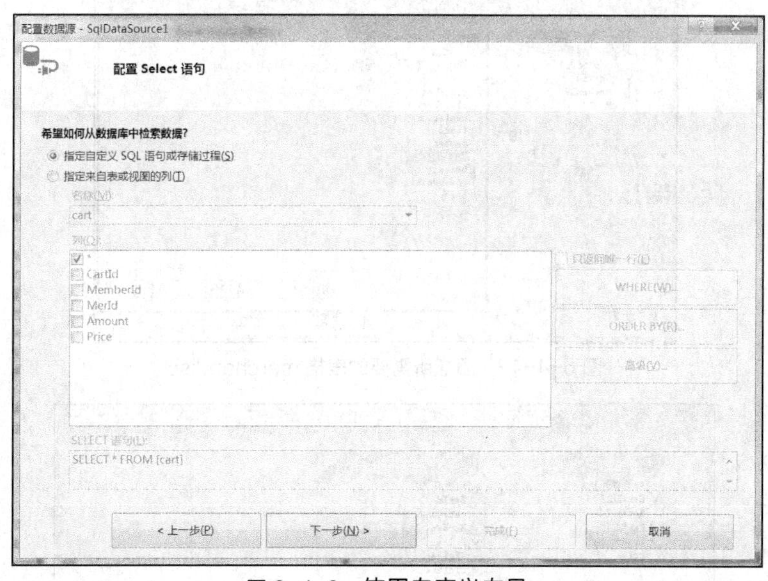

图 6-4-9　使用自定义向导

3. 创建表连接。单击 Cart 表中的 MerId，按住鼠标左键，拖动到表 merchandisc 的 MerId 字段，实现二表之间的连接，如图 6-4-13 所示。

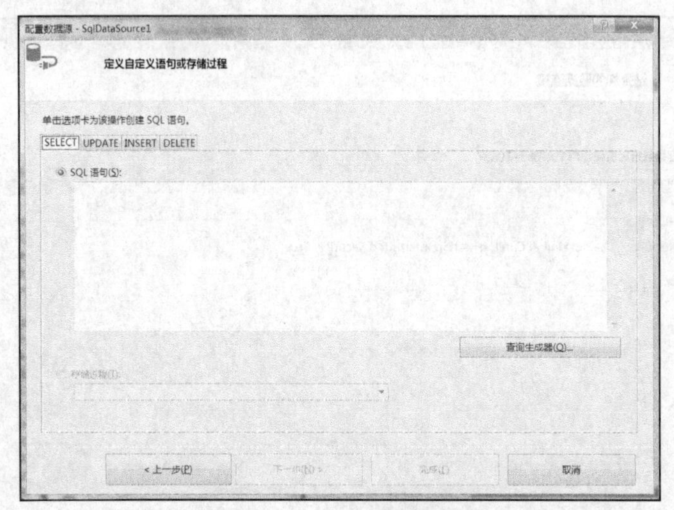

图 6-4-10　自定义查询语句

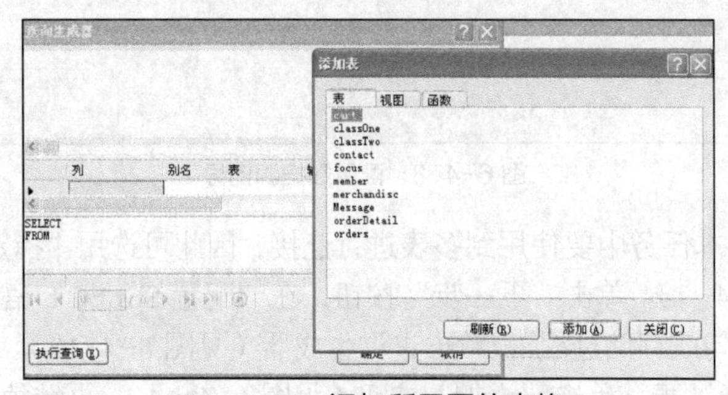

图 6-4-11　添加所需要的表格

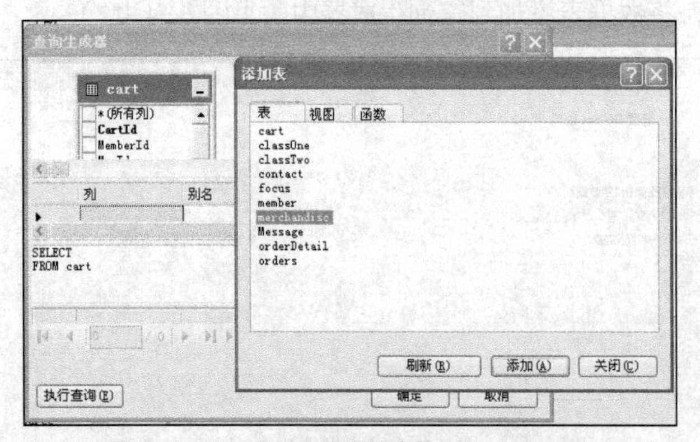

图 6-4-12　添加所需要的表格 merchandisc

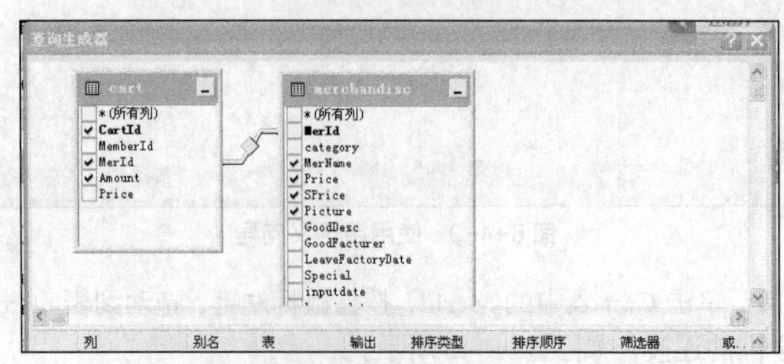

图 6-4-13　创建表关联

4. 选择需要显示的字段。在需要显示的字段前打上勾。本任务中选择 cart.MerId, cart.CartId, cart.Amount,merchandisc.MerName,merchandisc.Price,merchandisc.SPrice, merchandisc.Picture, cart. MemberId 字段，如图 6-4-14 所示。

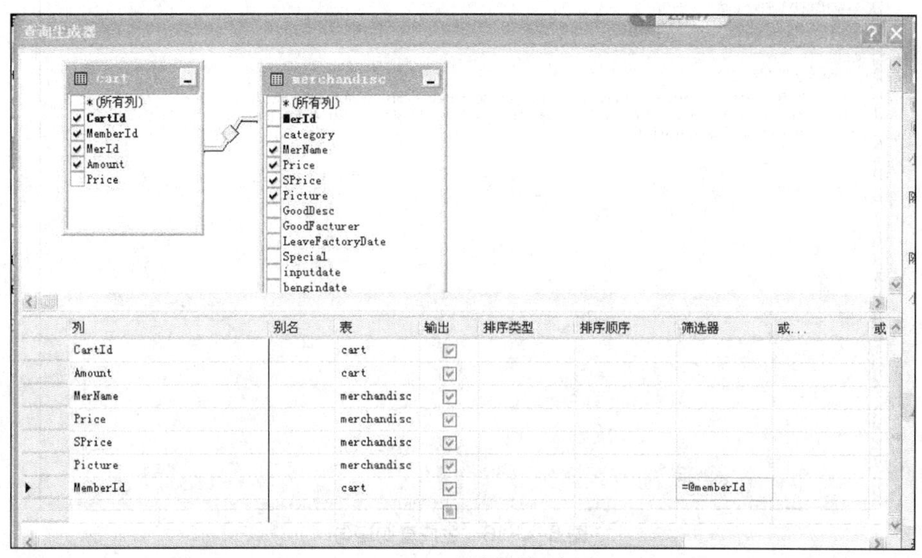

图 6-4-14　选择数据字段

5. 设置查询条件。本任务中显示的是当前登录的用户的购物车中的内容，因此查询的条件即为用户的 ID 号。在 MemberId 列对应的筛选器单元格中输入=@MemberId，系统自动生成 SQL，单击“确定”按钮完成查询语句的设置，如图 6-4-15 和图 6-4-16 所示。

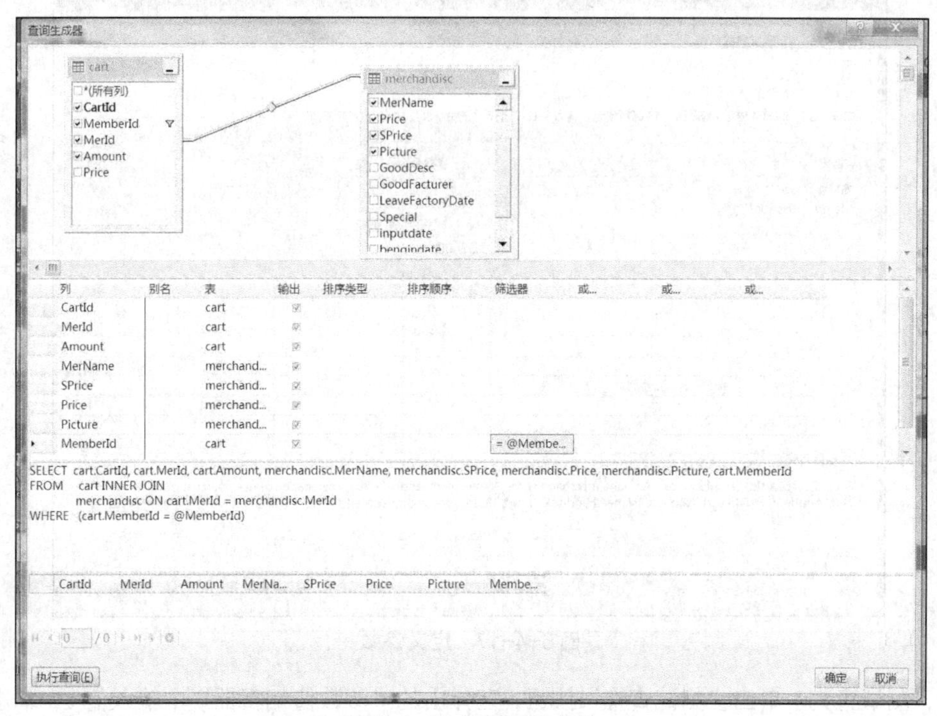

图 6-4-15　设置查询条件

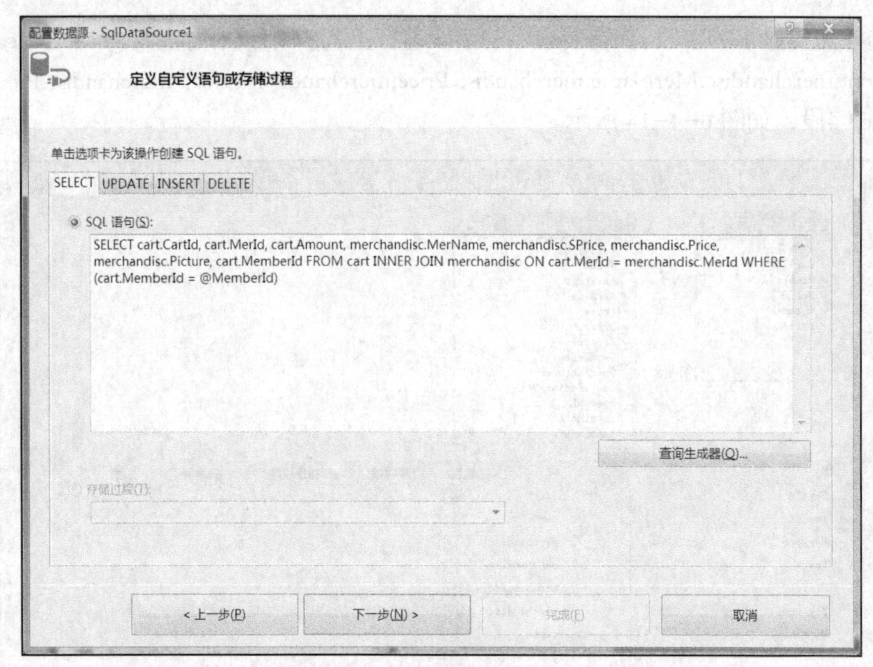

图 6-4-16 生成查询语句

6. 定义查询条件参数。本项目的用户名存放在 Session 中，对象名为 id，在定义参数对话中，参数源选择 session，SessionField 文本框中输入 ID，单击“下一步”按钮完成参数设置，如图 6-4-17 所示。

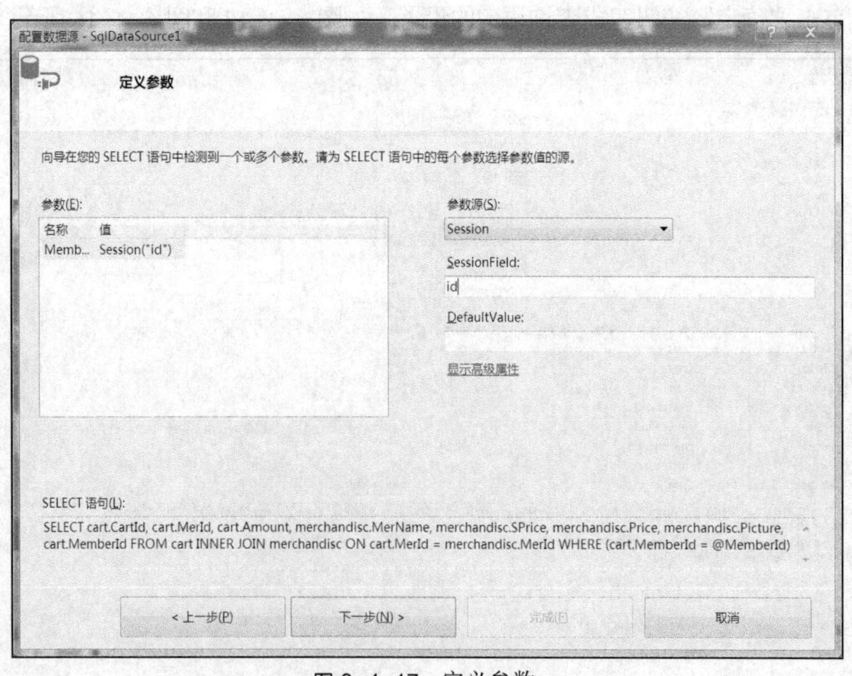

图 6-4-17 定义参数

7. 测试查询。单击“测试查询”按钮，在弹出的“参数值编辑器”中输入值 1，单击“确定”按钮，可以查询用户 ID 为 1 的用户的所有购物车中的信息，如图 6-4-18 和图 6-4-19 所示。

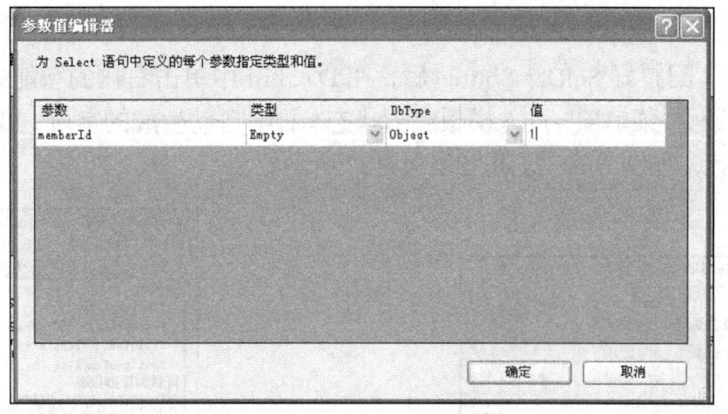

图 6-4-18　输入测试参数

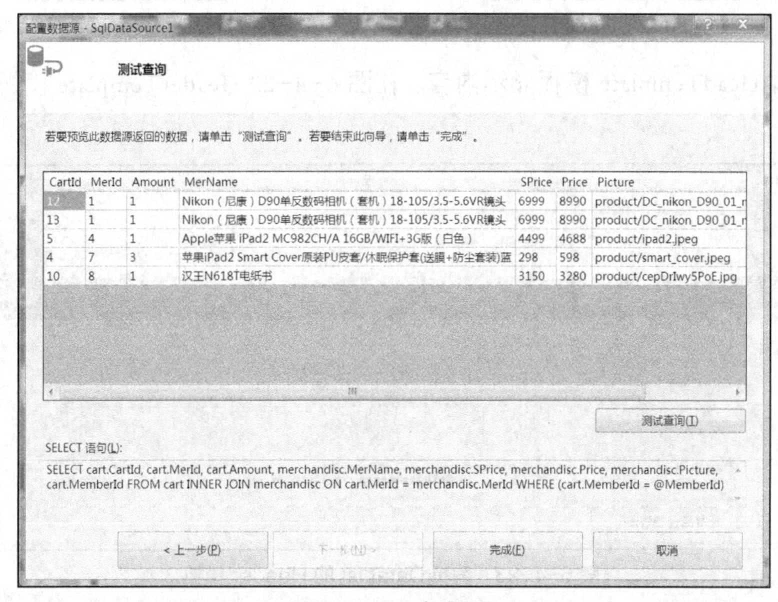

图 6-4-19　完成配置

8. 完成数据源配置。单击“完成”按钮，完成数据源的配置，并在 DataList1 中自动生成数据字段，如图 6-4-20 所示。

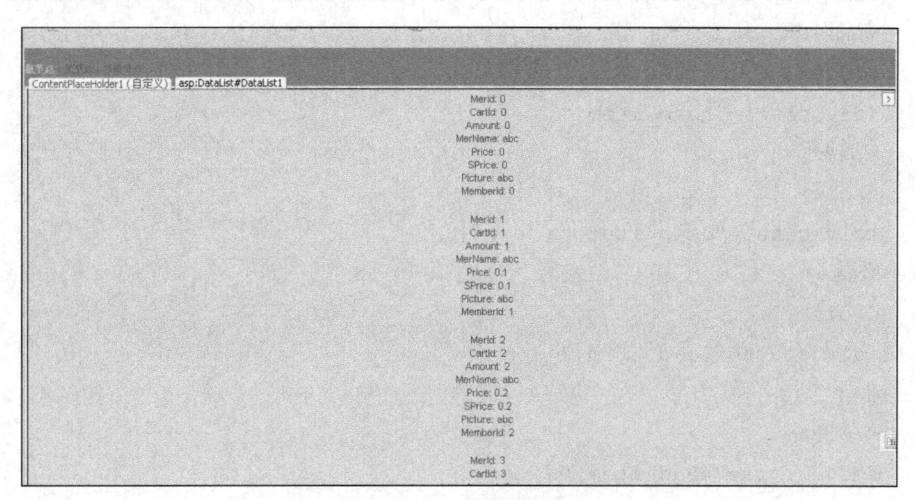

图 6-4-20　源设计页面

步骤五： 配置 DataList 控件。

1. 编辑模板。配置好 SqlDataSource 后，在 DataList 中单击右侧的智能标记，在弹出的菜单中单击“编辑模板”菜单项，进入模板编辑状态。删除自动生成的字段，可以使用 DIV+CSS 来完成模板的设计，如图 6-4-21 和图 6-4—22 所示。

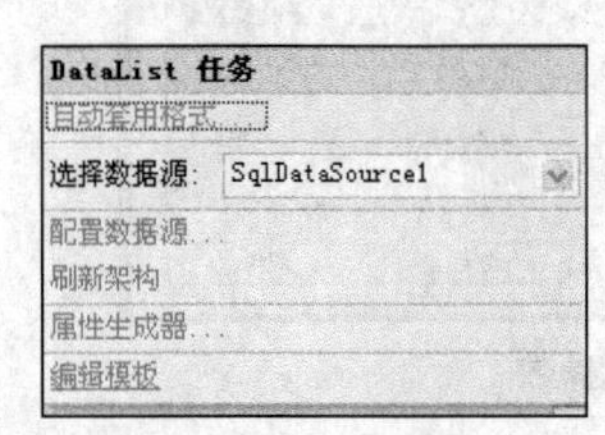

图 6-4-21　智能标记

图 6-4-22　打开 HeaderTemplate 模板

（1）设置 HeadTemplate 模板显示内容。在图 6-4-23 HeaderTemplate 模板中设置如下样式。

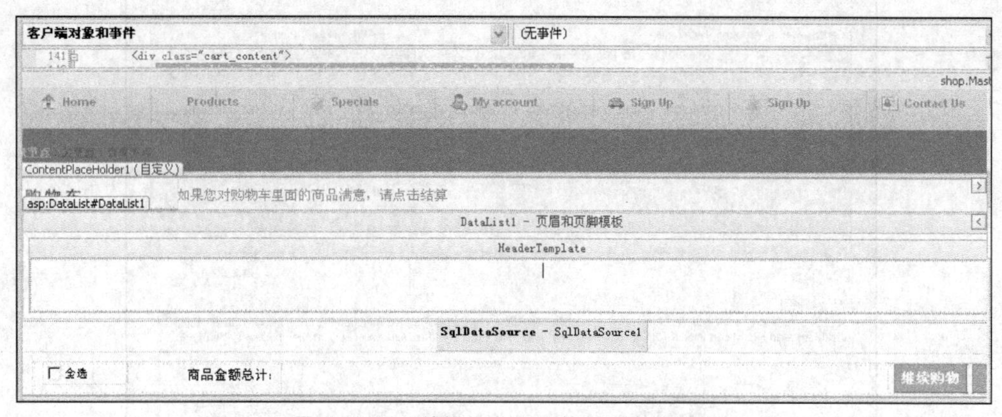

图 6-4-23　编辑 DataList 的 Header 模板

```
1    <HeaderTemplate>
2    <div class="cart_head_frame">
3    <div style="width: 400px;" class="head_item ">
4    商品名称
5    </div>
6    <div class="head_item ">
7    E 商城价
8    </div>
9    <div class="head_item ">
10   数量
11   </div>
12   <div class="head_item ">
13   小计
14   </div>
15   <div class="head_item ">
16   操作</div>
```

```
17  </div>
18  </HeaderTemplate>
```

效果如图 6-4-24 所示。

图 6-4-24　效果显示

（2）设置 ItemTemplate 样式如下。

```
1   <div class="cart_item_frame">
2   <div class="chk_frame">
3   </div>
4   <div class="picture_frame">
5   </div>
6   <div class="product_frame">
7   </div>
8   <div class="price_frame">
9   </div>
10  <div class="sprice_frame">
11  </div>
12  <div class="sum_frame">
13  </div>
14  <div class="oper_frame">
15  </div>
16  </div>
```

效果如图 6-4-25 所示。

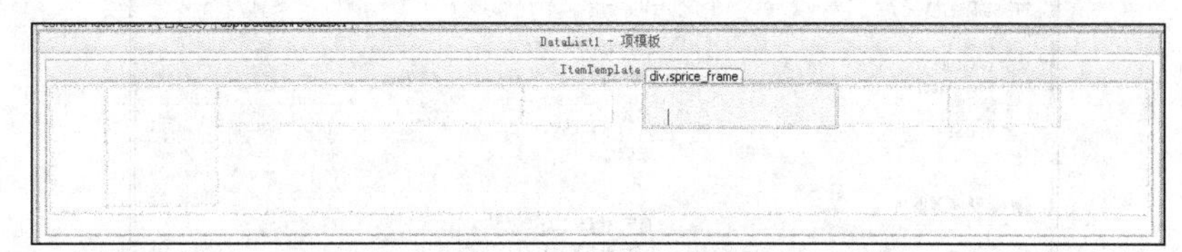

图 6-4-25　显示效果

2．设置数据显示字段。

（1）添加选择框控件：从工具箱中拖动 CheckBox 控件到 DIV 层 chk_frame 中，重命名为 chk_Select。

（2）添加图片显示字段：从工具箱中拖动 Image 控件到 DIV 层 picture_frame 中，重命名为 Img_Product，如图 6-4-26 所示；单击编辑 DataBindings 打开数据绑定对话框，为 ImageUrl 属性绑定字段到 Picture，同时可以在格式中设置字段格式，如图 6-4-27 所示。单击“确定”按钮，完成图片字段的设置，可以使用鼠标拖动改变图片控件大小。

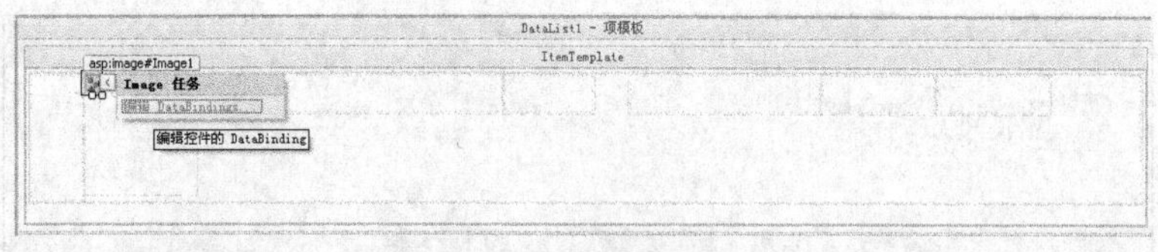

图 6-4-26　项模板页面设计

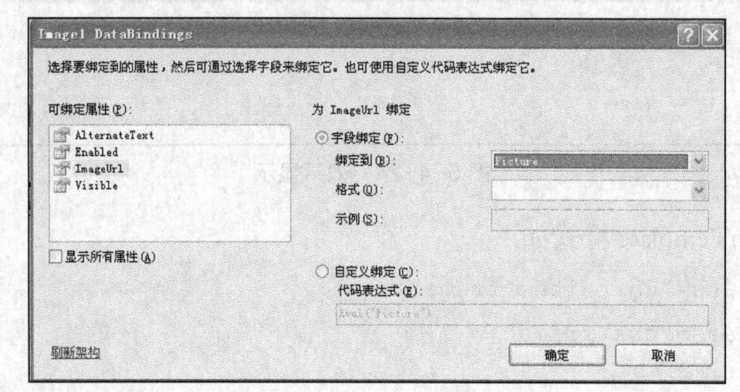

图 6-4-27　设置图片字段

（3）添加商品名称显示字段。

● 从工具箱中拖动 HyperLink 控件到 DIV 层 product_frame 中，如图 6-4-28 所示。

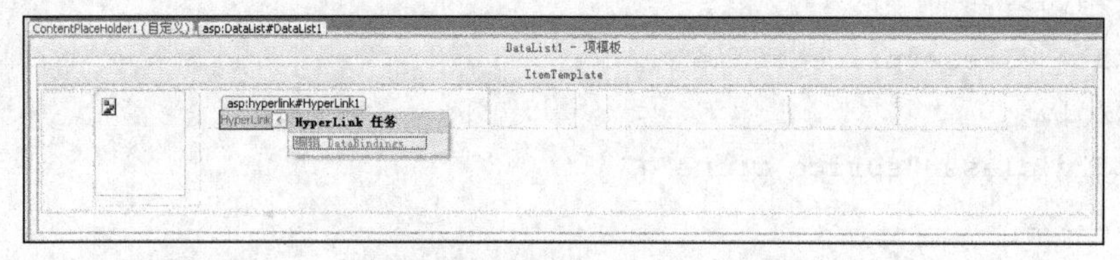

图 6-4-28　添加 HyperLink 字段

● 单击编辑 DataBindings 打开数据绑定对话框，为 Text 属性绑定字段到 MerName，如图 6-4-29 所示。

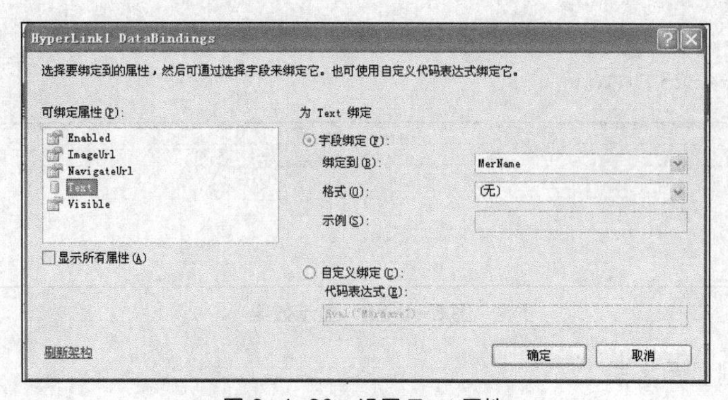

图 6-4-29　设置 Text 属性

● 单击 NavigateUrl 属性，绑定字段到 MerId，并且设置格式为 detail.aspx?id={0}，如图 6-4-30 所示。单击商品名称可以链接到商品的详细显示页面。

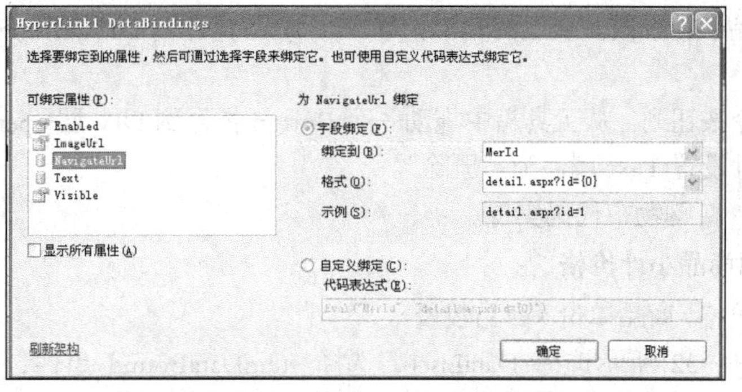

图 6-4-30 设置 NavigateUrl 属性

（4）添加商品价格显示字段：从工具箱中拖动两个 label 控件到 DIV 层 price_frame 中；单击编辑 DataBindings 打开数据绑定对话框，为 Text 属性分别绑定字段到 price，同时可以在格式中设置字段格式{0:C}，显示货币格式，如图 6-4-31 所示。同样方法完成实际价格字段。

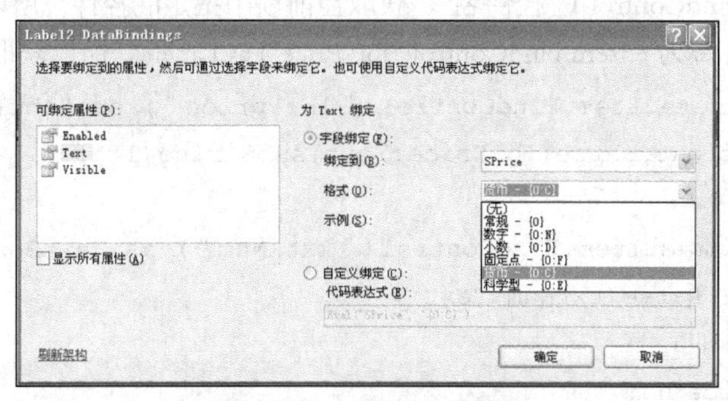

图 6-4-31 设置价格格式

（5）添加商品数量字段。从工具箱中分别拖动 TextBox 和 Button 控件到 DIV 层 num_frame 中；选中 TextBox，单击编辑 DataBindings 打开数据绑定对话框，重命名 ID 为 txt_num，同时设置 Text 属性绑定到字段 Amount，单击确定完成数量绑定。选中 Button 控件，修改其 Id 为 btnModify，Text 属性为“修改数量”。

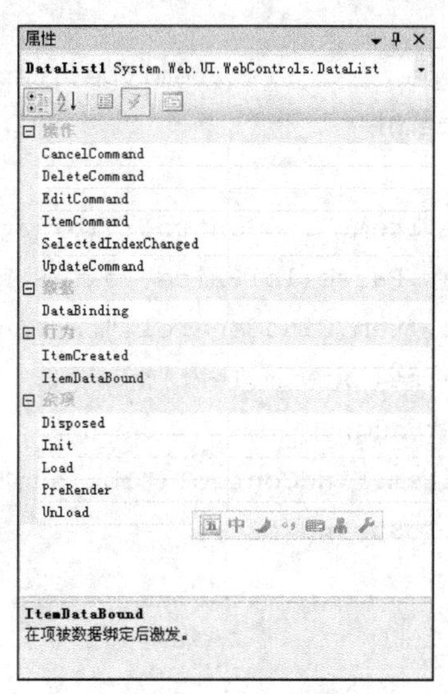

图 6-4-32 属性设置

（6）添加商品小计字段。从工具箱中拖动一个 label 控件到 DIV 层 sum_frame 中，重命名为 lbl_sum。

（7）添加命令按钮列。从工具箱中拖动一个 Button 控件到 DIV 层 oper_frame 中，重命名为 btn_oper，同时设置 Text 属性为“删除”。

步骤六： 购物车代码实现。

1．计算相同商品小计价格

商品的小计价格=商品单价 ×商品数量

（1）如图 6-4-32 所示选择 DataList1，选择 ItemDataBound 事件，当每项数据绑定到 DataList1 时触发的事件，当项被数据绑定到 DataList 控件后，将引发 ItemDataBound 事件。此事件提供了在客户端显示数据项之前访问该数据项的最后机会。当引发此事件后，该数据项不再可用。

（2）获取单价 。在 DataList 的 ItemDataBound 事件中可以通过 e.Item 获取当前正在绑定的项。可通过 e.Item.FindControl（“控件名”）获取当前项中指定的控件。所以本任务中，获取当前项中表示单位的标签为 e.Item.FindControl(“lbl_Price”) as Label ，所以获取单位价格代码为

```
Label  lblPrice=e.Item.FindControl(" lbl_price ") as Label;
Float price=float.parse(lblPrice.Text.subString(1));
```

（3）获取商品数量。

```
TextBox  txtNum=e.Item.FindControl(" txt_Num ") as TextBox;
Int num=Int32.Parse(txtNum.Text);
```

（4）计算商品小计。

```
Float sum=price*num;
Label  lblSum= e.Item.FindControl(" lbl_Sum ") as Label;
lblSum.Text=sum.ToString(("C"));
```

完整代码如下所示：

```
1 protected  void  DataList1_ItemDataBound(object  sender,  DataList
ItemEventArgs e)
2  {
3  if  (e.Item.ItemType  ==  ListItemType.Item  ||  e.Item.ItemType  ==
ListItemType.AlternatingItem)
4  {
5  Label lblPrice = e.Item.FindControl("lbl_sprice") as Label;
6  float price = float.Parse(lblPrice.Text.Substring(1));
7  TextBox txtNum = e.Item.FindControl("txt_num") as TextBox;
8  int num = Int32.Parse(txtNum.Text);
9  float sum = price * num;
10 Label lblSum = e.Item.FindControl("lbl_sum") as Label;
11 lblSum.Text = sum.ToString("C");
12 }
13 }
```

2．删除商品

在 DataList 中，模板项按钮的 CommandName 属性设置为 delete，将引发 DataList 控件的

DeleteCommand 事件。

（1）设置删除按钮的 CommandName 为 delete，如图 6-4-33 所示。

（2）设置 DataList1 的 DataKeyField 为 CartId，如图 6-4-34 所示。

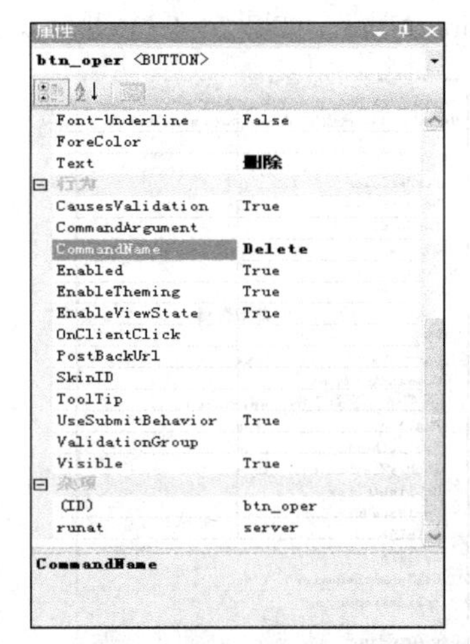

图 6-4-33 设置 commandName 属性

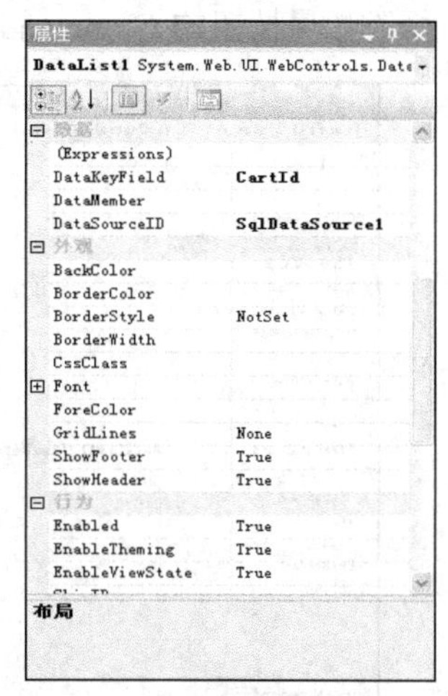

图 6-4-34 设置 DataKeyField

（3）在 Deletecommand 事件中添加如下代码。

```
1   protected void DataList1_DeleteCommand(object source, DataListCommand
EventArgs e)
2       {
3           string strsql = string.Format("delete from cart where
CartId={0}", DataList1.DataKeys[e.Item.ItemIndex].ToString());
4           if (DbManager.ExceSQL(strsql))
5               Response.Write("<script>alert('删除成功')</script>");
6       }
```

如图 6-4-35 所示。

（4）添加确认提示。在 DataList 的 ItemCreate 事件中添加代码。

```
1   protected void DataList1_ItemCreated(object sender, DataListItem
EventArgs e)
2       {
3           if (e.Item.ItemType == ListItemType.Item || e.Item.ItemType
==ListItemType.AlternatingItem || e.Item.ItemType == ListItemType.EditItem)
4           {
5               //将子控件 btn_oper 转换为 ButtonDel
6               Button ButtonDel = (Button)e.Item.FindControl("btn_oper");
7               //为“删除”按钮添加属性，以便单击它时弹出确认框
8               ButtonDel.Attributes.Add("onclick", "return confirm('确
实要删除此行吗？');");
9           }
```

3．修改购买商品数量

若设置按钮的 CommandName 属性为自定义的字符串，将引发 DataList 控件的 ItemCommand 事件。

（1）设置修改数量按钮的 CommandName 为 operNum。如图 6-4-36 所示。

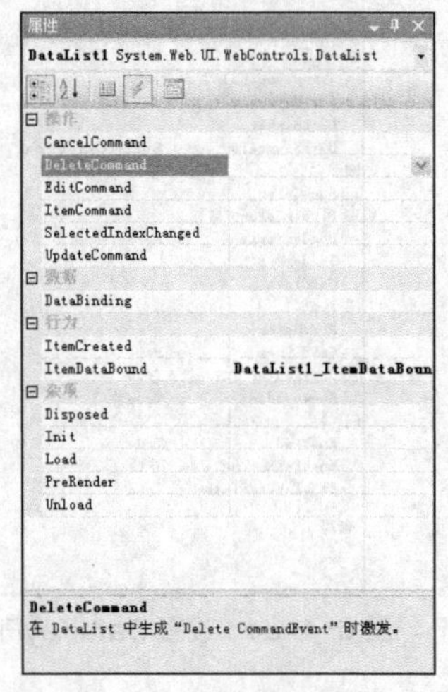

图 6-4-35　为删除按钮添加事件

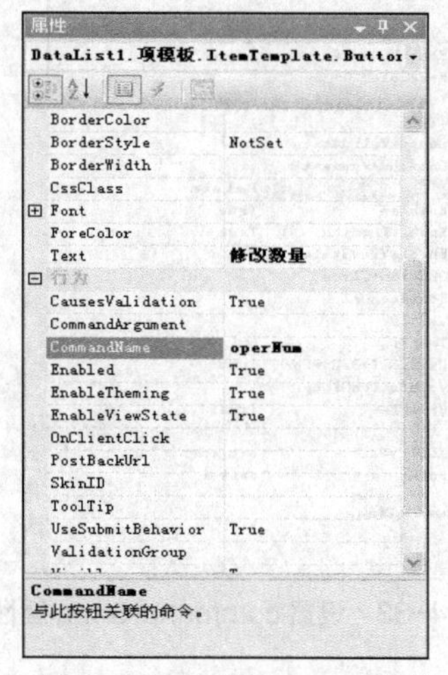

图 6-4-36　设置 Text 属性值

（2）添加事件代码。为 DataList1 添加 DataList1_ItemCommand 事件，并完成代码如下。

```
1   protected void DataList1_ItemCommand(object source, DataListCommand
EventArgs e)
2           {
3               if (e.CommandName == "operNum")
4               {
5                   //获取子控件 txt_numm 转换为 txtNum
6                   TextBox txtNum = e.Item.FindControl("txt_num") as TextBox;
7                   int num = Int32.Parse(txtNum.Text);
8                   int  cartid  =  Int32.Parse(DataList1.DataKeys[e.Item.
ItemIndex].ToString());
9                   //更新到数据库
10          string strsql = string.Format("update cart set Amount={0} where
CartId={1}", num, cartid);
11                  if (DbManager.ExceSQL(strsql))
12                  {
13                      Response.Write("<script>alert('修改成功')</script>");
14                      DataList1.DataBind();
15                  }
16              }
17          }
```

4．计算商品总价

当每行前面的 CheckBox 被选定，则将该行的价格计入商品总价，由于多处需要更新计算总价，创建方法 Calculate（）实现商品总价的计算。

（1）设计 Calculate（）方法如下。

```
1   public float Calculate()
2     {
3         float total = 0;
4         for (int i = 0; i < DataList1.Items.Count; i++)
5        {
6          CheckBox check = DataList1.Items[i].FindControl("chk_Select")
as CheckBox;
7           if (check.Checked)
8            {
9               Label lblSum =DataList1.Items[i].FindControl("lbl_sum")
as Label ;
10              total += float.Parse(lblSum.Text.Substring (1));
11           }
12          }
13        return total;
14      }
```

（2）设置子控件 chk_Select 的 AutoPostBack 为 true,在 chk_Select 的 CheckChanged 事件中添加如下代码。

```
1   protected void chk_Select_CheckedChanged(object sender, EventArgs e)
2       {
3           lblTotal.Text = Calculate().ToString("c");
4       }
```

5．全选设置

当用户单击全选控件时，则选定所有商品，为 chk_All 控件添加事件代码如下所示。

```
1   protected void chk_All_CheckedChanged(object sender, EventArgs e)
2       {
3           for (int i = 0; i < DataList1.Items.Count; i++)
4           {
5               CheckBox  check  =  DataList1.Items[i].FindControl("chk_
Select") as CheckBox;
6               check.Checked = chk_All.Checked;
7           }
8           lblTotal.Text = Calculate().ToString("c");
9       }
```

DataList 控件也是以模板为基础的数据绑定控件，可以定义 7 个模板，ItemTemplate、HeaderTemplate、FooterTemplate、AlternatingItemTemplate、SepatatorTemplate、SelectedItemTemplate、EditItemTemplate。

DataList 控件有内置的样式和属性，可以使用模板编辑器和属性生成器来设计模板和设置属性，功能上更加强大。

（1）HTML 标记。

```
<asp:DataList id="DataList1" runat="server">
    <%--各种模板标记--%>
</asp:DataList>
```

（2）常用属性。

DataList 常用属性如表 6-4-1 所示。

表 6-4-1　DataList 常用属性

属　　性	说　　明
DataSource	绑定到控件的数据源，可以是数组、数据集、数据视图等。DataList 控件将其 ItemTemplate 模板和 AlternatingItemTemplate 模板绑定到 DataSource 属性声明和引用的数据模型上
DataMember	若 DataSource 属性指定的是一个数据集，则 DataMember 属性指定到该数据集的一个数据表
DataKeyField	用于填充 DataKey 集合的数据源中的字段，一般应指定到数据表的主键字段
RepeatColumns	用于布局中的列数，默认值为 0（一列）
RepeatDirection	用于布局中的方向，默认为 Vertical(垂直布局)，也可以选择 Horizontal(水平布局)
RepeatLayout	控件的布局形式，当为 Table 时，以表格形式显示数据；为 Flow 时将不以表格形式显示数据
SelectedIndex	当前选定项的索引号，未选中任何项时为-1

（3）常用事件。

DataList 是容器控件，在 DataList 内可以加入其他子控件。子控件本身可以引发事件（如 Button 控件的 Click 事件），事件会反升至容器控件（也就是 DataList 控件），这样的事件就称为反升事件。这时事件处理程序不再写在子控件的事件中，而是要写在 DataList 控件的反升事件中。

按钮子控件与反升事件的名称对应取决于按钮的 CommandName 属性，对应规则如表 6-4-2 所示。

表 6-4-2　CommandName 对应事件规则

CommandName	引发的事件
delete	DeleteCommand
update	UpdateCommand
edit	EditCommand
cancel	CancelCommand
select	ItemCommand，SelectedIndexChange
除上以外	ItemCommand

DataList 常用事件如表 6-4-3 所示。

表 6-4-3 常用事件

事件	说明
ItemCommand	在控件生成事件时发生。向 DataList 控件加入按钮类控件的 CommandName 属性可以设置成除上述规定外的任何名字，当这些按钮被单击时，都将引发 ItemCommand 事件，在这个事件处理程序中通过判别按钮控件的 CommandName 属性就知道单击的是哪个按钮
SelectedIndexChange	当控件内的选择项发生改变后激发
ItemCreated	在控件内创建项时激发。若要对控件内的子控件做某些初始设置时，可以利用这个事件，如此正当其时。子控件的初始设置不能够放在 Page_Load 中做，在那里访问不到这些子控件，因为它们被包含到了容器控件中

（4）模板编辑器。

DataList 控件的模板生成器可以方便地生成项模板、页眉页脚模板和分隔符模板。项模板的使用方法：将 DataList 控件拖至页面，右击控件 DataList 弹出快捷菜单，在快捷菜单上单击“编辑模板”，会弹出它的子菜单如图 6-4-37 所示。

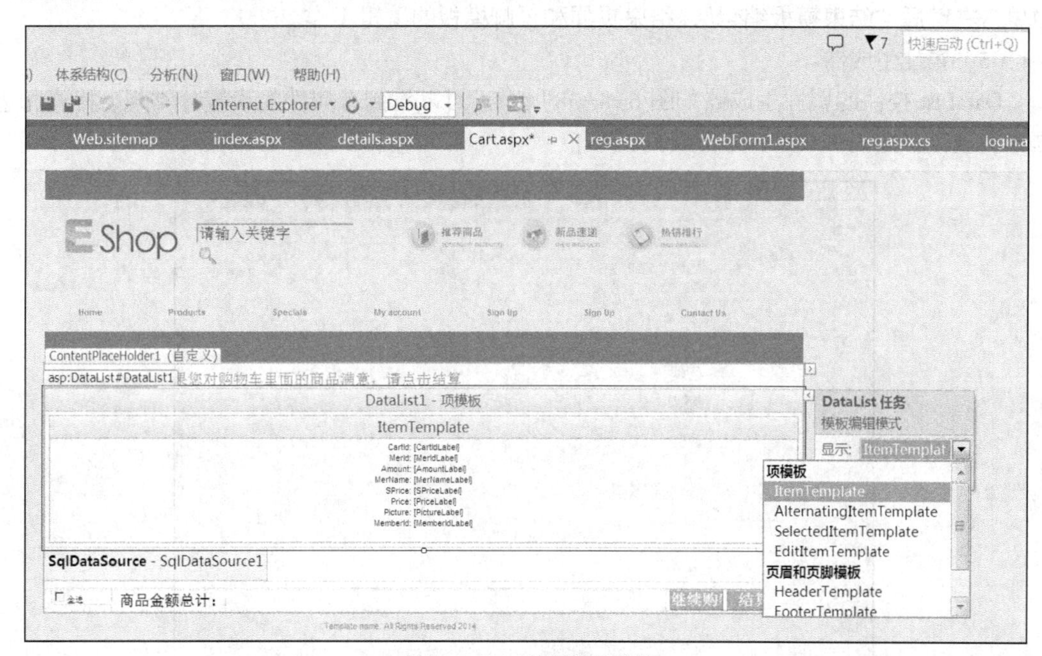

表 6-4-37 编辑模板菜单

在项模板编辑器中有 4 个编辑区，分别用来编辑 ItemTemplate 项模板、Alternating ItemTemplate 交替项模板、SelecteItemTemplate 选择项模板和 EditItemTemplate 编辑项模板。

- ItemTemplate 项模板

ItemTemplate 项模板是必选的模板，它确定 DataList 控件需要显示的数据项及其布局。鼠标单击 ItemTemplate 下的编辑区，可以看到有输入光标出现，这意味着可以向编辑区加入子控件或在编辑区内直接输入文本。数据源的数据字段需要通过加入的子控件表现，方法是将子控件绑定到数据源的字段上。如果有必要对这些数据进行必要的说明，直接在编辑区输入说明性文本就可以了。

● AlternatingItemTemplate 交替项模板

使用 AlternatingItemTemplate 属性来控制 DataList 控件中交替项的内容。交替项的外观由 AlternatingItemStyle 属性控制。

● SelecteItemTemplate 选择项模板

使用 SelectedItemTemplate 属性来控制选定项的内容。选定项的外观由 SelectedItemStyle 属性控制。若要为选定项指定模板，请在 DataList 控件的开始标记和结束标记之间放置<SelectedItemTemplate>标记。在开始和结束<SelectedItemTemplate>标记之间列出模板的内容。

● EditItemTemplate 编辑项模板

使用 ItemTemplate 属性控制 DataList 控件中项的内容。DataList 控件中项的外观由 ItemStyle 属性控制。若要为 DataList 控件中的项指定模板，请在 DataList 控件的开始标记和结束标记之间放置<ItemTemplate>标记。在开始和结束<ItemTemplate>标记之间列出模板的内容。可选择使用 AlternatingItemTemplate 属性为 DataList 控件中的替换项提供不同的外观。

● 编辑页眉和页脚模板

再次在 DataList1 上击右键，选择“页眉和页脚模板”就可以打开页眉和页脚模板编辑器。

分别在页眉和页脚模板的编辑区输入相应的文本，并做简单的格式设置。在控件 DataList1 中单击右键后“结束模板编辑”，结束页眉和页脚模板的编辑工作。

（5）属性生成器。

DataList 控件的属性生成器如图 6-4-38 所示。可以看到，属性的设置分常规、格式和边框 3 页进行。图 6-4-38 中为常规页。

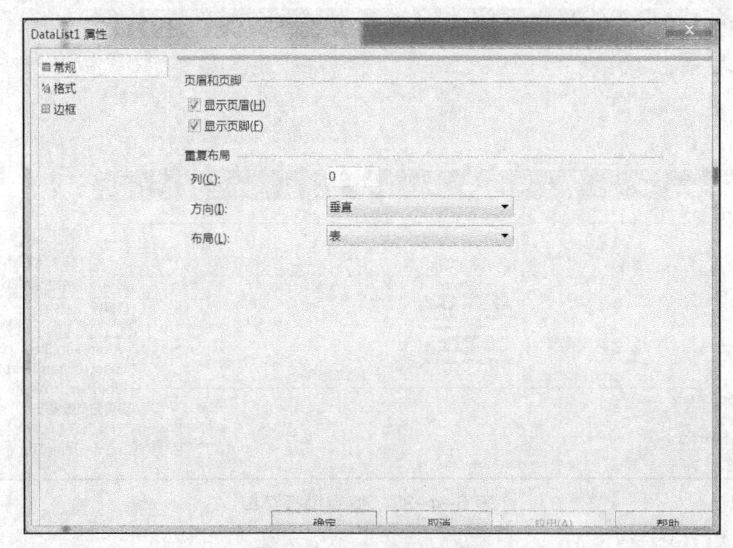

图 6-4-38 属性生成器

● 常规页

常规页用来设置数据项、页眉和页脚以及重复布局，从上至下说明各设置项的含义。

数据组中的数据源、数据成员和数据键字段 3 项分别对应 DataSource、DataMember 和 DataKeyField 三个数据属性。

页眉页脚中的显示页眉和显示页脚分别对应 ShowHeader 和 ShowFooter 属性。

重复布局组的列、方向和布局分别对应 RepeatColumns、RepeatDirection 和 RepeatLayout 属性。

● 格式页

格式页如图6-4-39所示。格式页用来设置外观，右侧的各个选项的含义十分清楚，注意要将外观设置与对象对应起来。

● 边框页

边框页设置边框的颜色、宽度和单元格间距等，如图6-4-40所示。如果想设置是否需要边框，应该在常规页中的“布局”中选择“表”（有边框）或“流”（无边框）。

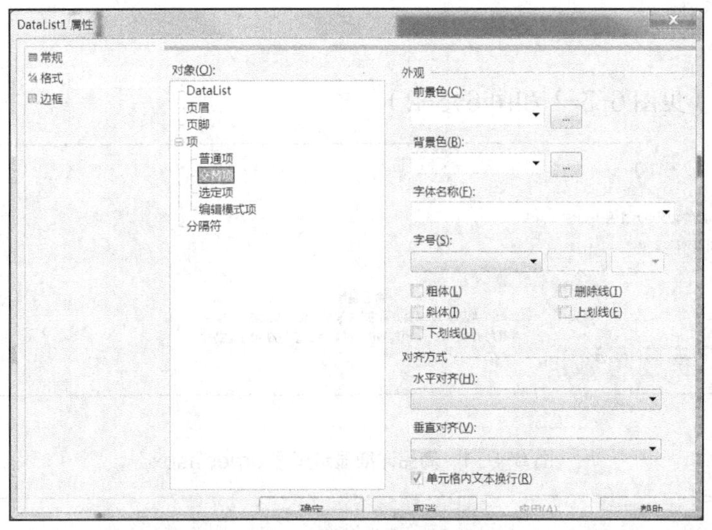

图6-4-39 属性生成器格式选项卡

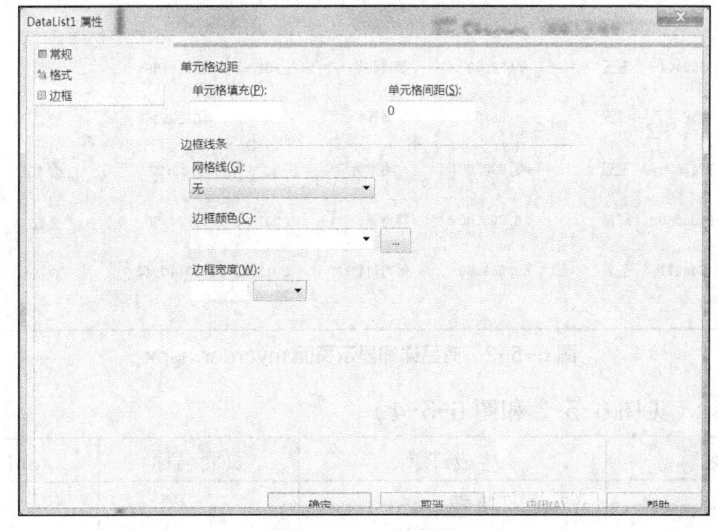

图6-4-40 边框页

任务6.5 订单管理

在购物车中选择商品后，单击生成订单，可进入订单生成页面，确定信息后可进入订单查看页面。

1. 能正确地使用 Repeater 控件基本属性。
2. 能正确地使用 Repeater 模板显示数据。
3. 能正确地配置和设置数据源。
4. 能正确地实现 Repeater 的自定义分页。

1．效果图（见图 6-5-1 和图 6-5-2）

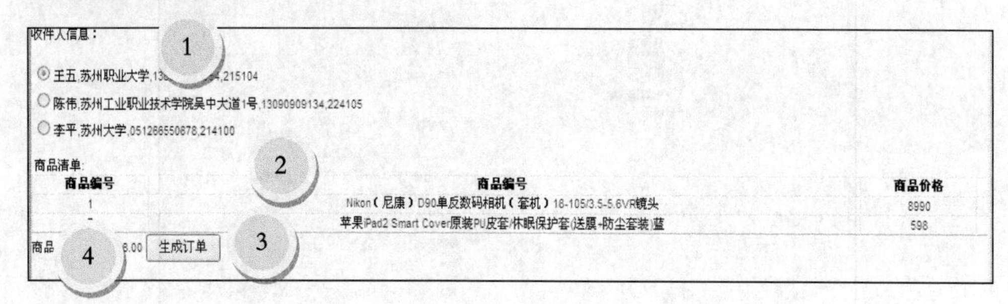

图 6-5-1　商品详细显示页面 order.aspx

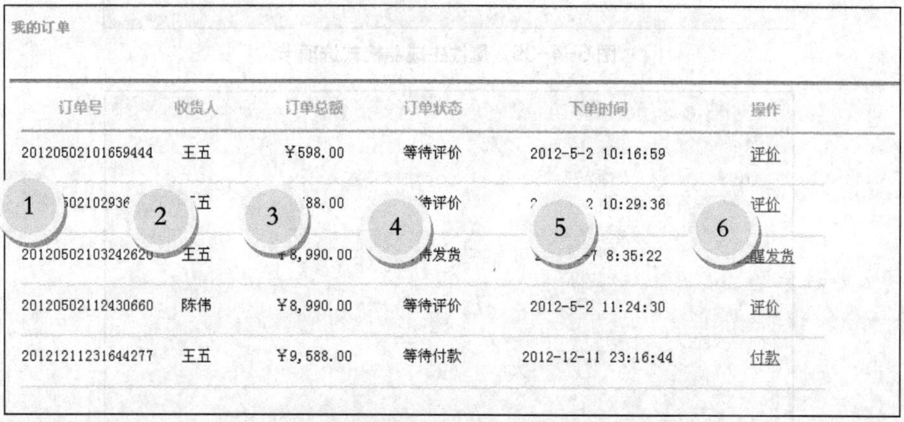

我的订单

订单号	收货人	订单总额	订单状态	下单时间	操作
20120502101659444	王五	￥598.00	等待评价	2012-5-2 10:16:59	评价
502102936	五	88.00	待评价	2 10:29:36	评价
20120502103242620	王五	￥8,990.00	待发货	7 8:35:22	醒发货
20120502112430660	陈伟	￥8,990.00	等待评价	2012-5-2 11:24:30	评价
20121211231644277	王五	￥9,588.00	等待付款	2012-12-11 23:16:44	付款

图 6-5-2　商品详细显示页面 myorder.aspx

2．详细设计（见图 6-5-3 和图 6-5-4）

任务名称	生成订单	页面名称	order.aspx
数据库表名	orders 订单表 orderDetail 订单明细表 Contact 联系人表		
机能概要	显示登录的用户的常用联系地址：收件人 收件地址 联系电话 显示当前所选购的商品		

图 6-5-3　详细设计 1

续表

页面项目式样						
序号	项目名	项目类型	输入	表示	必须	处理内容
1	收件人信息	单选项	○	○		显示收件人信息 选择收件人
2	购物清单	表格		○		显示所选购商品的列表
3	商品总价	文本		○		显示商品总价，并显示人民币符号格式
4	生成订单	按钮	○			将订单信息更新到数据表中

图 6-5-3　详细设计 1（续）

任务名称	订单查看			页面名称	myorder.aspx	
数据库表名	orders 订单表 Contact 联系人表					
机能概要	显示当前用户所有订单的相关信息，并能够实现订单模拟付款、确认收货等操作					
页面项目式样						
序号	项目名	项目类型	输入	表示	必须	处理内容
1	订单号	文本		○		显示订单号
2	收件人姓名	文本		○		显示收件人姓名
3	订单总额	文本		○		显示订单价格，并显示人民币符号格式
4	订单状态	文本		○		显示订单当前状态：已经下单、已付款、已发货、确认收货、评价
5	下单时间	文本		○		显示订单生成时间
6	操作	文本	○			对订单进行管理

图 6-5-4　详细设计 2

3．实现流程（见图 6-5-5）

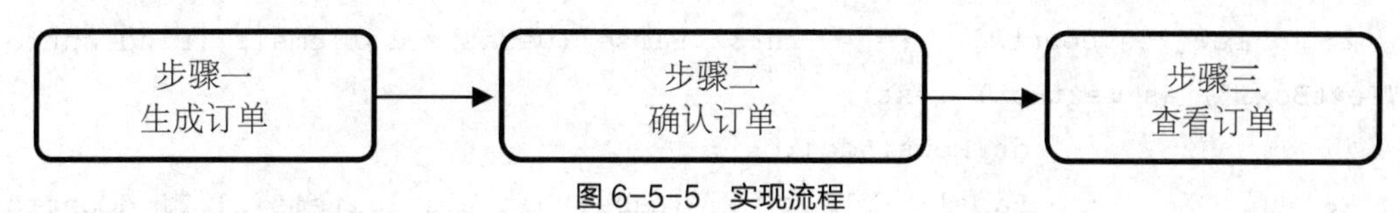

图 6-5-5　实现流程

步骤一：生成订单。

用户选择的商品在生成订单的时候，还不能确定是否购买，可以临时将数据存放在 Session

中，在订单页面读取出来。

在购物车页面 Cart.aspx 的“结算”按钮的单击事件中，添加如下代码。

```
1   protected void Button2_Click(object sender, EventArgs e)
2       {
3           DataTable dt = new DataTable();
4           dt = new DataTable();
5           //商品编号
6           dt.Columns.Add("id", typeof(Int32));
7           //商品名称
8           dt.Columns.Add("productname", typeof(string));
9           //商品价格(本站价格)
10          dt.Columns.Add("localprice", typeof(string));
11          //商品发布价格
12          dt.Columns.Add("posttime", typeof(string));
13          //购买数量
14          dt.Columns.Add("buycount", typeof(Int32));
15          float total = 0;
16          for (int i = 0; i < DataList1.Items.Count; i++)
17          {
18            CheckBox check = DataList1.Items[i].FindControl("CheckBox1")
as CheckBox;
19              if (check.Checked)
20              {
21      DataRow row = dt.NewRow();
22      row["id"] = Int32.Parse(DataList1.DataKeys[i].ToString());
23    row["productname"] = (DataList1.Items[i].FindControl("LinkButton6")
as LinkButton).Text;
24      row["localPrice"] = (DataList1.Items[i].FindControl("Label2") as
Label).Text;
25     row["posttime"] = (DataList1.Items[i].FindControl("Label3") as
Label).Text;
26    row["buycount"] = Int32.Parse((DataList1.Items[i].FindControl
("TextBox1") as TextBox).Text);
27                  dt.Rows.Add(row);
28                  Label lblSum = (Label)DataList1.Items[i].FindControl
("lblTotal");
29                  total += float.Parse(lblSum.Text);
30              }
31          }
32          Session["shopcart"] = dt;
33          Session["total"] = total;
```

```
34            Response.Redirect("order.aspx");
35        }
```

步骤二： 确认订单。

1．准备网页文件

（1）新建 Web 窗体 order.aspx。

在"解决方案资源管理器"窗口中的项目名称"ESHOP"上单击右键，在快捷菜单中选择"添加"→"添加新项"选项，在弹出的对话框中选择 Web 内容页，在"添加新项"对话框中选择"Web 内容窗体"，单击"添加"按钮。

（2）选择母版页。

在弹出的对话框中，选择母版页 shop.Master，单击"确定"按钮，即完成订单页面的创建。

（3）设置页面样式。

打开 order.aspx 页面，进入源视图设计，在<asp:Content ID="Content1" ContentPlaceHolderID="head" runat="server"> 和 </asp:Content>之间添加本页面的样式，代码如下。

```
1   <asp:Content ID="Content1" ContentPlaceHolderID="head" runat="Server">
2   <style type="text/css">
3   .order_main
4   {
5   width: 998px;
6   border: solid 1px silver;
7   text-align: left;
8   }
9   .order_demo
10  {
11  width: 965px;
12  height: auto;
13  float: left;
14  padding: 10px 10px 10px 20px;
15  }
16  .order_content
17  {
18  border: medium solid #EFEFEF;
19  margin: 10px 0px 0px 0px;
20  float: left;
21  width: 990px;
22  text-align: center;
23  }
24  .order_item
25  {
26  border-bottom: thin dashed #EADBC9;
```

```
27  float: left;
28  width: 950px;
29  text-align: right;
30  font-size: medium;
31  font-family: 黑体;
32  padding-right: 20px;
33  padding-left: 20px;
34  }
35  .address_frame
36  {
37  text-align: left;
38  width: 950px;
39  float: left;
40  font-family: 微软雅黑;
41  font-size: small;
42  }
43  .btn
44  {
45  height: 27px;
46  width: 70px;
47  color: #FFFFFF;
48  font-weight: bold;
49  border: 1px outset #999999;
50  background-color: #59A9BF;
51  margin-left: 5px;
52  }
53  </style>
54  </asp:Content>
```

在 <asp:Content ID="Content2" ContentPlaceHolderID="ContentPlaceHolder1" runat="server">和</asp:Content>中设置 DIV 层，代码如下。

```
1    <asp:Content ID="Content2" ContentPlaceHolderID="ContentPlaceHolder1"
runat="server">
2        <div id="order_main">
3            <div style="height: 16px">
4      <img alt="" src="image/balance.gif" style="width: 150px; height: 32px;
float: left;" />
5            </div>
6            <div class="order_demo">
7              <img alt="" src="image/shopcart_2.gif" style="width: 400px;
height: 11px" />
8            </div>
```

```
   9          <div class="order_content">
   10             <div class="order_item">
   11      <span style="font-size: medium; font-family: 黑体; margin: 5px 0 5px
5px; float: left;
   12                     width: auto;">商品清单</span>
   13           <div style="float: left; width: 950px; text-align: left;">
   14               <div class="order_item">
   15            <span style="font-size: medium; font-family: 黑体; margin: 5px
0 5px 5px; float: left; width: auto;">收货人信息</span>
   16            <div style="font-size: small; float: left; width: auto; margin:
5px 0 5px 10px;"<asp:LinkButton ID="lnk_address" runat="server" PostBackUrl=
"~/myhome/myaddress.aspx">[添加地址]</asp:LinkButton>
   17                            </div>
   18                     </div>
   19                 </div>
   20             </div>
   21             <div class="order_item ">
   22      <span style="font-size: medium; font-family: 黑体; margin: 5px 0 5px
5px; float: left;
   23                     width: auto;">商品金额总计: <asp:Label ID="lblTotal"
runat="server" Text="0"></asp:Label></span> 
   24             </div>
   25             <div class="order_item ">
   26                 <asp:Button ID="Button1" runat="server" Text="生成订单"
CssClass="btn" />
   27             </div>
   28         </div>
   29     </div>
```

界面如图 6-5-6 所示。

图 6-5-6　界面设计效果

2．显示常用联系地址

（1）添加 RadioButtonList 控件。

从工具箱中选择 RadioButtonList 控件到页面中，设置宽度为 100%，如图 6-5-7 所示。

图 6-5-7　添加 RadioButtonList 控件

（2）配置数据源。

配置数据库，如图 6-5-8 所示。

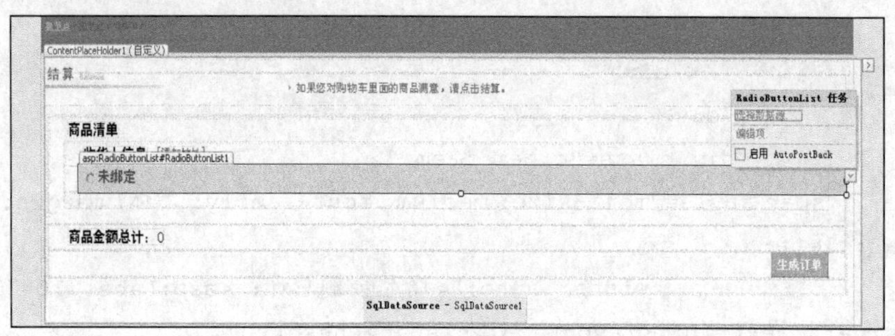

图 6-5-8　配置数据源

在 RadioButtonList 的智能标记中选择数据源，在数据源配置向导中选择新建数据源，如图 6-5-9 所示。

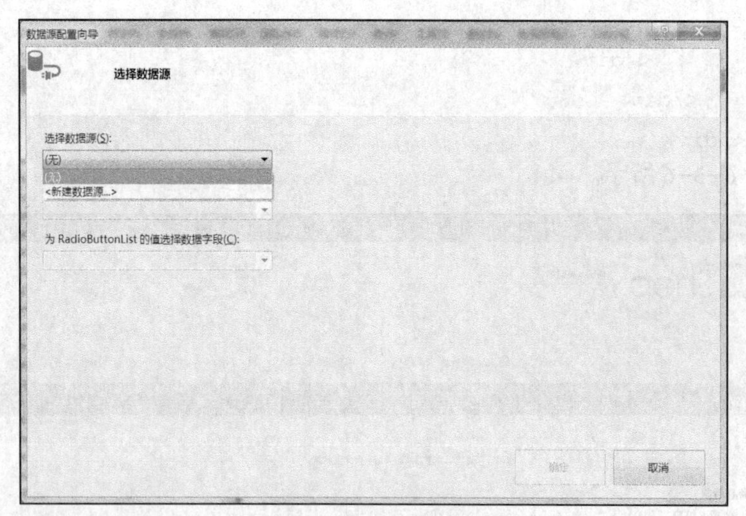

图 6-5-9　新建数据源

选择数据源类型，如图 6-5-10 所示。

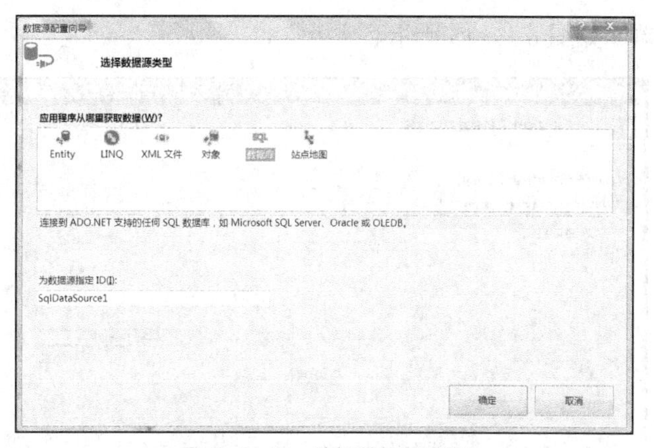

图 6-5-10 选择数据源类型

选择数据连接，如图 6-5-11 所示。

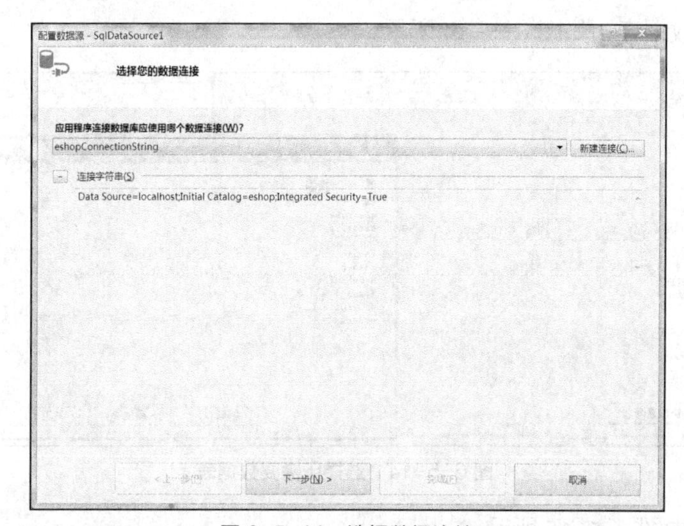

图 6-5-11 选择数据连接

配置 Select 语句，如图 6-5-12 所示。

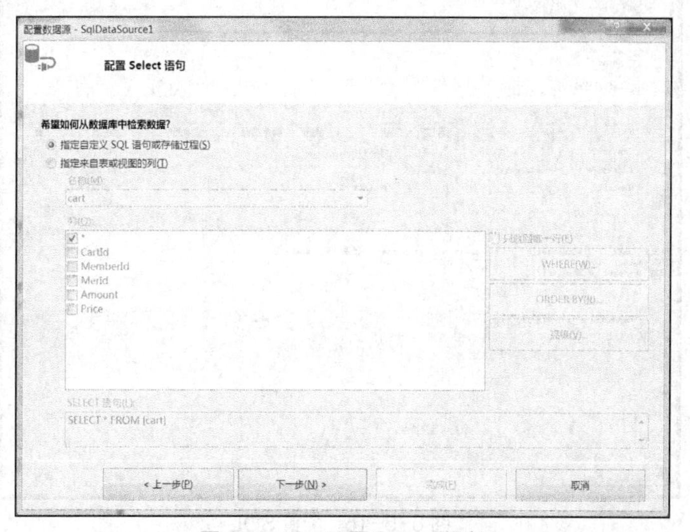

图 6-5-12 配置 Select 语句

打开查询生成器，如图 6-5-13 所示。

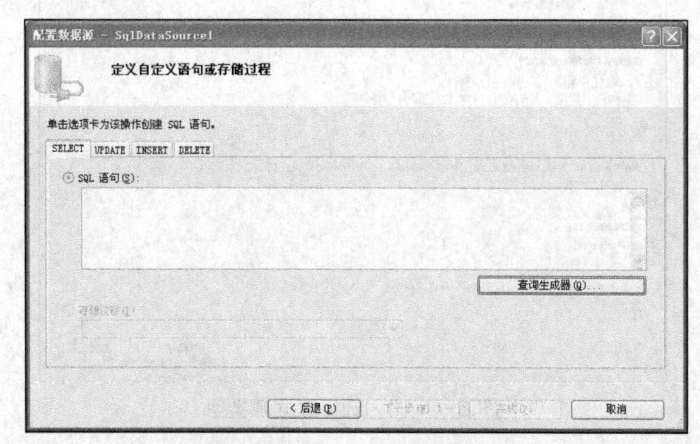

图 6-5-13　打开查询生成器

选择所需要数据表，如图 6-5-14 所示。

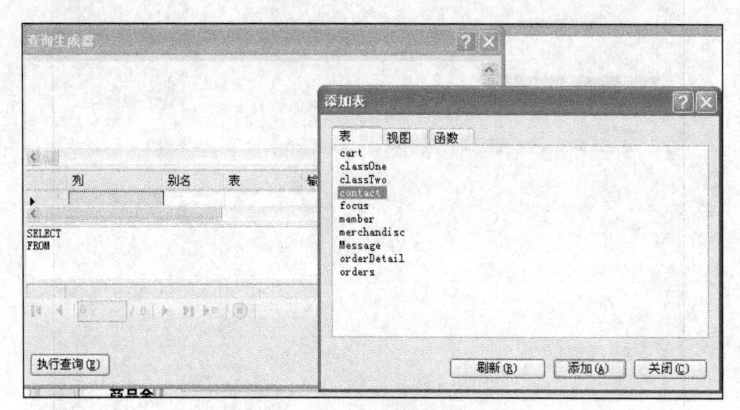

图 6-5-14　选择所需要数据表

配置 SQL，如图 6-5-15 所示。

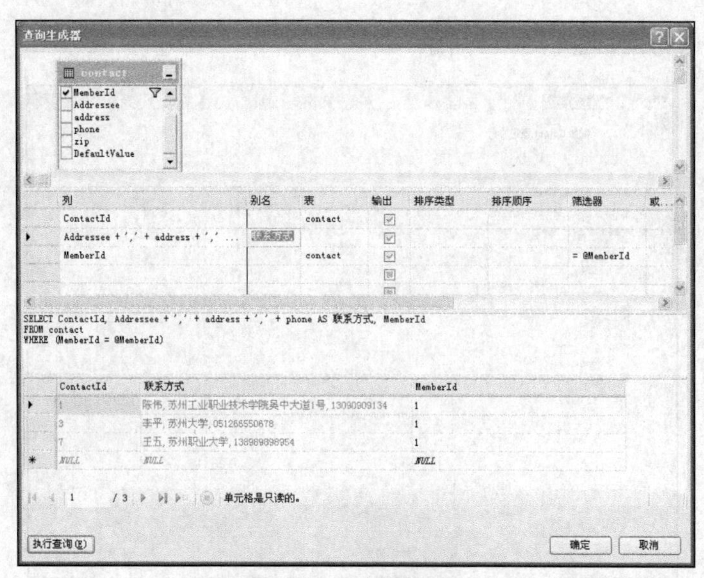

图 6-5-15　配置 SQL

定义参数，如图 6-5-16 所示。

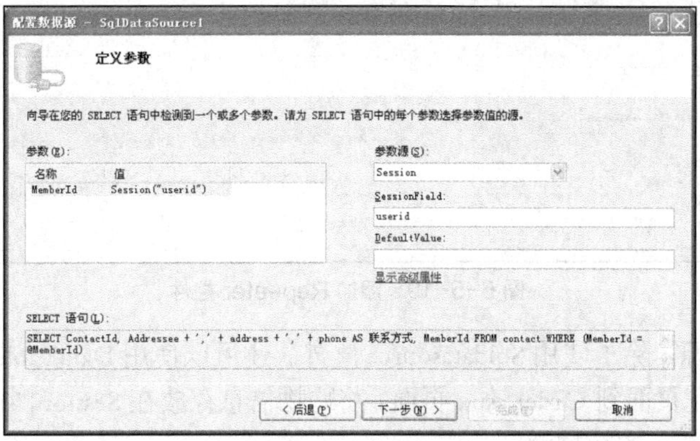

配置数据源 - SqlDataSource1

定义参数

向导在您的 SELECT 语句中检测到一个或多个参数。请为 SELECT 语句中的每个参数选择参数值的源。

参数(R):

名称	值
MemberId	Session("userid")

参数源(S): Session

SessionField: userid

DefaultValue:

显示高级属性

SELECT 语句(L):

SELECT ContactId, Addressee + ',' + address + ',' + phone AS 联系方式, MemberId FROM contact WHERE (MemberId = @MemberId)

< 后退(P)　下一步(N) >　完成(F)　取消

图 6-5-16　定义参数

测试查询，如图 6-5-17 所示。

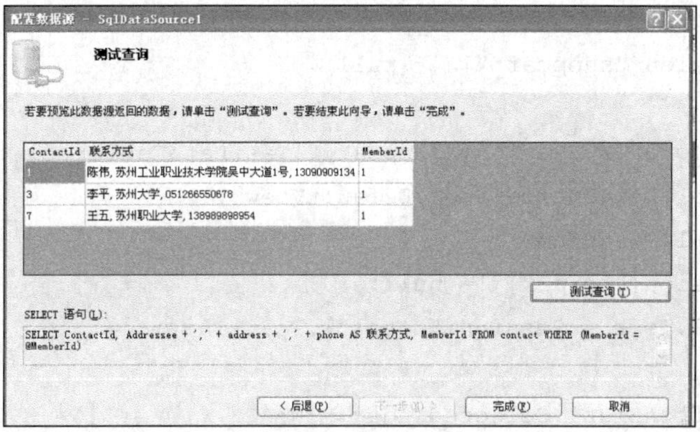

配置数据源 - SqlDataSource1

测试查询

若要预览此数据源返回的数据，请单击“测试查询”。若要结束此向导，请单击“完成”。

ContactId	联系方式	MemberId
1	陈伟, 苏州工业职业技术学院吴中大道1号, 13090909134	1
3	李平, 苏州大学, 051266550678	1
7	王五, 苏州职业大学, 138989898954	1

测试查询(T)

SELECT 语句(L):

SELECT ContactId, Addressee + ',' + address + ',' + phone AS 联系方式, MemberId FROM contact WHERE (MemberId = @MemberId)

< 后退(P)　下一步(N) >　完成(F)　取消

图 6-5-17　测试查询

选择数据字段，如图 6-5-18 所示。

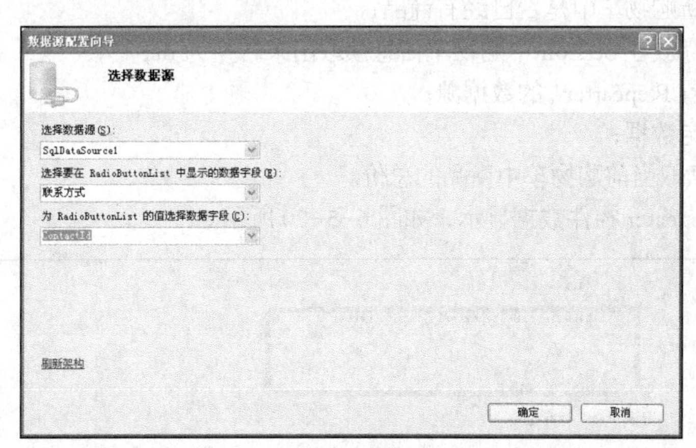

图 6-5-18　选择数据字段

3．显示已经选购商品

（1）添加 Repeater 控件。在“order.aspx”页面中添加 Repeater 控件，如图 6-5-19 所示。

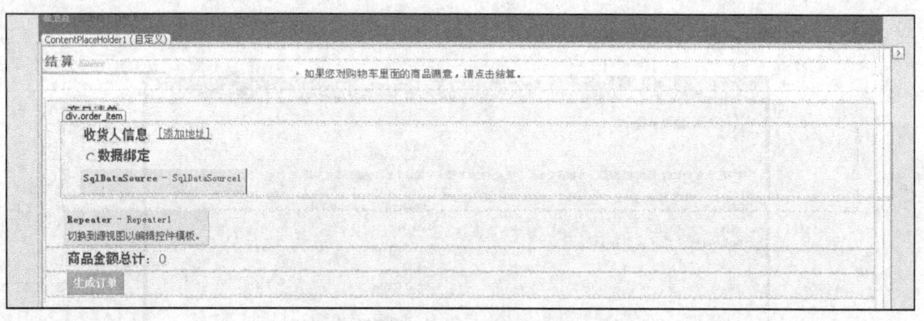

图 6-5-19 添加 Repeater 控件

（2）配置数据源。除了使用 Sqldatasource 之外，还可以使用 DataTable 作为数据显示控件的数据源。从购物车页面到 Order.aspx 页面，将购物信息存放在 Session["shopcart"]中，可将数据读出来作为 Repeater 的数据源。

在 order.aspx 的页面加载事件中添加如下代码。

```
1    protected void Page_Load(object sender, EventArgs e)
2    {
3    if (Session["shopcart"] != null)
4    {
5    DataTable dt = Session["shopcart"] as DataTable;
6    Repeater1.DataSource = dt.DefaultView ;
7    Repeater1.DataBind();
8    if (Session["total"] != null)
9    lblTotal.Text = Session["total"].ToString();
10   }
11   RadioButtonList1.SelectedIndex = 0;
12   }
```

程序说明如下。

第 3 行：判断购物车中是否已经有商品；

第 5 行：将存放在 Session 中购物车信息读取出来转换为 dt；

第 6 行：设置 Repearter1 的数据源；

第 7 行：绑定数据；

第 8 ~ 10：读取当前购物车中商品的总价。

（3）设置 Repeater 控件数据显示，如图 6-5-20 所示。

```
87              </asp:SqlDataSource>
88          </div>
89      </div>
90      <asp:Repeater ID="Repeater1" runat="server">
91
92
93
94      </asp:Repeater>
95    </div>
96    <div class="order_item ">
97
98        <span style="font-size: medium; font-family: 黑体; margin: 5px 0 5px 5px; float: left;
99            width: auto;">商品金额总计：<asp:Label ID="lblTotal" runat="server" Text="0"></asp:Label></span>&nbs
100   </div>
101   <div class="order_item ">
102       <asp:Button ID="Button1" runat="server" Text="生成订单" CssClass="btn" />
103   </div>
104 </div>
```

图 6-5-20 数据显示

在源代码中找到 Repeater 控件，并且添加如下界面设计代码。

```
1    <asp:Repeater ID="Repeater1" runat="server">
2    <HeaderTemplate>
3    <div style="background-color: #1C5E55; color: #333333">
4    所购商品
5    </div>
6    </HeaderTemplate>
7    <ItemTemplate>
8    <div style="width: 100%; background-color: #E3EAEB; height: 25px">
9    <asp:Label  ID="lblId"  runat="server"  Text='<%#  Eval("id")  %>'
></asp:Label>
10   <asp:Label ID="lblName" runat="server" Text='<%# Eval("productname")
%>'></asp:Label>
11   <asp:Label ID="lblPrice" runat="server" Text='<%# Eval("localPrice")
%>'></asp:Label>
12   <asp:Label  ID="lblAmount"  runat="server"  Text='<%# Eval("buycount")
%>'></asp:Label>
13   </div>
14   </ItemTemplate>
15   <AlternatingItemTemplate>
16   <div style="width: 100%; background-color: White; height: 25px">
17   <asp:Label    ID="lblId"    runat="server"    Text='<%#    Eval("id")
%>'></asp:Label>
18   <asp:Label ID="lblName" runat="server" Text='<%# Eval("productname")
%>'></asp:Label>
19   <asp:Label ID="lblPrice" runat="server" Text='<%# Eval("localPrice")
%>'></asp:Label>
20   <asp:Label  ID="lblAmount"  runat="server"  Text='<%# Eval("buycount")
%>'></asp:Label>
21   </div>
22   </AlternatingItemTemplate>
23   </asp:Repeater>
24   <span style="font-size: medium; font-family: 黑体; margin: 5px 0 5px 5px;
float: left;
25   width:  auto;">商品金额总计: <asp:Label  ID="lblTotal"  runat="server"
Text="0"></asp:Label></span> 
26   <asp:Button ID="Button1" runat="server" Text="生成订单" CssClass="btn"
/> </div>
27   </div>
```

4．生成订单

在“生成订单”按钮的单击事件中添加如下代码。

```
1   protected void Button1_Click(object sender, EventArgs e)
2     {
3         //1.更新订单表
4        //（1）.生成订单号——订单号组成：当前的年月日时分秒+随机数
5         Random rnd = new Random();
6         int num = rnd.Next(100, 1000);
7         string  orderid  =  DateTime.Now.Year.ToString()  +  DateTime.
Now.Month.ToString()  +  DateTime.Now.Day.ToString()  +  DateTime.Now.Hour.
ToString() + DateTime.Now.Minute + num.ToString();
8         //（2）获取联系地址编号
9         int contactid = Int32.Parse(RadioButtonList1.SelectedValue);
10         //（3）当前用户 ID 号  -session["userid"]
11         //（4）下单时间
12         string orderdate = DateTime.Now.ToString();
13         //(4) 订单总价
14         float total = float.Parse(lblTotal.Text);
15         //（5）配置 SQL
16         string strsql = string.Format("insert into orders values('{0}',
{1},{2},{3},0,'{4}','','','')",  orderid,  Session["userid"].  ToString(),
contactid, total, orderdate);
17         //（6）更新 order 表
18      if (DbManager.ExceSQL(strsql))
19      {
20         //2.更新订单详情表
21        for (int i = 0; i < Repeater1.Items.Count; i++)
22         {
23    int merid = Int32.Parse((Repeater1.Items[i].FindControl("lblId") as
Label).Text);
24   float price = float.Parse((Repeater1.Items[i].FindControl("lblPrice")
as Label).Text.Substring (1));
25     int amount = Int32.Parse((Repeater1.Items[i].FindControl
("lblAmount") as Label).Text);
26      strsql = string.Format("insert into orderDetail values('{0}',{1},
{2},{3})", orderid, merid, price, amount);
27        DbManager.ExceSQL(strsql);
28         }
29         Response.Write("<script> alert('订单生成');window.location.href=
'myallorder.aspx'</script>");
30             }
31           }
```

步骤三： 查看订单。

1．准备网页文件

（1）在站点的 Myhome 文件夹下新建 Web 窗体 myallorder.aspx，选择母版页 myhome.aspx。

（2）设置页面样式。

```
    <asp:Content ID="Content1" ContentPlaceHolderID="head" runat="server">
    </asp:Content>
    <asp:Content  ID="Content2"  ContentPlaceHolderID="ContentPlaceHolder2"
runat="server">
        <p>
            我的订单</p>
    </asp:Content>
    <asp:Content  ID="Content3"  ContentPlaceHolderID="ContentPlaceHolder1"
runat="server">
        <div style="width: 100%">
        </div>
    </asp:Content>
```

2．添加 Repeater 控件和 SqlDataSource 控件

（1）添加 Repeater 数据显示控件。从左边的工具箱的数据分类中选择 Repeater 控件，拖动到 myallorder.aspx 页面中，设置属性 Width 为 100%。

（2）添加 SqlDataSource 数据源控件。从 Repeater 智能标记中选择数据源，单击新建数据源，如图 6-5-21 所示。

图 6-5-21　添加数据源控件

（3）使用向导配置数据源。在弹出的对话框中选择数据库，并按照图 6-5-22～图 6-5-25 所示步骤完成数据源配置。

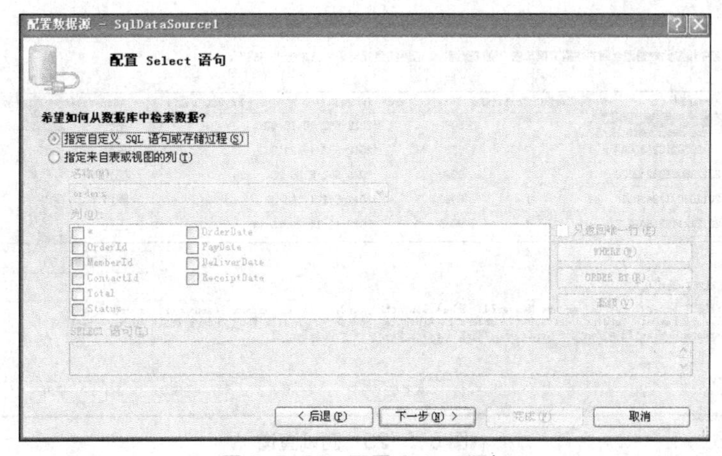

图 6-5-22　配置 Select 语句

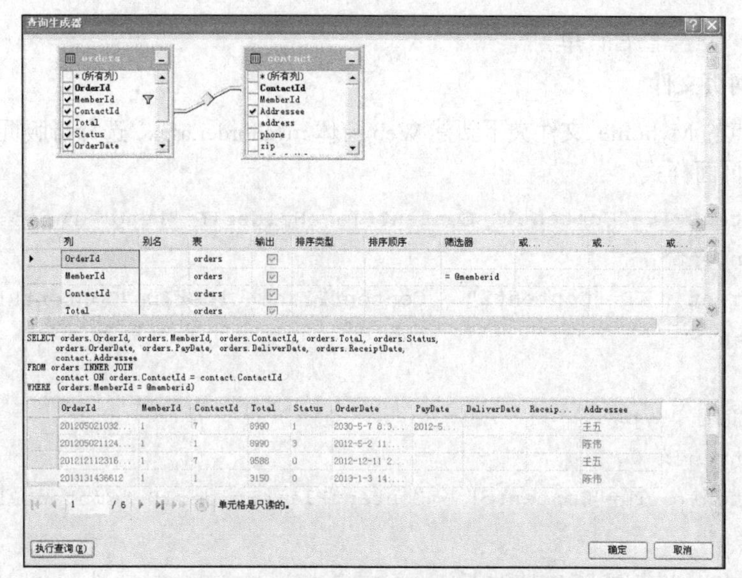

图 6-5-23　添加数据表，并创建表连接关系

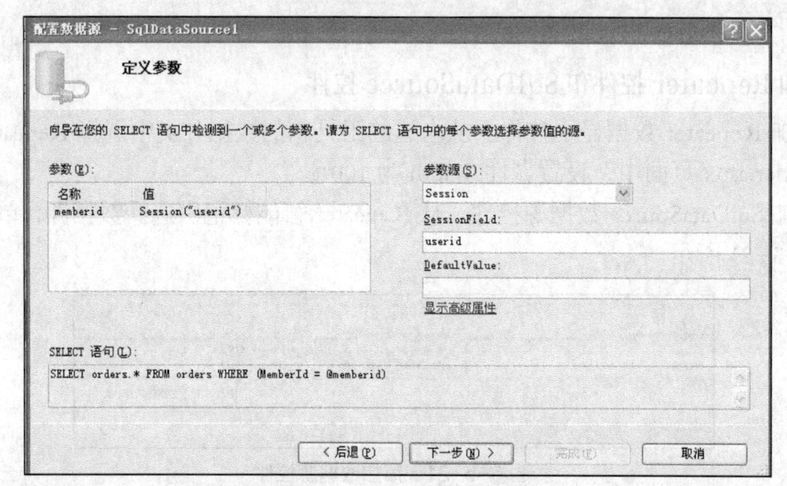

图 6-5-24　添加参数定义

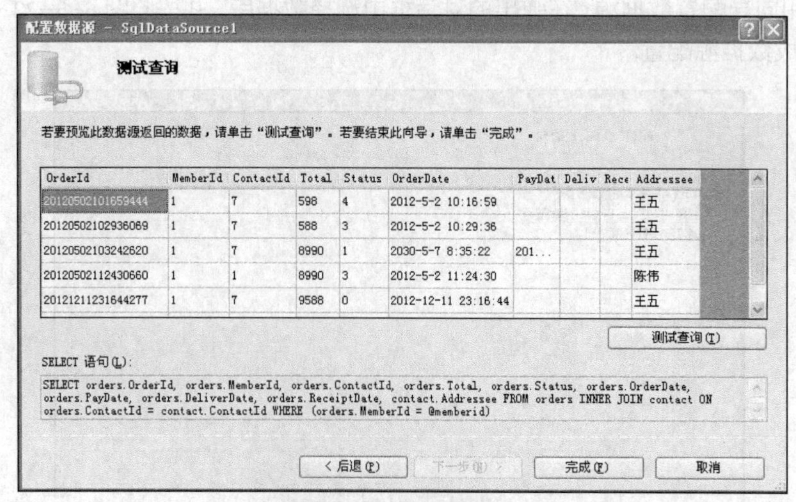

图 6-5-25　测试查询

3．设计 Repeater 显示字段

打开 myallorder.aspx 页面，进入源视图设计，在<asp:Content ID="Content1" ContentPlaceHolderID="head" runat="server"> 和 </asp:Content>之间添加本页面的样式，代码如下。

```
1    <asp:Content ID="Content1" ContentPlaceHolderID="head" runat="Server">
2    <style type="text/css">
3    .item_head
4    {
5    width: 100px;
6    font-family: 微软雅黑;
7    font-size: small;
8    font-weight: bold;
9    text-align: center;
10   float: left;
11   color: #5AA18F;
12   padding-bottom: 5px;
13   padding-top: 5px;
14   }
15   .repeater_head
16   {
17   width: 740px;
18   font-family: 宋体;
19   font-size: small;
20   font-weight: normal;
21   text-align: center;
22   float: left;
23   color: #5AA18F;
24   padding-bottom: 5px;
25   padding-top: 5px;
26   border-bottom-style: solid;
27   border-bottom-width: 2px;
28   margin-left: 10px;
29   }
30   .reapter_item
31   {
32   width: 740px;
33   float: left;
34   margin-left: 10px;
35   }
36   .item_list
37   {
38   width: 100px;
```

```
39  font-family: 宋体;
40  font-size: small;
41  text-align: center;
42  float: left;
43  height: 30px;
44  border-bottom-style: solid;
45  border-bottom-width: 2px;
46  border-bottom-color: #DDDDDD;
47  padding: 10px 0 0 0;
48  vertical-align: bottom;
49  }
50  </style></asp:Content>
```

在<asp:Content ID="Content3" ContentPlaceHolderID="ContentPlaceHolder1" runat="server"> 和</asp:Content>中设置DIV层，代码如下。

```
1   <asp:Content ID="Content3" ContentPlaceHolderID="ContentPlaceHolder1"
runat="server">
2   <div style="width: 100%">
3   <asp:Repeater ID="Repeater1" runat="server" DataSourceID= "SqlDataSource1">
4   <HeaderTemplate>
5   <div class="repeater_head">
6   <div class="item_head">
7   订单号</div>
8   <div class="item_head ">
9   收货人</div>
10  <div class="item_head ">
11  订单总额</div>
12  <div class="item_head ">
13  订单状态</div>
14  <div class="item_head " style="width: 180px">
15  下单时间</div>
16  <div class="item_head ">
17  操作</div>
18  </div>
19  </HeaderTemplate>
20  <ItemTemplate>
21  <div class="reapter_item">
22  <asp:Label ID="lblOrderid" runat="server" Text='<%# Eval("OrderId") %> '
CssClass=" item_list  "
23  ForeColor="#1A66B3"></asp:Label>
24 <asp:Label ID="lblAddressee" runat="server" Text='<%# Eval("Addressee")
%>' CssClass=" item_list  "></asp:Label>
```

```
25 <asp:Label ID="lblToal" runat="server" Text='<% #Eval("Total","{0:C}")
%>' CssClass=" item_list  "></asp:Label>
26 <asp:Label ID="lblStatus" runat="server" Text='<% #Eval("Status") %>'
CssClass=" item_list  "></asp:Label>
27 <asp:Label ID="lblOrderDate" runat="server" Text='<% #Eval("OrderDate",
"{0:MM/dd/yyyy}") %>'
28 CssClass=" item_list  " Width="180px"></asp:Label>
29 <asp:LinkButton ID="lbtnOper" runat="server" CssClass="item_list "
CommandName="oper">付款</asp:LinkButton>
30 <asp:Label ID="Label1" runat="server" Text="--" CssClass="item_list "
Visible="false"></asp:Label>
31 </div>
32 </ItemTemplate>
33 </asp:Repeater>
34 <asp:SqlDataSource ID="SqlDataSource1" runat="server" ConnectionString=
"<%$ ConnectionStrings:eshopConnectionString %>"
35 SelectCommand="SELECT orders.OrderId, orders.MemberId, orders.ContactId,
orders.Total, orders.Status, orders.OrderDate, orders.PayDate, orders.DeliverDate,
orders.ReceiptDate, contact.Addressee FROM orders INNER JOIN contact ON
orders.ContactId = contact.ContactId WHERE (orders.MemberId = @memberid)">
36 <SelectParameters>
37 <asp:SessionParameter Name="memberid" SessionField="userid" />
38 </SelectParameters>
39 </asp:SqlDataSource>
40 </div>
41 </asp:Content>
```

显示效果如图 6-5-26 所示。

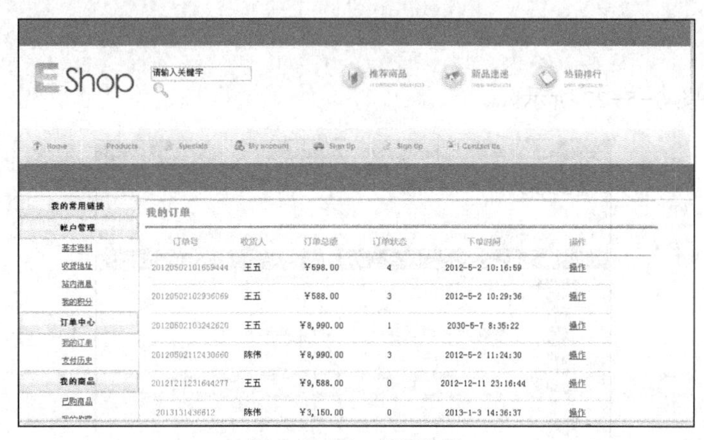

图 6-5-26　显示效果

4．修改显示字段

对于用户来讲，订单的状态有如下几种：0-下单未付款、1-付款等待发货、2-发货等待确认收货、3-确认收货、4-完成。在 repeater 的绑定事件中添加如下代码。

```
1   protected   void   Repeater1_ItemDataBound(object   sender,   Repeater
ItemEventArgs e)
2   {
3   if  (e.Item.ItemType  ==  ListItemType.Item  ||  e.Item.ItemType  ==
ListItemType.AlternatingItem)
4   {
5   int rownum = e.Item.ItemIndex;
6   switch (Int32.Parse(((Label)e.Item.FindControl("lblStatus")).Text))
7   {
8   case 0:
9   ((Label)e.Item.FindControl("lblStatus")).Text = "等待付款";
10  ((LinkButton)e.Item.FindControl("lbtnOper")).Text = "付款";
11  break;
12  case 1: ((Label)e.Item.FindControl("lblStatus")).Text = "等待发货";
13  ((LinkButton)e.Item.FindControl("lbtnOper")).Text = "提醒发货";
14  break;
15  case 2: ((Label)e.Item.FindControl("lblStatus")).Text = "卖家已发货";
16  ((LinkButton)e.Item.FindControl("lbtnOper")).Text = "确认收货";
17  break;
18  case 3: ((Label)e.Item.FindControl("lblStatus")).Text = "交易完成";
19  ((LinkButton)e.Item.FindControl("lbtnOper")).Text = "评价";
20  break;
21  case 4: ((Label)e.Item.FindControl("lblStatus")).Text = "交易完成";
22  ((LinkButton)e.Item.FindControl("lbtnOper")).Visible = false;
23  ((Label)e.Item.FindControl("Label1")).Visible = true;
24  break;
25  }
26  }   }
```

运行效果如图 6-5-27 所示。

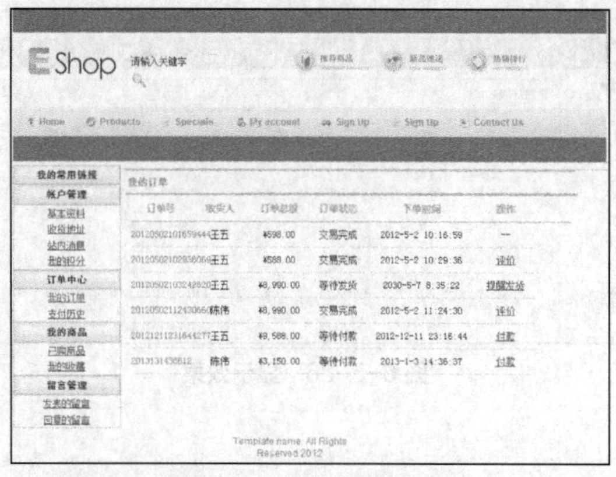

图 6-5-27　运行效果图

步骤四： 订单管理。

（1）设置 btnOper 的 CommandName 为“oper”。

（2）添加 Repeater 的 ItemCommand 事件。

```
1   protected void Repeater1_ItemCommand(object source, RepeaterCommand
EventArgs e)
2   {
3   if (e.CommandName == "oper")
4   {
5   string orderid = ((Label)e.Item.FindControl("lblOrderid")).Text;
6   LinkButton btn = (LinkButton)(e.Item.FindControl("lbtnOper"));
7   string strsql = "";
8   string operdate = DateTime.Now.ToString();
9   switch (btn.Text.Trim())
10  {
11  case "付款":
12  strsql = string.Format("update orders set status=1,paydate='{0}' where
OrderId='{1}'", operdate, orderid);
13  if (DbManager.ExceSQL(strsql))
14  RegisterClientScriptBlock("01", "<script>alert('已经付款，等待发货')
</script>");
15  break;
16  case "提醒发货":
17  RegisterClientScriptBlock("01", "<script>alert('已经提醒卖家')</script>");
18  break;
19  case "确认收货":
20  strsql = string.Format("update orders set status=3,ReceiptDate='{0}'
where OrderId='{1}'", operdate, orderid);
21  if (DbManager.ExceSQL(strsql))
22  RegisterClientScriptBlock("01", "<script>alert('交易完成')</script>");
23  break;
24  case "评价":
25  Response.Redirect("evaluation.aspx?orderid=" + orderid);
26  break;
27  }     }     }
```

程序说明如下。

第 3 行：判断是否操作按钮被按下了；

第 5 行：获取订单号；

第 6 行：获取操作按钮；

第 7 行：获取当前时间；

第 9 行：判断是哪个按钮被按下了；

第 11～15 行：当“付款”按钮被按下时，修改订单状态为 1；

第 16～18 行：当“提醒发货”按钮被按下时，显示提示 ；

第 19～23 行：当“确定收货”按钮被按下时，修改状态为 3；

第 24～26 行：当“评价”按钮被按下时，跳转到评价页面。

Repeater 控件是一个根据模板定义样式循环显示数据的控件，它以没有预定义外观的方式显示数据源的内容，即没有内置的布局和样式，必须在控件所应用的模板内显式声明所有的 HTML 布局、格式设置和样式标记，用来实现界面的可视化。当网页执行时，Repeater 服务器控件会循环处理数据源的所有数据记录，并将每一笔数据呈现到一个“项”或“交替项”。Repeater 控件完全由模板驱动，提供了最大的灵活性，可以任意设置它的输出格式。DataList 控件也由模板驱动，和 Repeater 不同的是，DataList 默认输出是 HTML 表格，DataList 将数据源中的记录输出为 HTML 表格一个个的单元格。

（1）HTML 标记。

```
<asp:Repeater id="Repeater1" runat="server">
        <%--模板标记--%>
</asp:Repeater>
```

（2）常用属性。

Repeater 控件常用属性如表 6-5-1 所示。

表 6-5-1　常用属性

属　　性	说　　明
DataSource	绑定到控件的数据源，可以是数组、数据集、数据视图等。Repeater 控件将其 ItemTemplate 模板和 AlternatingItemTemplate 模板绑定到 DataSource 属性声明和引用的数据模型上
DataMember	若 DataSource 属性指定的是一个数据集，则 DataMember 属性指定到该数据集的一个数据表

（3）常用事件。

Repeater 控件常用事件如表 6-5-2 所示。

表 6-5-2　常用事件

事　　件	说　　明
ItemCommand	当单击 Repeater 控件中的按钮时引发此事件。该事件导致出现始于客户端的往返
ItemCreated	当在 Repeater 控件中创建一个项时引发此事件
ItemDataBound	当 Repeater 控件中的某个项被数据绑定时引发此事件

（4）项模板。

Repeater 和 DataList 是两个典型的模板控件，它们基于模板技术。ASP.NET 有 7 种模板，Repeater 控件只能使用其中的 5 种，而 DataList 控件可以使用全部的 7 种模板。表 6–5–3 列出了这些模板。（注：备注列中标有*者 Repeater 控件不可用。）

表 6-5-3　模板

模板名称	含　义	功　能	备　注
ItemTemplate	项模板	定义显示项的内容和布局	
HeaderTemplate	页眉模板	定义页眉的内容和布局	
FooterTemplate	页脚模板	定义页脚的内容和布局	
AlternatingItemTemplate	交替项模板	定义交替项的内容和布局	
SeparatorTemplate	分隔符模板	定义在项之间的分隔符	
SelectedItemTemplate	选定项模板	定义选定项的内容和布局	*
EditItemTemplate	编辑项模板	定义当前编辑项的内容和布局	*

1. 完成后台管理员商品浏览的实现。
2. 完成后台管理员商品查找的功能。
3. 完成后台管理员商品详细显示的功能。
4. 完成后台管理员订单查看的功能。
5. 完成后台管理员订单管理的功能。

效果如图 6–5–28 所示。

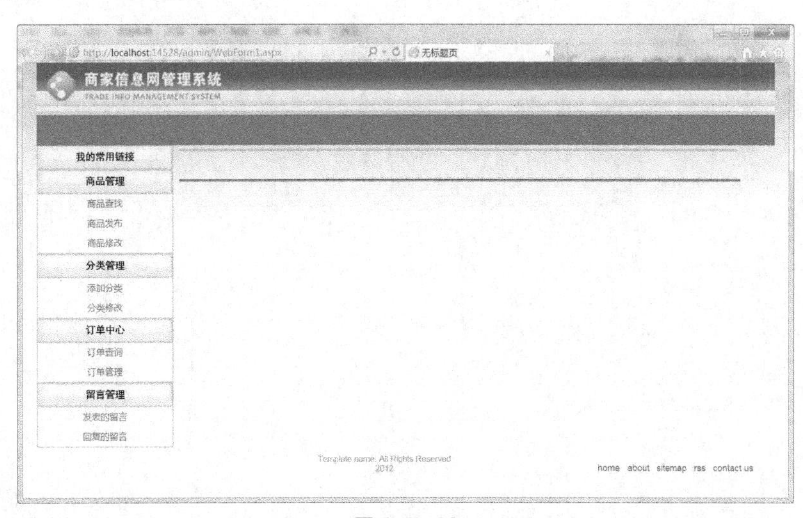

图 6–5–28

1. 下列 Page 类属性中，代表了网页中控件的集合的是（　　）。

　A. PageLayout　　B. Controls　　C. IsPostBack　　D. bgColor

2. 将一个 Button 控件加入到 DataList 控件的模板中，其 CommandName 属性设置为“buy”，当它被单击时将引发 DataList 控件的（　　）事件。

A. DeleteCommand　　B. ItemCommand

C. CancelCommand　　D. EditCommand

3. 将数据集中的数据同步到数据源中,必须调用 DataAdapter 的（　　）方法。

A. Fill　　B. Dispose　　C. Update　　D. ToString

4. 以下选项中哪一个不是完成数据绑定所必须的属性或方法（　　）。

A. <%# 表达式%>　　B. DataSource 属性

C. DataBind 方法　　D. <%= 表达式%>

5. 在 DataAdapter 中，不包含的命令是（　　）。

A. SQLCommand　　B. InsertCommand

C. UpdateCommand　　D. DeleteCommand

6. 以下一定不是 Command 对象的 CommandType 属性值的是（　　）。

A. Text　　B. SQL

C. StoredProcedure　　D. DirectTable

7.（　　）不可以赋值给 GridView 的 DataSource 属性。

A. 数据集　　B. 数据表

C. 数据库　　D. 数据视图

8. FormView 与 GridView 控件相比最重要的区别是（　　）。

A. 能够存储数据　　B. 外观比较美观

C. 显示的布局几乎不受限制　　D. 数据量受一定的限制

PART 7

第 7 章 网站发布与部署

项目七 学习重点

- 能熟练整理网站结构，对文件进行分类归档。
- 能使用 Visual Studio 开发环境发布网站。
- 能在 Windows Server 操作系统上配置 IIS。

项目任务总览

任务编号	任务名称
任务 7.1	网站优化
任务 7.2	网站发布
任务 7.3	网站部署

任务 7.1　网站优化

任务描述

网站优化可以分为两个方面：一方面是网站结构优化，另一方面是网站性能优化。结构优化可以为今后维护与更新网站提供方便，性能优化可以提高网站的执行效率。

任务目标

1. 能初步整理网站结构，对文件进行分类归档。
2. 能简单修改程序、参数，优化系统执行效率。

任务分析

本任务中的结构优化需要删除无用文件，将样式文件、公共类文件分类存放；性能优化由于对开发技术及系统原理的掌握与理解程序要求较高，本任务中仅要求完成配置禁用调试模式，其他部分内容将在“技术要点”中进行说明。

步骤一： 网站结构优化。

1. 在开发网站的过程中，会新建一些文件来单独调试某些小模块的功能，从而产生一些临时、无用的文件，本任务中需要删除网站根目录下的 Default.aspx 和 WebForm1.aspx 两个文件，如图 7-1-1 所示。

2. 新建 App_Code 和 style 两个文件夹。将公共类文件移至 App_Code 文件夹；样式文件移至 style 文件夹，如图 7-1-2 所示。

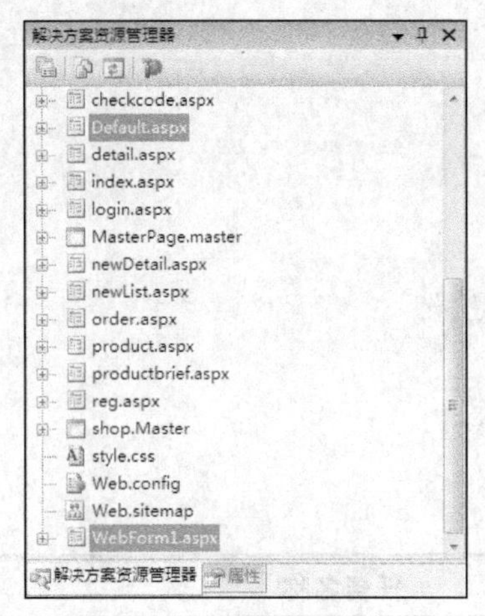

图 7-1-1　删除未用文件

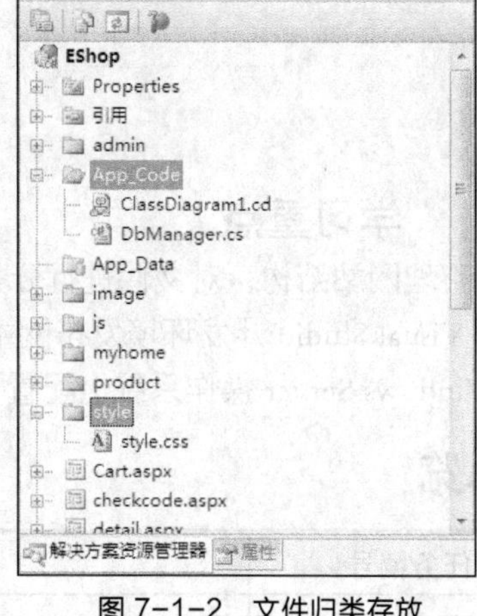

图 7-1-2　文件归类存放

3. 样式文件 style.css 移动后，引用此样式文件的网页文件的路径也需要修改。修改的方法可以使用查找并替换，查找范围可以设置为“整个解决方案”。操作这一步时建议不要盲目地使用“全部替换”，而应该先用“查找下一个”，确认当前代码是引用的样式文件后才对其进行“替换”，如图 7-1-3 所示。

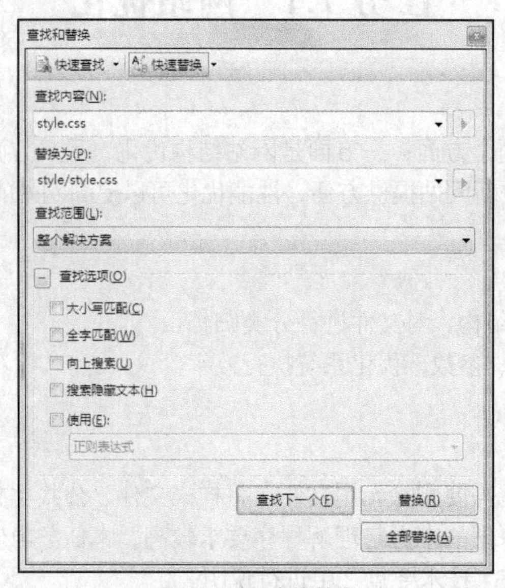

图 7-1-3　查找替换

步骤二： 网站性能优化。

在网站发布前，需要禁用调试模式，以提高网站的运行效率。

打开网站配置文件 Web.config，修改 compilation 节的 debug 属性为 false，如图 7-1-4 所示。

```
Web.config*
16  <connectionStrings>
17      <add name="eshopConnectionString" connectionString="Data Source=
(local);Initial Catalog=eshop;user id=sa;pwd=123" providerName="System.Data.
SqlClient"/>
18  </connectionStrings>
19  <system.web>
20      <!--
21          设置 compilation debug="true" 可将调试符号插入
22          已编译的页面中。但由于这会
23          影响性能，因此只在开发过程中将此值
24          设置为 true。
25      -->
26      <compilation debug="false">
27          <assemblies>
28              <add assembly="System.Core, Version=3.5.0.0, Culture=neutral,
PublicKeyToken=B77A5C561934E089"/>
29              <add assembly="System.Data.DataSetExtensions, Version=3.5.0.0
, Culture=neutral, PublicKeyToken=B77A5C561934E089"/>
30              <add assembly="System.Web.Extensions, Version=3.5.0.0,
Culture=neutral, PublicKeyToken=31BF3856AD364E35"/>
31              <add assembly="System.Xml.Linq, Version=3.5.0.0, Culture=
neutral, PublicKeyToken=B77A5C561934E089"/>
32
33              <add assembly="System.Design, Version=2.0.0.0, Culture=
```

图 7-1-4　禁用调试模式

技术要点

网站结构优化主要目的是使网站目录结构清晰，文件快速可查。本任务中仅完成了网站根目录下两类文件的归档，除此之外，还可以对母版文件、admin 文件夹中的各类型文件进行归类整理。另请思考为何样式文件需要用查找替换修改网页文件，而公共类文件不需要如此操作。

对于网站开发人员来说，在编写 ASP.NET 应用程序时就应该注意性能问题，养成良好的习惯，提高应用程序执行效率，从而降低网站运行的成本。网站性能优化部分技巧如下。

（1）避免与服务器间过多的往返行程。

浏览器向服务器提交访问请求时至少需要往返一次网络数据传输，频繁的服务器访问不仅会降低服务器的运行能力，也会消耗网络带宽资源，导致访问速度变慢。在页面的 Page_Load 事件中可以使用 Page.IsPostback 来避免往返行程上的额外工作。

（2）能缓存在客户机端的信息不要保存在服务器端。

访问网站的用户数量具有不可数的特性，在服务器端资源有限的情况下，应优先考虑在用户的客户机端保存用户个人信息。

（3）不使用不必要的服务器控件。

ASP.NET 中，大量的服务器端控件方便了程序开发，但也可能带来性能的损失，因为用户每操作一次服务器端控件，就产生一次与服务器端的往返过程。因此，非必要，应当少使用服务器控件。

（4）在访问 SQL 数据库时，使用 SqlDataReader 可以获得快进只读数据游标，提高访问效率。

SqlDataReader 类提供了一种读取从 SQL Server 数据库检索的只进数据流的方法。如果当创建 ASP.NET 应用程序时出现允许您使用它的情况，则 SqlDataReader 类提供比 DataSet 类更高的性能。情况之所以这样，是因为 SqlDataReader 使用 SQL Server 的本机网络数据传

输格式从数据库连接直接读取数据。

（5）使用 SQL 存储过程可以提高数据访问效率。

存储过程是存储在服务器上的一组预编译的 SQL 语句，类似于 DOS 系统中的批处理文件。存储过程具有对数据库立即访问的功能，信息处理极为迅速。使用存储过程可以避免对命令的多次编译，在执行一次后其执行规划就驻留在高速缓存中，以后需要时只需直接调用缓存中的二进制代码即可。另外，存储过程在服务器端运行，独立于 ASP.NET 程序，便于修改，最重要的是它可以减少数据库操作语句在网络中的传输。

任务 7.2　网站发布

发布 EShop 网站。

能学会发布网站。

“网站发布”是网站部署到互联网服务器空间之前的编译环节，Visual Studio 集成开发环境提供了简便的网站发布方法。

步骤一： 打开“发布 Web”窗口。

单击“生成”菜单，选择“发布 EShop”菜单项，如图 7-2-1 所示。

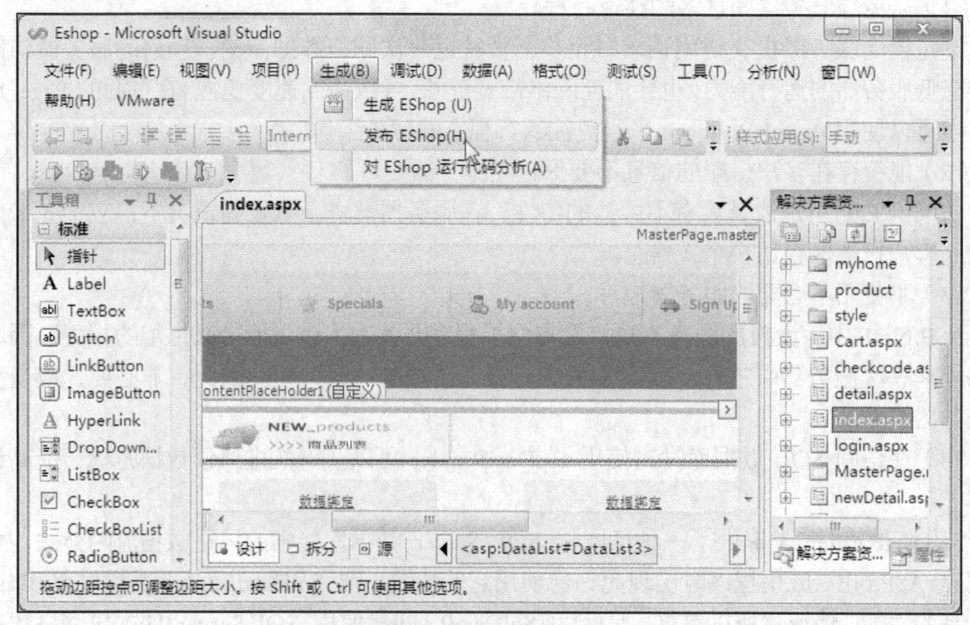

图 7-2-1 “发布”菜单

步骤二： 设置发布 EShop 参数。

1. 在弹出的“发布 Web”对话框中设置参数如下，如图 7-2-2 所示。

（1）目标位置：E:\EShop-publish。

（2）选择：用本地副本替换匹配的文件。

（3）选择：所有项目文件。

（4）勾选：包含 App_Data 文件夹中的文件。

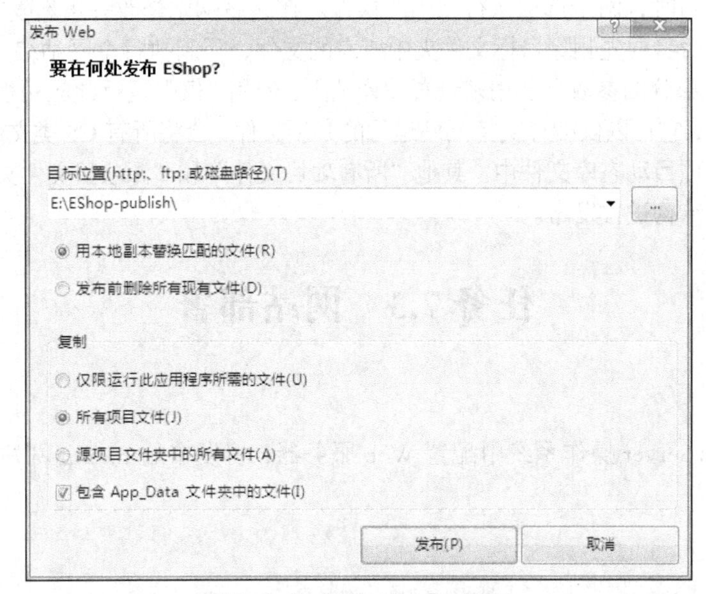

图 7-2-2 “发布 Web”对话框

2. 单击“发布”按钮后，注意观察 Visual Studio 窗口状态栏左下角提示信息，确认提示“发布成功”。

步骤三： 查看成功发布后的 EShop-publish 文件夹。

打开“E:\EShop-publish”文件夹，就能看到文件夹中已发布的网站文件了，如图 7-2- 3 所示。

图 7-2-3 发布文件夹“EShop-publish”中的内容

网站发布参数说明如下。

（1）网站发布的目标位置可以是“本地文件夹或共享文件夹”、“FTP 站点”或者“Web 服务器网站空间”。

（2）“用本地副本替换匹配文件”和“发布前删除所有现有文件”两个选项需要二选一。当网站第一次发布时，两个选项执行相同的操作。在之后网站修改并重新发布时，前者仅编译改动的部分，后者要先删除目标文件夹中所有的文件，重新执行全网站编译。

（3）“复制”部分的参数主要用来设置编译范围：使用“仅限运行此应用程序所需的文件”选项如提示所述，它可以仅编译支持网站运行的必须文件，会将所有 CS 类文件编译后存放至 bin 目录中的 dll 项目动态库文件中。其他“所有项目文件”和“源项目文件夹中的所有文件”则会将网站按原结构进行发布。

任务 7.3　网站部署

在 Windows Server 操作系统中配置 Web 服务器，将发布的 EShop 网站部署至 Web 服务器。

1. 安装 IIS 组件，配置 Web 服务器。
2. 部署 EShop 网站，设置浏览访问参数。

任务分析

在 Windows Server 2008 操作系统的服务器中安装 IIS（Internet 信息服务）组件，在 IIS 中添加 EShop 网站；另外，还需要将数据库配置到 SQL Server 2000 的数据库管理器中，修改 EShop 网站的配置文件 Web.config，将其中数据库连接字符内的 Data Source 参数值改为服务器 IP 地址。

步骤一：在 Windows Server 2008 操作系统中安装 IIS 组件。

1. 单击“开始”菜单，选择“管理工具”→“服务器管理器”，如图 7-3-1 所示。

2. 在“服务器管理器”对话框的左侧目录树窗口中选择“功能”项，然后在右侧窗口中选择“添加功能”，如图 7-3-2 所示。

3. 在“添加功能向导”对话框中，勾选“.NEW Framework 3.5.1 功能”，此时又会弹出一个对话框，询问“是否添加.NET Framework 3.5.1 功能 所需的角色服务和功能？”，此步必须确认“添加所需的角色服务”，否则会无法安装.NET Framework 3.5.1 功能。如图 7-3-3 和图 7-3-4 所示。

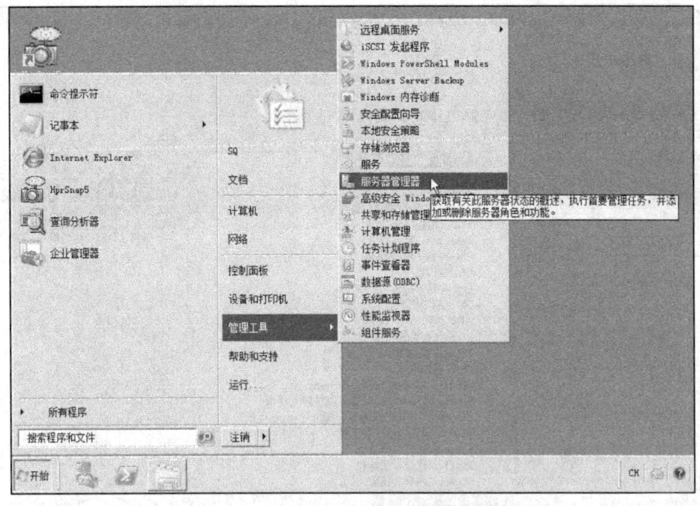

图 7-3-1 打开“服务器管理器”

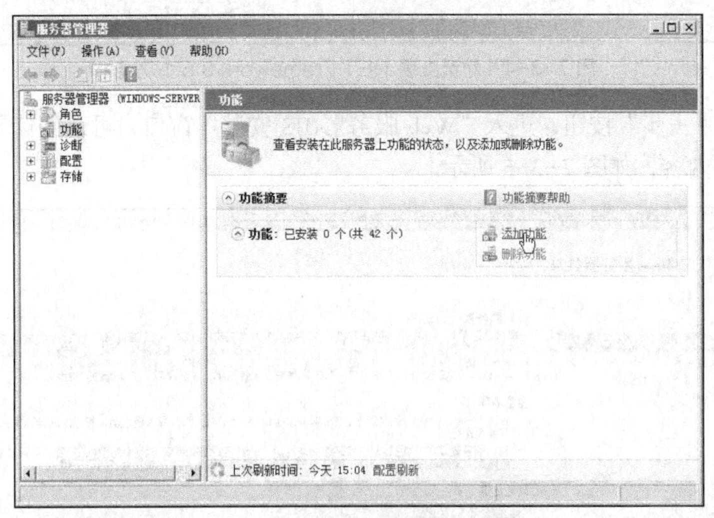

图 7-3-2 “服务器管理器”对话框

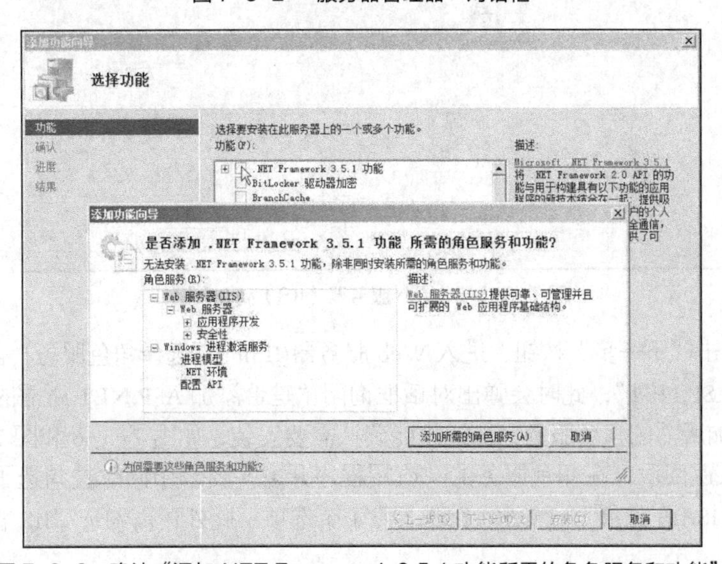

图 7-3-3 确认“添加.NET Framework 3.5.1 功能所需的角色服务和功能”

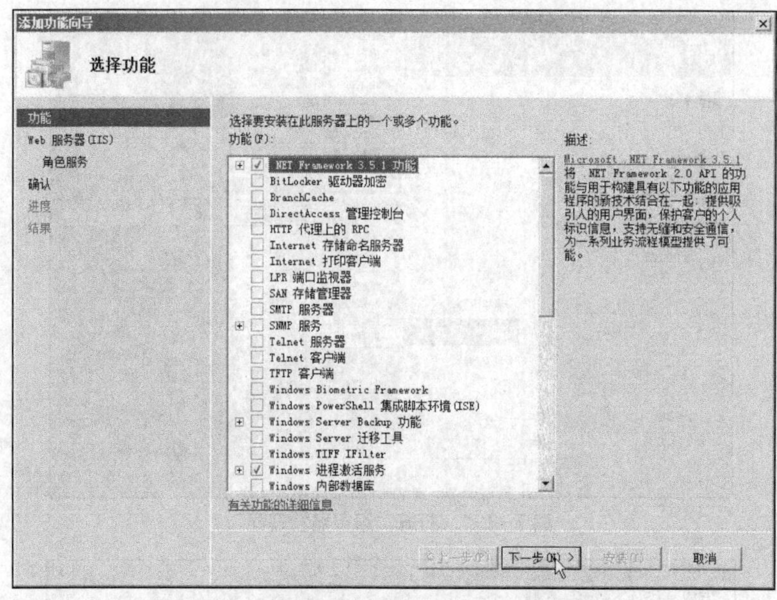

图 7-3-4　勾选安装.NET Framework 3.5.1 功能

4. 单击“下一步”按钮，进入“Web 服务器(IIS)安装”窗口，可以阅读了解“Web 服务器（IIS）”相关内容，如图 7-3-5 所示。

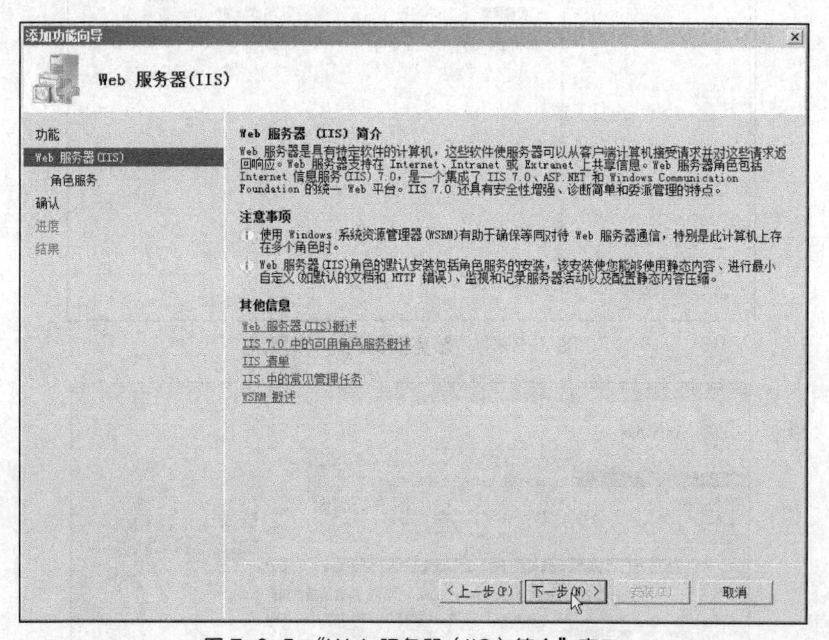

图 7-3-5　“Web 服务器（IIS）简介”窗口

5. 继续单击“下一步”按钮，进入 Web 服务器(IIS)的“选择角色服务”窗口，勾选“静态内容”和“ASP.NET”，此时会弹出对话框询问“是否添加 ASP.NET 所需的角色服务？”，必须单击“添加所需的角色服务”按钮才能确认需要安装，如图 7-3-6 和图 7-3-7 所示。

6. 当确认返回后，在角色服务的“应用程序开发”目录中同时被勾选了“默认文档”、“ASP.NET”、“ISAPI 扩展”、“ISAPI 筛选器”4 个选项。此外还需勾选“IIS 管理控制台”如图 7-3-8 所示。

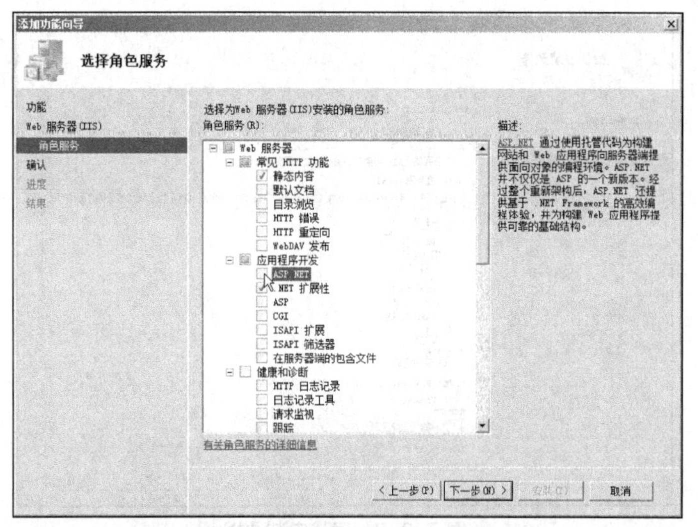

图 7-3-6 选择“ASP.NET”的角色服务

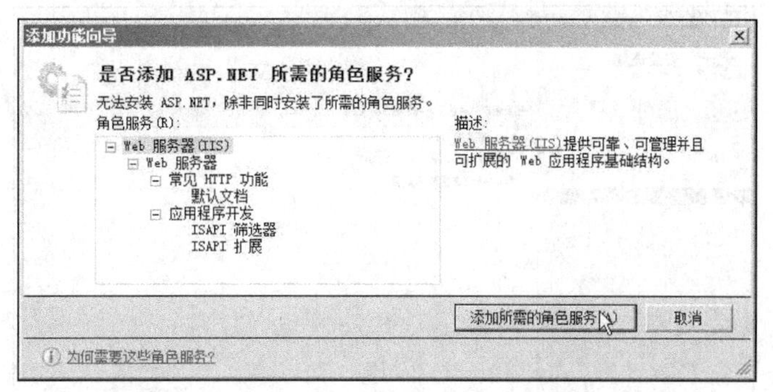

图 7-3-7 确认“添加 ASP.NET 所需的角色服务”

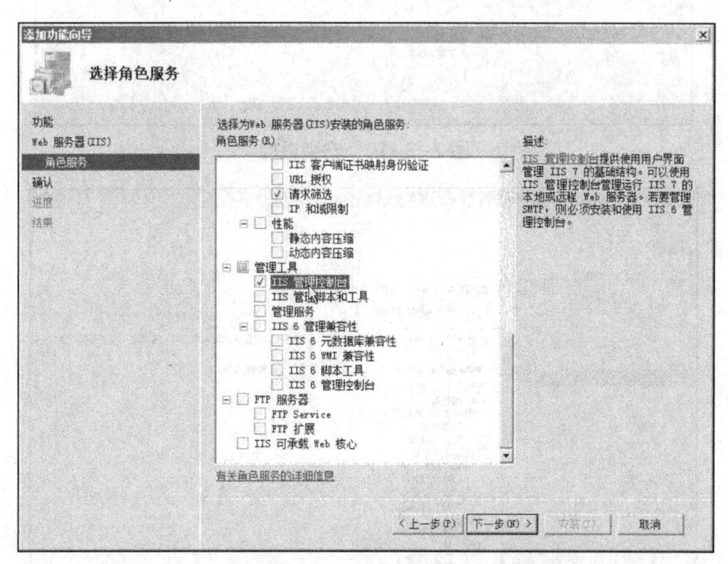

图 7-3-8 选择“IIS 管理控制台”的角色服务

7. 单击“下一步”按钮后,进入“确认安装选择”窗口,单击“安装”按钮后系统即开始安装上述设置的“角色、角色服务或功能”,最后弹出“安装结果”,如图 7-3-9、图 7-3-10 和图 7-3-11 所示。

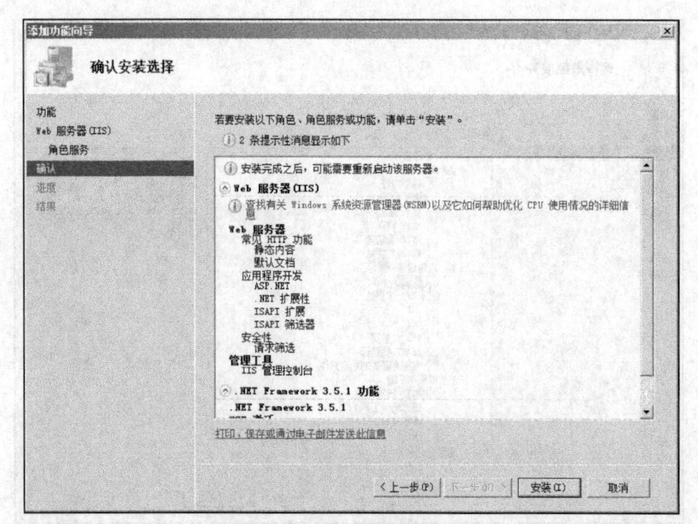

图 7-3-9　确认安装选择

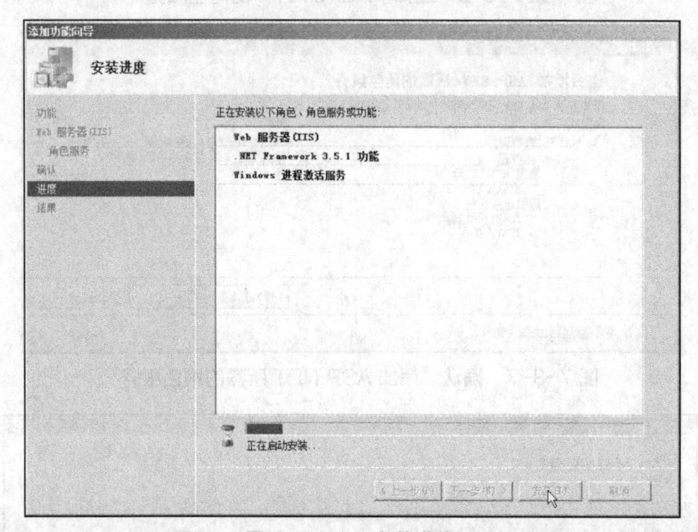

图 7-3-10　安装进度

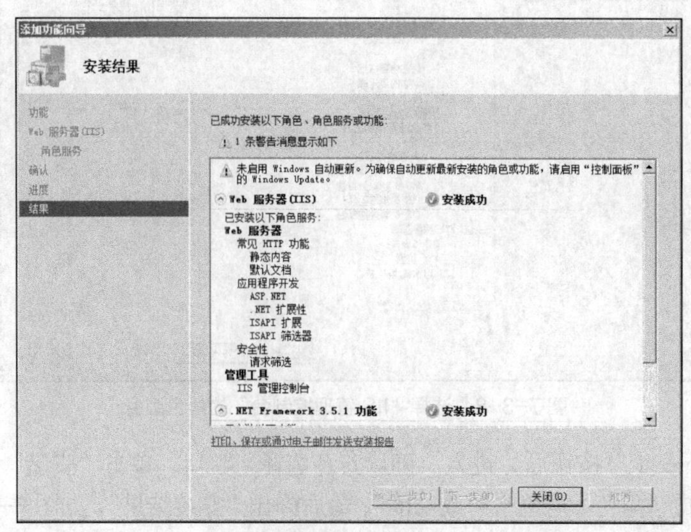

图 7-3-11　安装结果

8. 安装成功后，返回“服务器管理器”界面，即可以看到 Web 服务器（IIS）项，如图 7-3-12 所示。

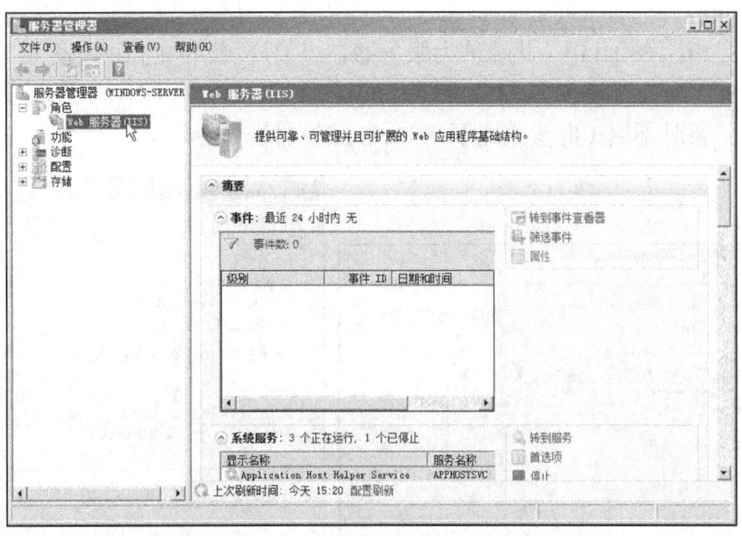

图 7-3-12 “Web 服务器（IIS）”成功添加

步骤二： 在 Web 服务器（IIS）中部署 EShop 网站。

1. 首先将上一任务中发布过网站拷贝至服务器的“c:\WebSite”路径下。（建议网站文件存放至非系统盘）

2. 单击“开始”菜单，选择“管理工具”→“Internet 信息服务（IIS）管理器”，如图 7-3-13 所示。

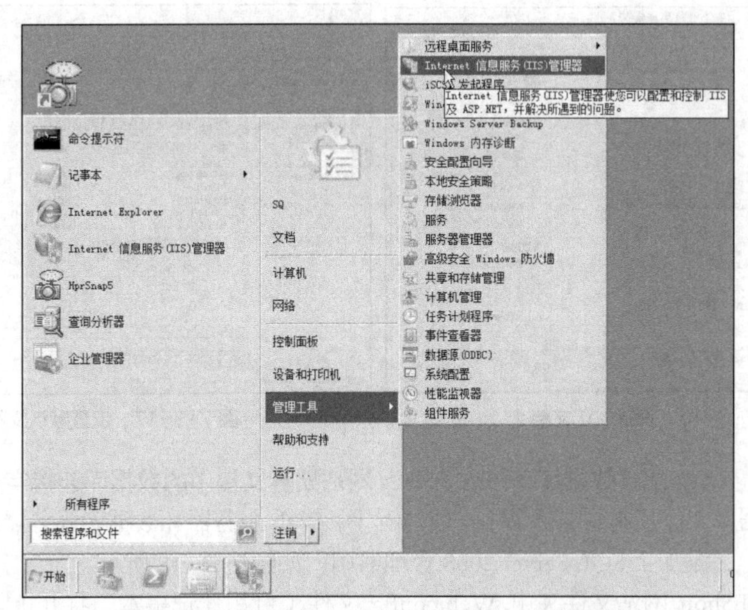

图 7-3-13 打开“Internet 信息服务（IIS）管理器”

3. 在“Internet 信息服务（IIS）管理器”对话框中展开左侧“连接”窗口内的目录，在“网站”节点上右击，选择“添加网站”，如图 7-3-14 所示。

4. 在“添加网站”对话框，配置参数如下，如图 7-3-15 所示。

- 网站名称：EShop
- 物理路径：C:\WebSite\EShop-publish
- 类型：http
- IP 地址：192.168.1.110（此地址为服务器在当前局域网内的 IP 地址）
- 端口：80（Web 服务默认的端口号为 80）
- 主机名：暂时不填（此参数需要与 DNS 服务器配合使用）

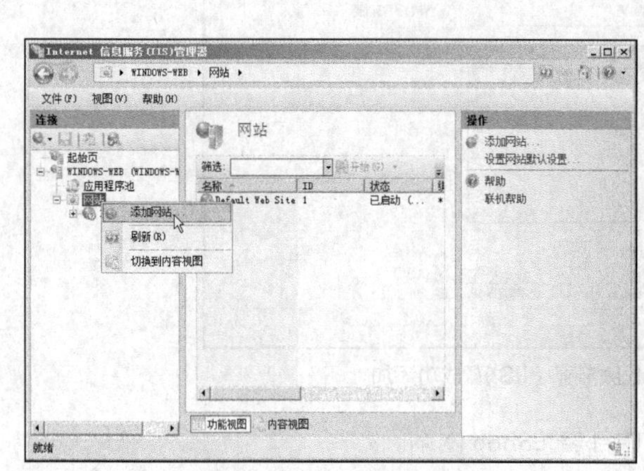

图 7-3-14　添加网站

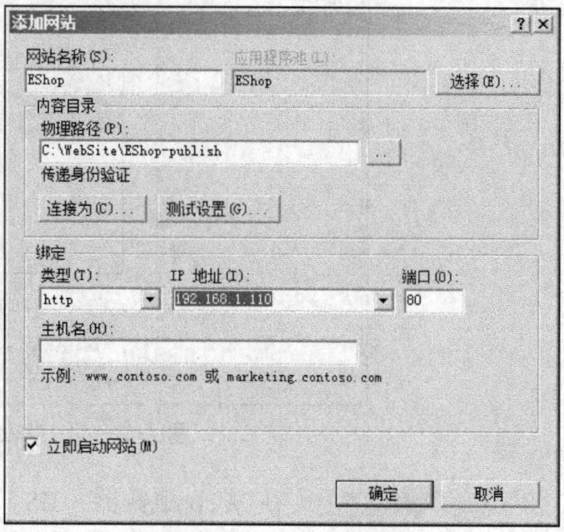

图 7-3-15　添加网站

5. 为 EShop 网站设置默认文档，使用户在访问网站时输入 IP 地址或域名即可打开指定首页（EShop 网站的首页文件为 index.aspx），如图 7-3-16 和图 7-3-17 所示。

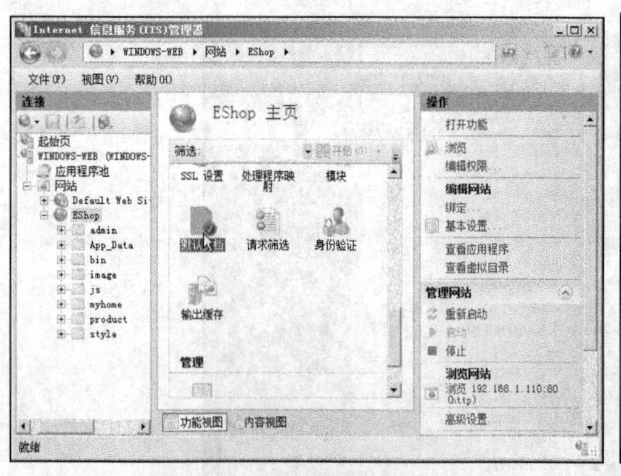

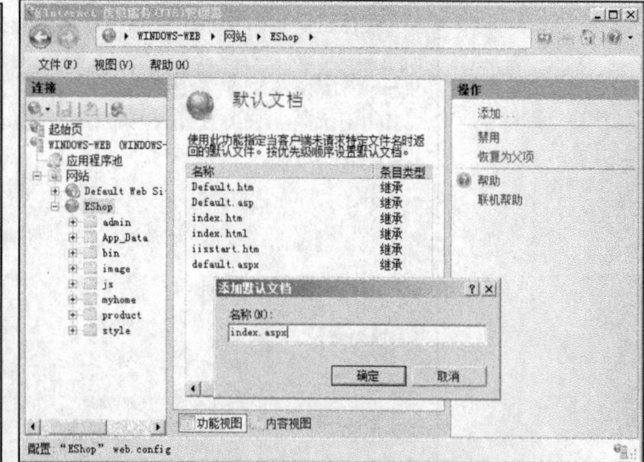

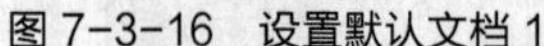
图 7-3-16　设置默认文档 1

图 7-3-17　设置默认文档 2

步骤三： 配置数据库，修改 EShop 网站配置文件中的数据库连接字符串。

1. 将数据库文件复制到服务器（一般情况下，Web 服务器和数据库服务器应部署在不同的服务器上），并添加至 SQL Server 2008 管理器中，如图 7-3-18 所示。

2. 打开 EShop 网站文件夹中 Web.config 文件（可用"记事本"打开），如图 7-3-19 所示。

- 将 Data Source 修改为 192.168.1.110（考虑到今后实际部署网站时必须要修改，因为此处建议大家将原来的（local）改为 192.168.1.110）。
- user id 和 pwd 请根据当前数据库账号配置实际情况进行修改。

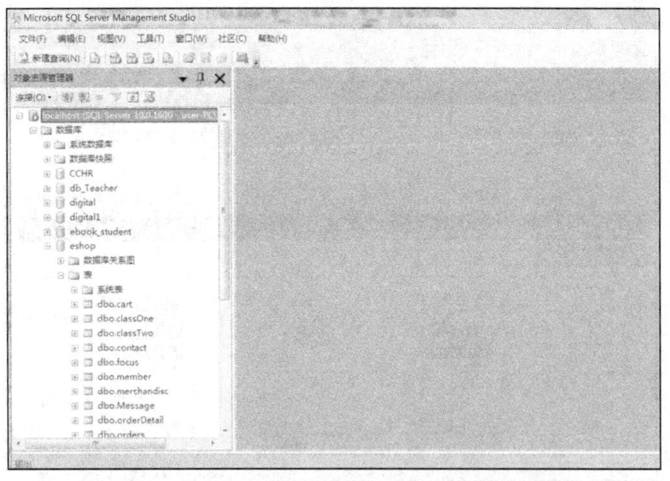

图 7-3-18　SQL Server 2008Management Studio

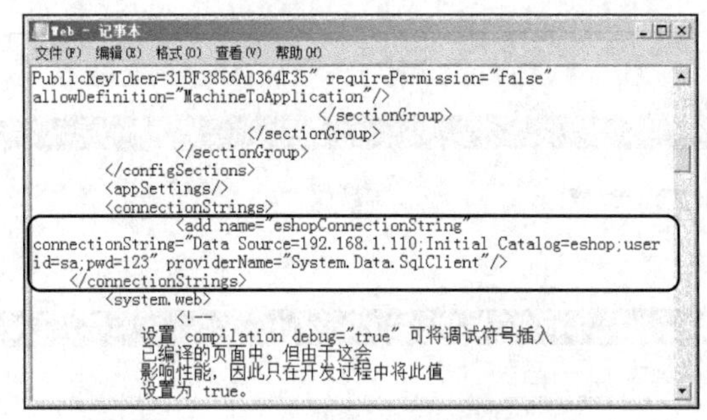

图 7-3-19　修改数据库连接参数

步骤四： 测试运行。

1. 单击“Internet 信息服务（IIS）管理器”窗口右侧下面的“浏览网站”，在打开的 IE 浏览器中就可以成功地访问到 EShop 网站的首页了，如图 7-3-20 和图 7-3-21 所示。

图 7-3-20　浏览网站

2. 为了验证该网站的网络访问效果，可以在同一局域网内的其他计算机上通过 Web 服务器的 IP 地址来访问，如图 7-3-22 所示。

图 7-3-21　服务器端 IE 浏览器访问 EShop 网站

图 7-3-22　客户机端 Firefox 浏览器访问 EShop 网站

Windows Server 2008 是微软的一套服务器操作系统。IT 管理人员可以在该系统上架设 Web 服务器、FTP 服务器、DNS 服务器等支持网络应用的各类服务。Windows Server 2008 相比 Windows Server 2003 具有新的增强的基础结构，先进的安全特性和改良后的 Windows 防火墙支持活动目录用户和组的完全集成。

IIS 是 Internet Information Services 的缩写，中文译为互联网信息服务，它是一种 Web（网页）服务组件，其中包括 Web 服务器、FTP 服务器、NNTP 服务器和 SMTP 服务器，分别用于网页浏览、文件传输、新闻服务和邮件发送等方面，它使得在网络（包括互联网和局域网）上发布信息成了一件很容易的事。

本项目中的网站部署主要采用了自架 Web 服务器和数据库服务器的方法。如果在互联网上申请 Web 空间，空间供应商会提供 Web 服务器域名或 IP 地址，以及密码，通常可以采用 FTP 的方式将网站上传至指定服务器目录中，空间供应商会提供网站上传和数据库配置的指导服务。

PART 8

第 8 章 综合项目——网站新闻模块

本章将介绍在 Visual Studio 环境中，“ESHOP 网上商城”的用户交互界面设计。VisualStudio 应用程序不仅提供了众多的 HTML 服务器控件，而且还提供了功能更强大的 Web 服务器控件。

项目八　**学习重点**

- 能熟练使用 ASP.NET 的常用服务器控件。
- 能熟练使用数据库访问类实现对数据库中数据的增、删、改、查操作。
- 能掌握网站系统中模块的设计与实现的方法。
- 能学会在项目中应用分页、文本编辑等第三方插件。

项目任务总览

任务编号	任务名称
任务 8.1	数据库修订
任务 8.2	数据访问准备
任务 8.3	网站前台——新闻列表
任务 8.4	网站前台——新闻详细内容
任务 8.5	网站后台——新闻发布
任务 8.6	网站后台——新闻管理
任务 8.7	网站后台——新闻修改
任务 8.8	网站后台——新闻删除

任务 8.1　数据库修订

在本项目中将设计并实现一个网站系统中常见的模块——新闻模块。首先需要对数据库进行修订：增加新闻数据表；并直接在数据表中添加若干条新闻测试记录。（注：数据库的设计原则上应该在系统开发的需求和设计阶段就规划好，考虑到新闻模块在网站系统中的相对独立性，故将其作为本项目从设计到实现的学习内容。）

1. 能简单分析与设计新闻数据表的数据结构。
2. 能熟练使用 SQL Server 企业管理器创建、修改与维护数据表。

首先要分析记录一条新闻需要有哪些内容？一条新闻至少应包括新闻 ID、新闻标题、新闻具体内容、新闻发表时间、作者等主要信息，当然也可以根据用户需求添加新闻访问次数、新闻来源等次要信息。本项目中所用到的新闻数据表结构如表 8-1-1 所示。

表 8-1-1　新闻表(new)

字段名称	类型	说明
NewId	Int	用户 ID，主键，自增 1
NewTitle	nvarchar(50)	新闻标题
NewContent	text	新闻内容
NewAddTime	datetime	新闻添加时间
NewAddAuthor	nvarchar(50)	新闻作者

然后将设计好的数据表添加到 eshop 数据库中，如图 8-1-1 所示。最后在新闻（new）数据表中添加若干条新闻测试记录。

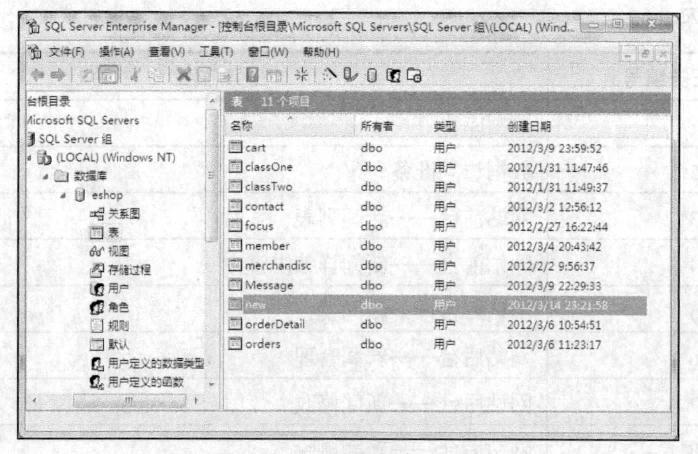

图 8-1-1　新闻表（new）

步骤一：　打开 SQL Server Management Studio 企业管理器。

1. 打开 SQL Server 企业管理器的方法有多种，最常用的是使用桌面快捷图标，如图 8-1-2 所示，或从“开始”→“所有程序”→Microsoft SQL Server 文件夹中选择“企业管理器”，如图 8-1-3 所示。

图 8-1-2　企业管理器桌面快捷图标

图 8-1-3　企业管理器所有程序图标

2. 启动 SQL Server 企业管理器窗口后，展开“控制台根目录”等树节点，直至定位到 eshop 的“表”节点，如图 8-1-4 所示。

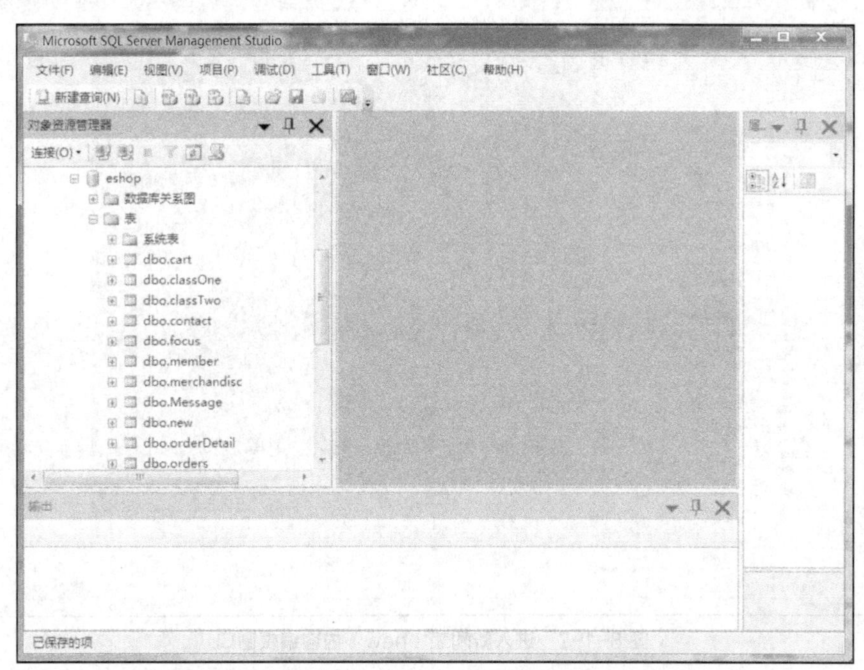

图 8-1-4　SQL Server 企业管理器——EShop 数据库

步骤二： 添加新闻表（new）。

右击“表”节点→选择“新建表”，如图 8-1-5 所示。在“设计表”的窗口中输入并设置新闻表（new）各字段的名称、数据类型、长度等参数，如图 8-1-6 所示。

步骤三： 添加新闻测试数据。

右击新闻表“new”，选择“打开表”→“返回所有行”，如图 8-1-7 所示。在表“new”

窗口中直接输入若干条测试用新闻记录，如图 8-1-8 所示。

图 8-1-5　新建新闻表（new）

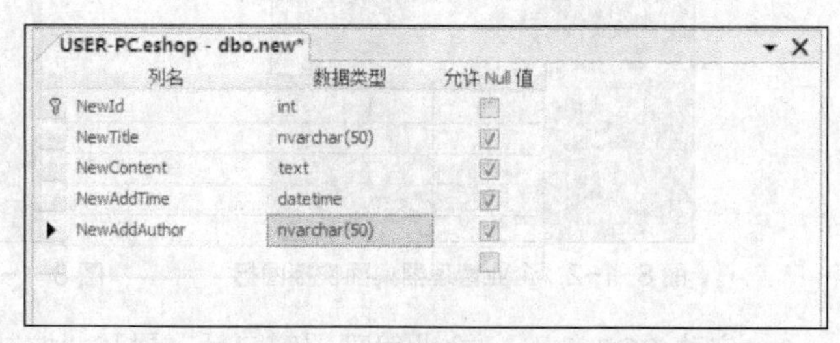

列名	数据类型	允许 Null 值
NewId	int	
NewTitle	nvarchar(50)	✓
NewContent	text	✓
NewAddTime	datetime	✓
NewAddAuthor	nvarchar(50)	✓

图 8-1-6　新闻表（new）实现细节

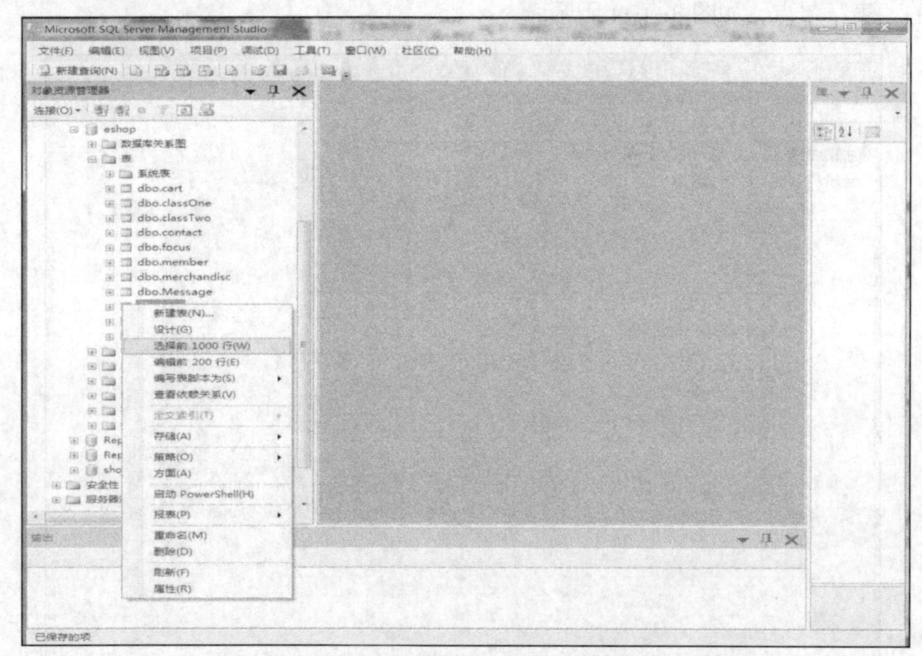

图 8-1-7　进入新闻表（new）内容编辑窗口

NewId	NewTitle	NewContent	NewAddTime	NewAddAuthor
1	EShop全新改版	EShop全新改版，	2012/3/11 23:38:05	admin
2	新闻测试1	新闻测试内容1	2012/3/12 0:00:49	admin
3	新闻测试2	新闻测试内容2	2012/3/12 0:00:54	admin
4	新闻测试3	新闻测试内容3	2012/3/12 0:00:59	admin

图 8-1-8　添加新闻测试记录

技术要点

在本任务中涉及了对 SQL Server 企业管理器的使用，这部分内容可参阅 SQL Server 数据库相关书籍。

数据表的设计应在系统需求分析的基础上进行，本项目中的新闻模块只是一个简单模型，读者可以此基础上进行二次设计。

任务 8.2　数据访问准备

任务描述

在成功添加新闻（new）数据表后，就可以在网站中实现新闻（new）数据表的访问了。本任务通过对数据库连接及数据访问方法的整理，为在新闻模块中对数据增删改查的操作奠定实做基础。

任务目标

1. 能熟练配置 Web.config 中数据库连接语句。
2. 能掌握数据访问类 DbManager.cs 中数据访问的方法。

任务分析

连接数据库是网站中各模块进行数据访问的基础，作为系统公共需求，数据库的连接语句应写在网站配置文件 Web.config 中，如图 8-2-1 所示。

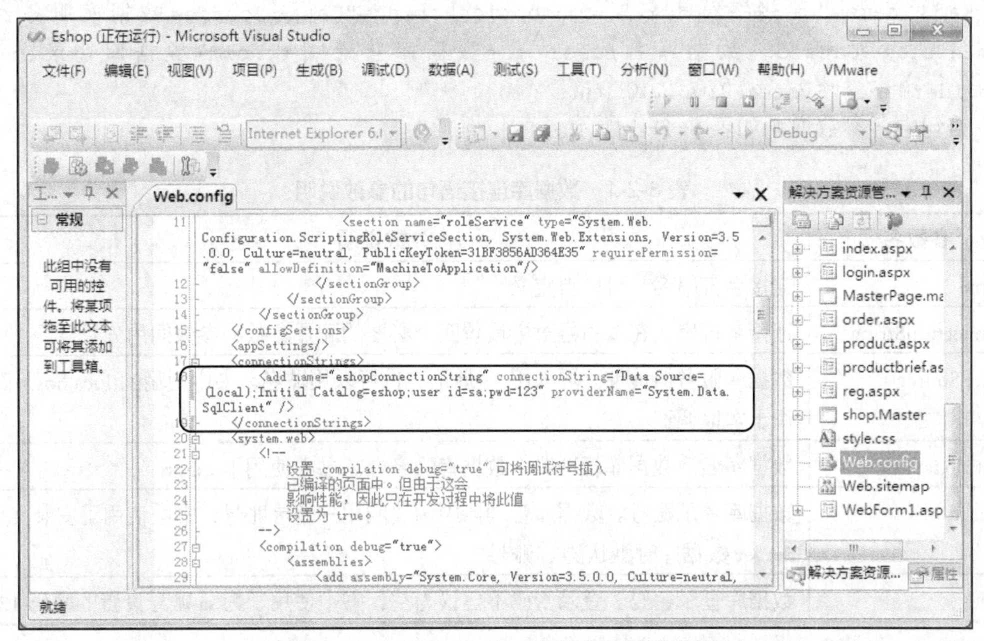

图 8-2-1　在 Web.config 中配置数据库连接语句

本书在前面的项目中设计并使用了 DbManager 类，该类已包含了实现数据访问的常用基本方法，本项目中的新闻模块也将使用该类实现对新闻（new）数据表的访问，如图 8-2-2 所示。

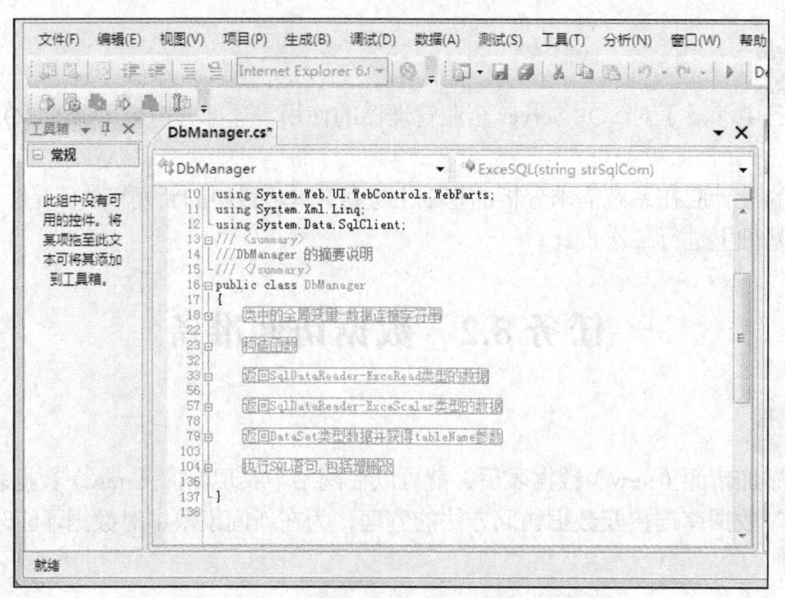

图 8-2-2 数据访问类 DbManage.cs 结构

步骤一： 在 Web.config 中配置数据库的连接。

打开 Web.config 文件，数据库访问语句应添加在<configuration>节点的<connectionStrings>子节点中。

数据库连接语句结构如下。

```
<add name="连接字符串名" connectionString="Data Source=数据库服务器地址;Initial Catalog=数据库名;user id=数据库登录账号;pwd=数据库登录密码" providerName="System.Data.SqlClient"/>
```

语句中各参数说明如表 8-2-1 所示。

表 8-2-1 数据库连接语句的参数说明

参数名	参数说明
name	连接字符串名。可以自定义
connectionString	连接字符串。在双引号对中设置四个必要的配置参数，参数间用分号分隔
Data Source	数据库服务器地址。可以用 IP 地址，也可以用域名。书中使用的(localhost)仅适用于本地调试
Initial Catalog	数据库名。数据库管理器中数据库的名称。书中使用了 eshop
user id	数据库登录账号。数据库管理器中创建的用户登录账号，书中使用了安装 SQL Server 数据库时默认的 sa 账号
pwd	数据库登录密码。登录密码不建议为空，书中使用了为 sa 账号设置的密码 123

步骤二： 熟悉 DbManager 数据访问类中的全局变量与方法。

首先要读取 Web.config 配置文件中的数据连接字符串，并定义为 DbManager 类中的全局变量，以便在各数据访问方法中使用。定义如下，其中 strcon 为 DbManager 类中的全局变量名。

```
public static string strcon = ConfigurationManager.ConnectionStrings["eshop
ConnectionString"].ToString();
```

DbManager 类中用于数据操作的方法如表 8-2-2 所示。

表 8-2-2　数据操作方法说明

方法定义	方法功能说明
public static SqlDataReader ExceRead(string SqlCom)	执行查询语句，从数据表中读取数据，并将返回数据存放于 SqlDataReader 对象中
public static object ExceScalar(string SqlCom)	执行查询语句，从数据表中读取数据，并将返回数据存放于 object 对象中
public static DataSet GetDataSet(string strsql, string tableName)	执行查询语句，从数据表中读取数据，并将返回数据存放于 DataSet 对象中
public static bool ExceSQL(string strSqlCom)	执行增、删、改语句，返回数据表中记录的影响情况，若有记录内容有改变则返回 true，否则返回 false

Web.config 文件是一个 XML 文本文件，它用来储存 ASP.NET Web 应用程序的配置信息（如最常用的设置 ASP.NET Web 应用程序的身份验证方式），它可以出现在应用程序的每一个目录中。当你通过.NET 新建一个 Web 应用程序后，默认情况下会在根目录自动创建一个默认的 Web.config 文件，包括默认的配置设置，所有的子目录都继承它的配置设置。如果你想修改子目录的配置设置，你可以在该子目录下新建一个 Web.config 文件。它可以提供除从父目录继承的配置信息以外的配置信息，也可以重写或修改父目录中定义的设置。

在 ASP.NET 中访问数据库通常使用 ADO.NET 类库。ADO.NET 是一组用于和数据源进行交互的面向对象的类库。其中常用的有 Connection 类、Command 类、DataReader 类、DataSet 类、DataAdapter 类、DataTable 类。项目中设计的 DbManager 类设计了若干个不同的数据访问方法，这些方法中使用了支持访问 SQL Server 的 ADO.NET 类库。

任务 8.3　网站前台——新闻列表

顾客进入电子商城后，若需要了解商城开展了什么活动，有哪些通告等信息，可以通过页面上方的导航进入到新闻列表页面。在本任务中，将完成新闻列表的页面设计，以及使用代码实现新闻列表内容的显示。

任务目标

1. 能熟练编写 SQL 查询语句，并调用数据访问方法。
2. 能熟练应用 Repeater 控件绑定数据源。
3. 能学会使用 AspNetPager 第三方控件实现数据的分页功能。

1．效果图（见图 8-3-1）

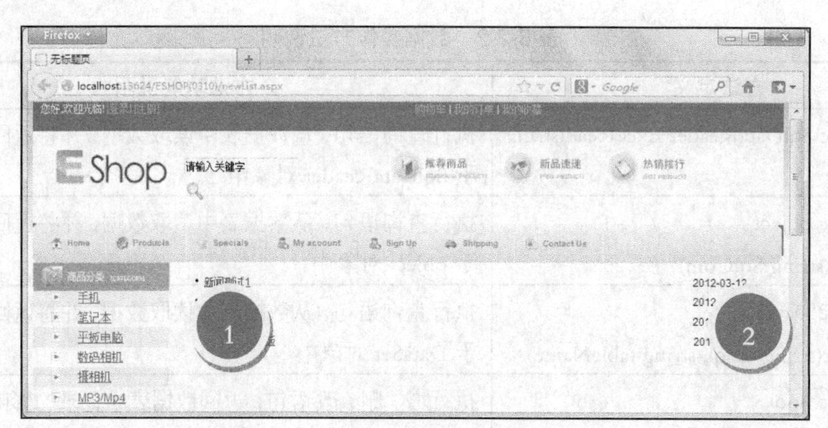

图 8-3-1　新闻列表页面 newList.aspx

2．详细设计（见图 8-3-2）

任务名称		新闻列表		页面名称		newList.aspx
数据库表名		new 新闻表				
机能概要		显示新闻概要信息：新闻标题、新闻发布日期				
页面项目式样						
序号	项目名	项目类型	输入	表示	必须	处理内容
1	新闻标题	超链接文本		○		显示新闻标题，可链接到新闻详细内容页面
2	新闻发布日期	文本		○		显示新闻发布日期

图 8-3-2　详细设计

3．实现流程（见图 8-3-3）

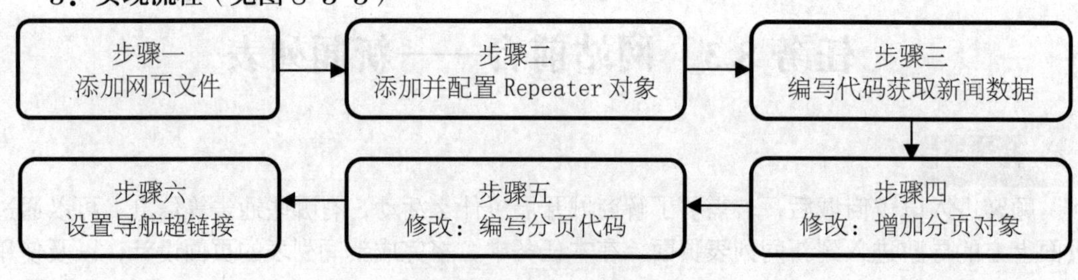

图 8-3-3　实现流程

实现过程

步骤一：添加 newList.aspx 网页文件。

1. 新建 Web 窗体 newList.aspx。在“解决方案资源管理器”窗口中的项目名称“EShop”上单击右键，选择“添加”→“新建项”，如图 8-3-4 所示。

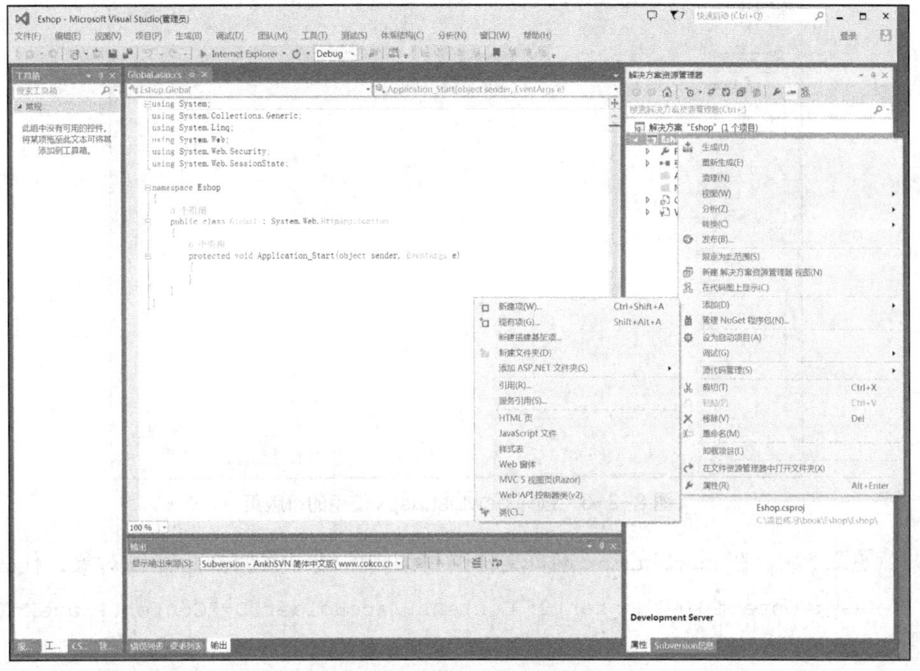

图 8-3-4 添加新项

2. 在弹出的“添加新项”对话框的“模板”区域选择“Web 内容窗体”，在窗口下方的名称中输入“newList.aspx”，如图 8-3-5 所示。然后单击“确定”按钮。

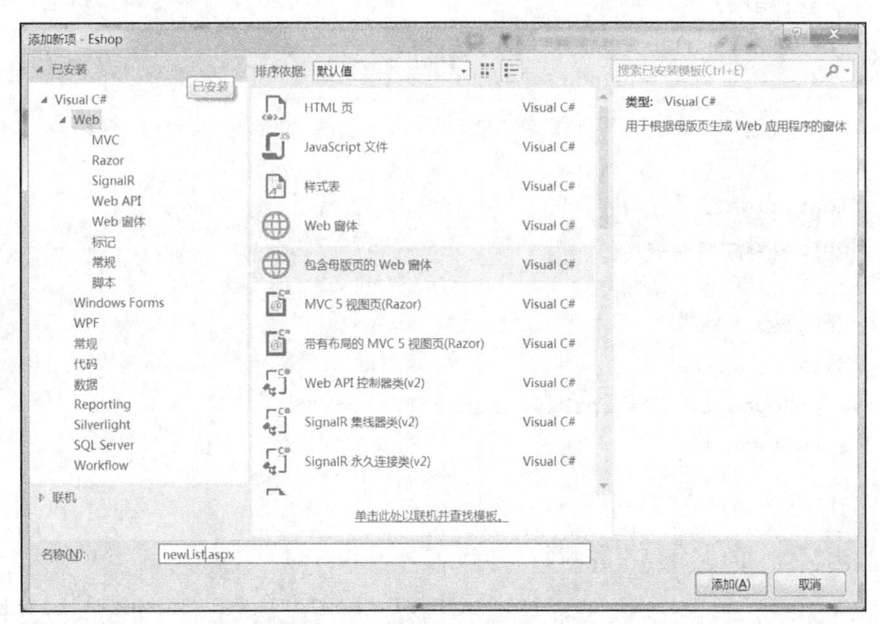

图 8-3-5 添加窗体 newList.aspx

3. 在弹出的“选择母版页”对话框右侧的“文件夹内容”中选择“MasterPage.master”文件，如图 8-3-6 所示。单击“确定”按钮后即新建成功 newList.aspx 网页文件。

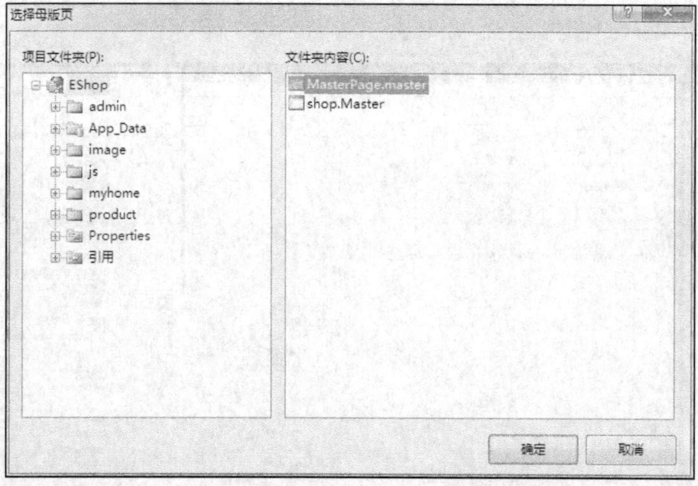

图 8-3-6　选择 newList.aspx 使用的母版页

步骤二： 在 newList.aspx 网页文件的可编辑区域中添加 Repeater 对象，代码如下。

```
1   <asp:Content ID="Content2" ContentPlaceHolderID="ContentPlaceHolder1"
Runat="Server">
2   <style type="text/css">
3   .text_left
4   {
5   float:left;
6   font-size:small;
7   }
8   .text_right
9   {
10  float:right;
11  font-size:small;
12  }
13  </style>
14  <div>
15  <asp:Repeater ID="rptNew" runat="server">
16  <ItemTemplate>
17  <ul>
18  <li>
19  <div class="text_left">
20  <a href='newDetail.aspx?id=<%#Eval("NewId") %>' target='_blank'>
21  <%#Eval("NewTitle") %>
22  </a>
23  </div>
24  <div class="text_right">
25  <%#Eval("NewAddTime")%>
26  </div>
```

```
27  </li>
28  </ul>
29  </ItemTemplate>
30  </asp:Repeater>
31  </div>
32  </asp:Content>
```

程序说明如下。

第 15 行：Repeater 对象的 ID 属性为 rptNew。

第 17～18，27～28 行：在 Repeater 对象中用<ul><li>列表标签设计显示新闻的标题和日期。

第 2～13 行：为使用新闻标题和日期显示在同一行中，设置了两个层。设计样式为 float:left 和 folat:right。

第 20，21，25 行：绑定新闻 ID、新闻标题、新闻发布日期 3 个数据字段。

第 20～22 行：新闻标题设置超链接到 newDetail.aspx 页面，并传递指定要浏览的新闻 ID。

视图设计效果如图 8-3-7 所示。

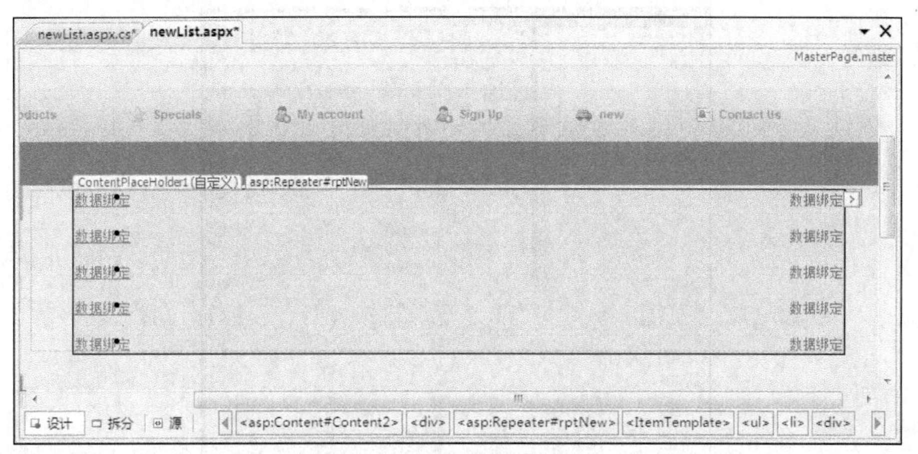

图 8-3-7　新闻列表视图效果

步骤三： 在 newList.aspx.cs 代码文件的 Page_Load 页面加载事件中编写代码如下。

```
16    protected void Page_Load(object sender, EventArgs e)
17    {
18        if (!IsPostBack)
19        {
20            string strSQL = "SELECT NewId,NewTitle,CONVERT(char(10),
NewAddTime,120) AS NewAddTime FROM new ORDER BY NewAddTime DESC";
21            rptNew.DataSource = DbManager.ExceRead(strSQL);
22            rptNew.DataBind();
23        }
24    }
```

程序说明如下。

第 18 行：IsPostBack 用来判断页面是第因为单击了网页中某个对象而回传的页面，前面加!（取反符号）的作用是保证只有页面第一次加载时才运行 if 结构中的语句。

第 20 行：查询语句中的 CONVERT(char(10),NewAddTime,120)作用是截取数据表中 datetime 型数据的日期部分，并转换成字符型。

第 22、23 行：Repeater 对象数据源的设置与绑定。

步骤四： 修改 newList.aspx 网页文件，增加分页对象。

企业对数据访问效率的要求较高，通常较少使用系统自带的 PageDataSource 类实现分页功能。本任务将使用第三方开源的分页控件 AspNetPager 来实现对 Repeater 对象中的数据分页。

1. 首先在互联网上搜索并下载“AspNetPager.dll”动态链接库文件。（也可到作者个人网站 http://www.webdiyer.com/Controls/AspNetPager/Downloads 下载最新文件，但要注意当前的开发环境是否支持最新版。）

2. 然后在开发环境中引用“AspNetPager.dll”文件。右键单击“EShop”，选择“添加引用”，弹出“添加引用”对话框，切换至“浏览”选项卡，浏览到“AspNetPager.dll”文件，单击“确定”按钮。如图 8-3-8 和图 8-3-9 所示。

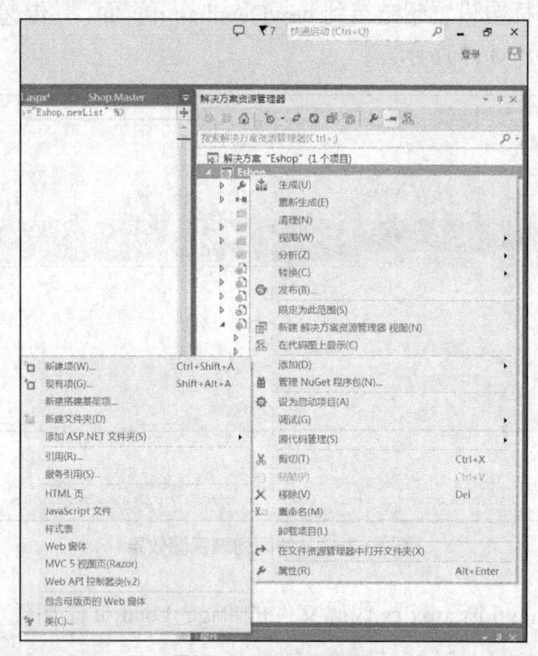

图 8-3-8　添加引用

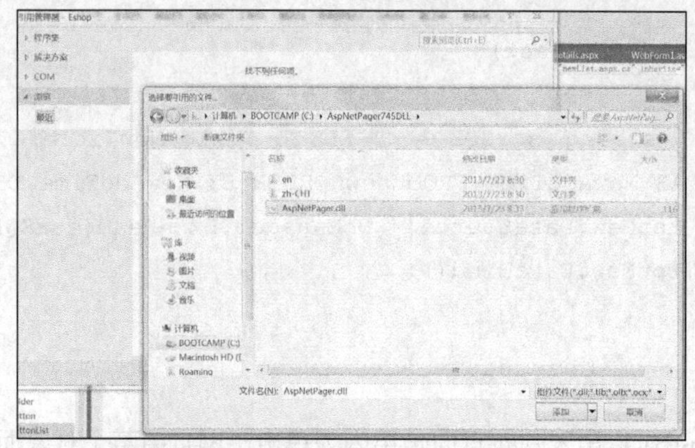

图 8-3-9　浏览“AspNetPager.dll”文件

3. 展开网站的“Bin”目录，可以看到“AspNetPager.dll”已被成功添加，如图 8-3-10 所示。

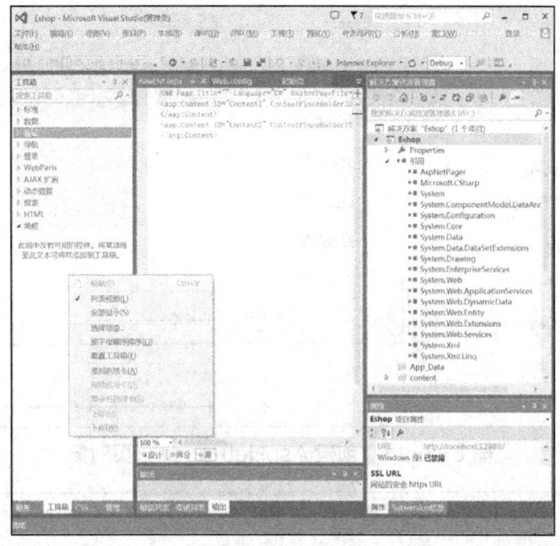

图 8-3-10 在工具箱中添加“AspNetPager”分页控件

4. 下面把 AspNetPager 控件视图化成对象，以使分页对象的使用如同 Label、TextBox 一样方便：右键单击“工具箱”的“常规”集合空白处，选择“选择项”。（此步骤会有一些等待时间，要耐心哦！）

5. 在“选择工具箱项”对话框中通过“浏览”按钮将“AspNetPager.dll”添加至工具箱，如图 8-3-11 和图 8-3-12 所示。

图 8-3-11 添加“AspNetPager”分页组件

图 8-3-12 添加“AspNetPager”控件后的工具箱

6. 将工具箱中的“AspNetPager”控件拖曳至 newList.aspx 页面中的 Repeater 对象下方，如图 8-3-13 所示。

7. 设置 AspNetPager 分页对象的属性。在“属性”面板中设置 ID 为“AspNetPagerNewAll”；单击对象右端的方向箭头（操作前为“>”，操作后为“<”），选择“导航按钮显示文本”，在

弹出的“设置导航按钮文本”对话框中可以选择“首页 上一页...下一页 尾页”(第 3 行)，并单击“确定”按钮，如图 8-3-14 所示。

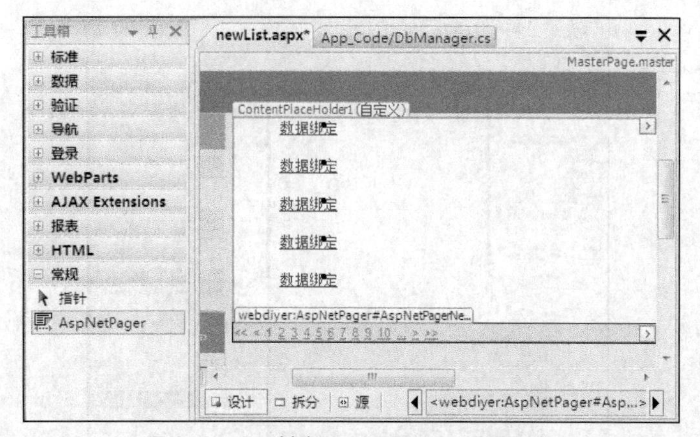

图 8-3-13　创建 AspNetPager 分页对象

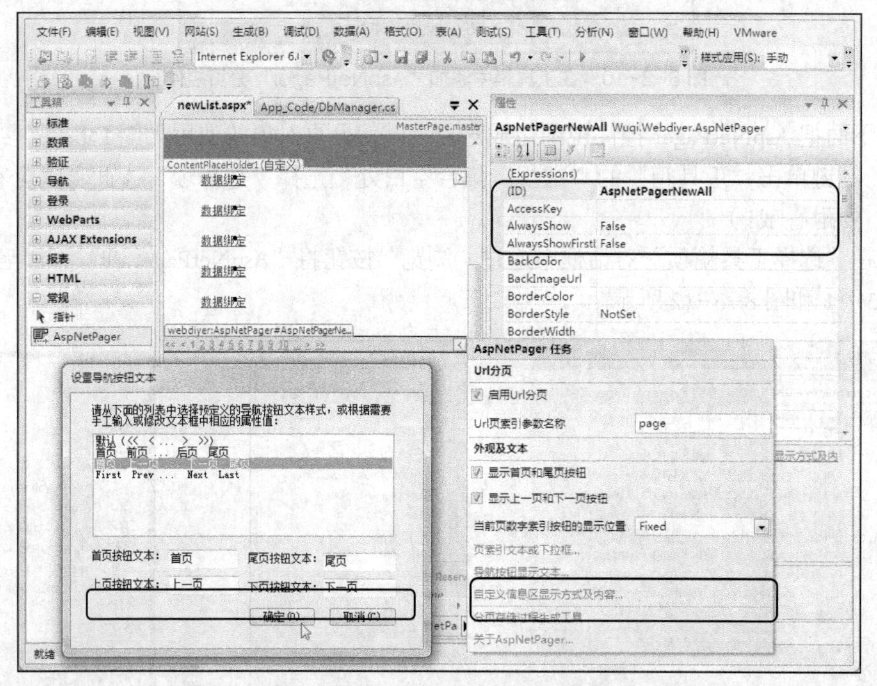

图 8-3-14　设置 AspNetPager 分页对象属性、样式

8. 设置好后的代码及样式变化如图 8-3-15 所示。此外，在网页文件的前面若干行会自动生成一条注册语句。

```
<%@ Register Assembly="AspNetPager" Namespace="Wuqi.Webdiyer"
TagPrefix="webdiyer" %>
```

步骤五： 修改 newList.aspx.cs 代码文件，编写整理分页功能代码。

1. 分页功能需要数据访问的支持，因此先要在 DbManager.cs 数据访问类中原“GetDataSet”方法的基础上，重载一个可用与分页的方法，代码如下。

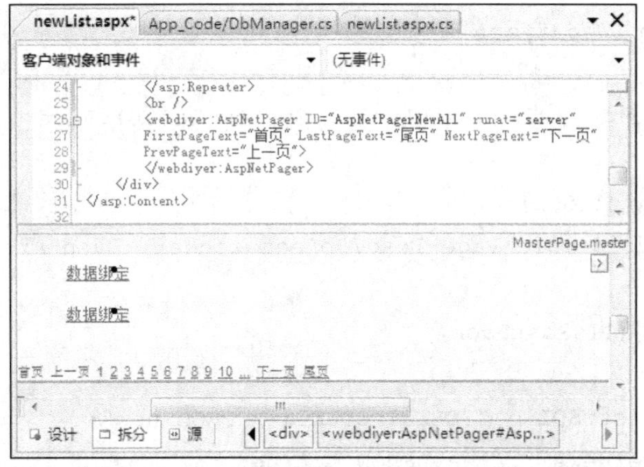

图 8-3-15　AspNetPager 分页对象样式设置代码及效果图

```
1        #region  返回 DataSet 类型分页后数据并获得 tableName 参数
2        /// <summary>
3        /// 此方法返回一个 DataSet 类型
4        /// </summary>
5        /// <param name="SqlCom">要执行的 SQL 语句</param>
6        /// <returns></returns>
7        public static DataSet GetDataSet(string strsql, int pageStart, int
pageSize, string tableName)
8        {
9            //定义一个数据集，用来赋值给应用程序的一个数据集
10           SqlConnection conn = new SqlConnection(strcon);
11           DataSet ds = new DataSet();
12           try
13           {
14               SqlDataAdapter DA = new SqlDataAdapter(strsql, conn);
15               DA.Fill(ds, pageStart, pageSize, tableName);
16           }
17           catch (System.Data.SqlClient.SqlException E)
18           {
19               throw new Exception(E.Message);
20           }
21           return ds;
22       }
23       #endregion
```

程序说明如下。

第 7 行：为 GetDataSet 方法添加两个整型参数 pageStart 和 pageSize，分别表示记录开始数和每次访问数量。

第 15 行：执行带开始数 pageStart 和访问数量 pageSize 的数据填充方法。

2. 编写 newList.aspx.cs 代码文件，代码如下。

```
1   using Wuqi.Webdiyer;
2
3   public partial class newList : System.Web.UI.Page
4   {
5       string strSQL;
6       protected void Page_Load(object sender, EventArgs e)
7       {
8           if (!IsPostBack)
9           {
10              strSQL = "SELECT COUNT(*) FROM new";
11  AspNetPagerNewAll.AlwaysShow = true;
12  AspNetPagerNewAll.PageSize = 2;
13  AspNetPagerNewAll.RecordCount = Convert.ToInt16(DbManager.ExceScalar(strSQL));
14  RepeaterDataBind();
15  }
16  }
17
18  private void RepeaterDataBind()
19  {
20  strSQL = "SELECT NewId,NewTitle,CONVERT(char(10),NewAddTime,120) AS
NewAddTime FROM new ORDER BY NewAddTime DESC";
21  rptNew.DataSource = DbManager.GetDataSet(strSQL, AspNetPagerNewAll.
PageSize *
a)  (AspNetPagerNewAll.CurrentPageIndex - 1), AspNetPagerNewAll.PageSize,
"newList");
22  rptNew.DataBind();
23  }
24
25  protected void AspNetPagerNewAll_PageChanging(object src, PageChanging
EventArgs e)
26  {
27  AspNetPagerNewAll.CurrentPageIndex = e.NewPageIndex;
28  RepeaterDataBind();
29  }
30  }
```

代码说明如下。

第 6～16 行：上述代码中共包括 3 个事件及函数模块，分别是 Page_Load 页面加载事件。

第 18～23 行：RepeaterDataBind()“Repeater”对象绑定显示数据。

第 25～41 行：AspNetPagerNewAll_PageChanging“AspNetPager”对象正在分页时事件。

第 11 行：Page_Load 页面加载事件中设置了“AspNetPager”对象每页显示 2 行数据。（考虑目前数据表里记录较少，以后可修改成 10～20 行）。

第 10，13 行：Page_Load 页面加载事件中获取了新闻表 new 中的记录总数，并赋值给“AspNetPager”对象。

第 21 行：调用 DbManager.cs 中“GetDataSet”分页方法，其中 AspNetPagerNewAll.PageSize * (AspNetPagerNewAll.CurrentPageIndex − 1) 参数计算了翻页后开始的记录数；AspNetPagerNewAll.PageSize 则表示一页显示多少条记录。

运行 newList.aspx 页面，翻页前后对比如图 8-3-16 所示。

图 8-3-16　新闻列表翻页前后

步骤六：修改母版页中导航，设置其中一个菜单超链接至 newList.aspx 页面。

打开 MasterPage.master 母版页文件，将导航中左数第 2 个“Sign Up”的菜单名改为“new”，并修改其超链接为 newList.aspx。如图 8-3-17 所示。代码第 78 行为修改后的内容。

图 8-3-17　MasterPage.master 母版页拆分视图

AspNetPager 针对 ASP.NET 分页控件的不足，提出了与众不同的解决 asp.net 中分页问题的方案，即将分页导航功能与数据显示功能完全独立开来，由用户自己控制数据的获取及显示方式，因此可以被灵活地应用于任何需要实现分页导航功能的地方，如为 GridView、DataList 以及 Repeater 等数据绑定控件实现分页、呈现自定义的分页数据以及制作图片浏览程序等，

因为 AspNetPager 控件和数据是独立的，因此要分页的数据可以来自任何数据源，如 SQL Server、Oracle、Access、mysql、DB2 等数据库以及 XML 文件、内存数据或缓存中的数据、文件系统等。AspNetPager 控件的常用属性与事件如下。

- AlwaysShow：获取或设置一个值，该值指定是否总是显示 AspNetPager 分页按件，即使要分页的数据只有一页。
- CurrentPageIndex：获取或设置当前显示页的索引。
- FirstPageText：获取或设置为第一页按钮显示的文本。
- LastPageText：获取或设置为最后一页按钮显示的文本。
- NextPageText：获取或设置为下一页按钮显示的文本。
- PrevPageText：获取或设置为上一页按钮显示的文本。
- PageSize：获取或设置每页显示的项数。
- PageChanged 事件：分页发生改变后。
- PageChanging 事件：分页发生改变时。

任务 8.4 网站前台——新闻详细内容

任务描述

在本任务中，将完成新闻详细内容的页面设计，以及使用代码实现新闻内容的显示。

任务目标

1. 能熟练编写带条件的 SQL 查询语句，并调用数据访问方法。
2. 能熟练应用 Label 控件显示数据源。

任务分析

1．效果图（见图 8-4-1）

图 8-4-1　新闻详细内容页面 newDetail.aspx

2. 详细设计（见图 8-4-2）

任务名称	新闻详细内容	页面名称	newDetail.aspx
数据库表名	new 新闻表		
机能概要	显示新闻内容信息：新闻标题、新闻发布人、新闻发布日期、新闻内容		

页面项目式样

序号	项目名	项目类型	输入	表示	必须	处理内容
1	新闻标题	文本		○		显示新闻标题，大号字体加粗
2	新闻发布人	文本		○		显示新闻发布人
3	新闻发布日期	文本		○		显示新闻发布日期
4	新闻内容	文本		○		显示新闻具体内容

图 8-4-2 详细设计

3. 实现流程（见图 8-4-3）

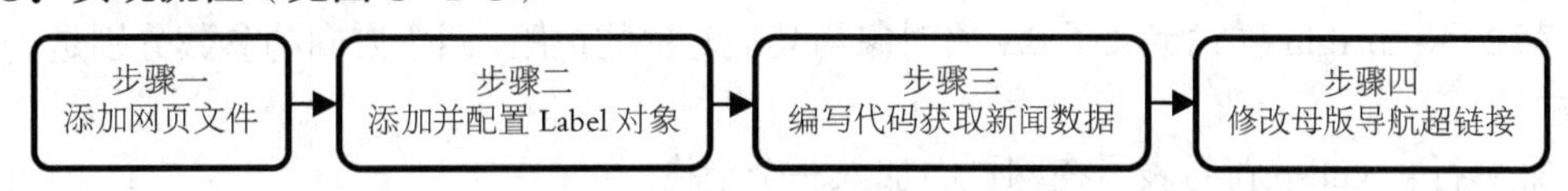

图 8-4-3 实现流程

步骤一： 添加 newDetail.aspx 网页文件。

1. 新建 Web 窗体 newDetail.aspx。在“解决方案资源管理器”窗口中的项目名称“ESHOP”上单击右键，选择“添加”→“新建项”。

2. 在弹出“添加新项”对话框的“模板”区域选择“Web 内容窗体”，在窗口下方的名称中输入“newDetail.aspx”，然后单击“确定”按钮。

3. 在弹出的“选择母版页”对话框右侧的“文件夹内容”中选择“shop.master”文件，单击“确定”按钮后即成功新建 newList.aspx 网页文件。

步骤二： 在 newDetail.aspx 网页文件的可编辑区域中添加若干 Label 对象，代码如下。

```
1     <asp:Content ID="Content2" ContentPlaceHolderID="ContentPlaceHolder1"
Runat="Server">
2       <div style="text-align:center; margin:30px 50px 10px 50px">
3         <div style="margin-bottom:10px">
4           <asp:Label ID="lblNewTitle" runat="server" Font-Bold="True"
Font-Size="Large">
5           </asp:Label>
6        </div>
```

```
7        <div>
8           发布人: <asp:Label ID="lblNewAddAuthor" runat="server"></asp:Label>
9                  
10          发布时间: <asp:Label ID="lblNewAddTime" runat="server"></asp:Label>
11       </div>
12    </div>
13    <hr />
14    <div style="margin:10px 50px 50px 50px">
15       <asp:Label ID="lblNewContent" runat="server" Font-Size="Small">
</asp:Label>
16    </div>
17   </asp:Content>
```

程序说明如下。

第 4 行：新闻标题 Label 对象的 ID 属性为 lblNewTitle。

第 8 行：新闻发布人 Label 对象的 ID 属性为 lblNewAddAuthor。

第 12 行：新闻发布时间 Label 对象的 ID 属性为 lblNewAddTime。

第 17 行：新闻内容 Label 对象的 ID 属性为 lblNewContent。

第 2 行：margin 样式定义了 div 块对象与其他对象的边距，四个方向的参数分别是“上 右 下 左”。

第 9 行： 符号表示在网页中加入一个空格。

视图设计效果如图 8-4-4 所示。

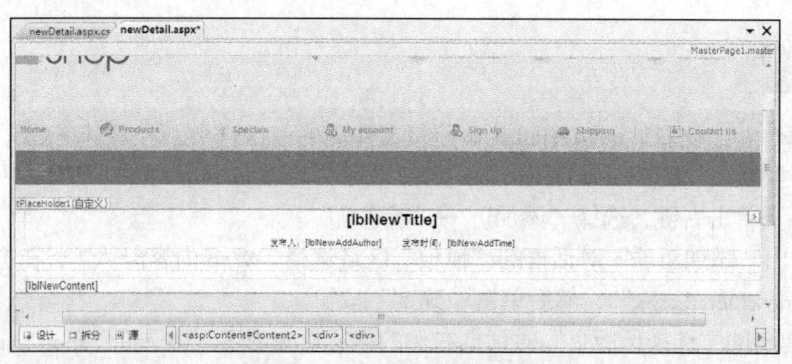

图 8-4-4 新闻详细内容视图效果

步骤三：在 newDetail.aspx.cs 代码文件的 Page_Load 页面加载事件中编写代码如下。

```
1   13 using System.Data.SqlClient;
2   14
3   15 public partial class newDetail : System.Web.UI.Page
4   16 {
5   protected void Page_Load(object sender, EventArgs e)
6   {
7   int newId;
8   string strSQL;
9   if (!IsPostBack)
```

```
10  {
11  if (!string.IsNullOrEmpty(Request.QueryString["id"]))
12  {
13  newId = Convert.ToInt16(Request.QueryString["id"]);
14  strSQL = "SELECT * FROM new WHERE NewId=" + newId;
15  SqlDataReader myDR = DbManager.ExceRead(strSQL);
16  if (myDR.Read())
17  {
18  lblNewTitle.Text = myDR["NewTitle"].ToString();
19  lblNewAddAuthor.Text = myDR["NewAddAuthor"].ToString();
20  lblNewAddTime.Text = myDR["NewAddTime"].ToString();
21  lblNewContent.Text = myDR["NewContent"].ToString();
22  }
23  }
24  }
25  }
26  }
```

代码说明如下。

第 1 行：引用 SQL Server 的 ADO.NET 类——SqlClient 名称空间。

第 11 行：string.IsNullOrEmpty(字符串参数)判断字符串参数为空，前面加!（取反符号）在本代码段的作用是判断新闻列表页是否传入新闻 ID。

第 14，15 行：查询指定新闻 ID 的新闻内容，并返回 DataReader 对象。

第 16～22 行：读取 DataReader 对象（myDR）中的数据，并显示到各新闻标题、新闻发布人、新闻发布时间、新闻内容 4 个 Label 对象中。

步骤四： 修改母版页中导航，设置其中一个菜单超链接至 newList.aspx 页面。

打开 MasterPage1.master 母版页文件，将导航中左数第 2 个“Sign Up”的菜单名改为“new”，并修改其超链接为 newList.aspx。

任务 8.5　网站后台——新闻发布

新闻模块除浏览端的两个主要页面外，后台还需要有支持管理员对新闻的发布与维护。在本任务中，将学习设计新闻发布页面，实现新闻发布功能。为提高网站开发的实效性，本任务中还加入了用于文本编辑的第三方开源插件——CKEditor。

任务目标

1. 能熟练使用 label 对象、TextBox 对象设计页面。
2. 能熟练编写 SQL 插入语句，并调用数据访问方法。
3. 能学会使用 CKEditor 第三方控件实现网页文本编辑。

1．效果图（见图 8-5-1）

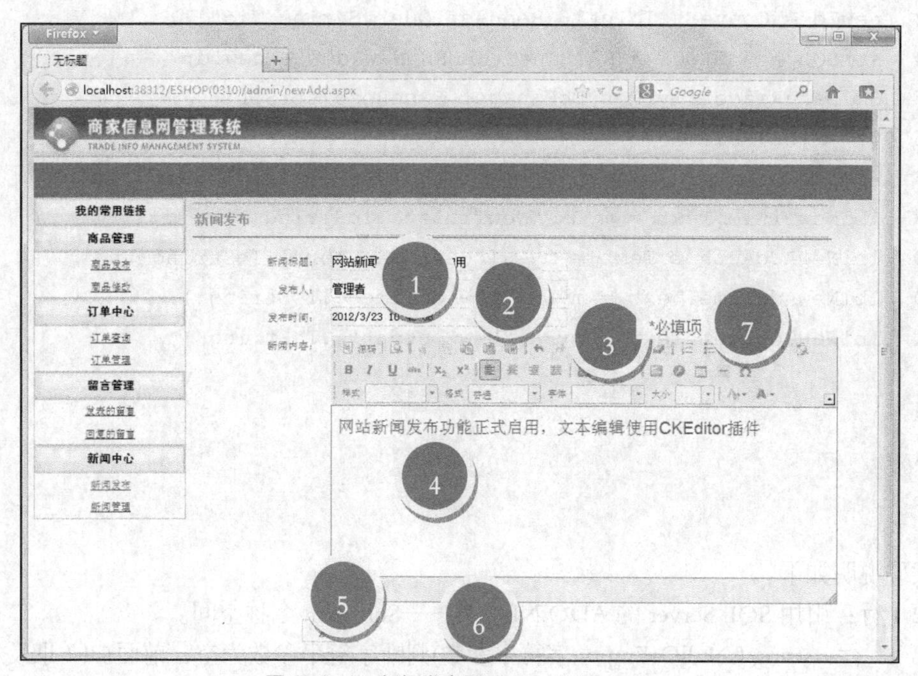

图 8-5-1　新闻发布页面 newAdd.aspx

2．详细设计（见图 8-5-2）

任务名称		新闻发布		页面名称		newAdd.aspx
数据库表名		new　新闻表				
机能概要		输入新闻内容信息：新闻标题、新闻发布人、新闻发布日期、新闻内容				
页面项目式样						
序号	项目名	项目类型	输入	表示	必须	处理内容
1	新闻标题	文本	○		○	接受新闻标题内容输入
2	新闻发布人	文本	○	○		接受新闻发布人输入，默认绑定登录者
3	新闻发布日期	文本	○			接受新闻发布日期输入，默认当前系统时间
4	新闻内容	文本	○			接受新闻具体内容输入，使用第三方文本编辑插件——CKEditor
5	发布	按钮		○		触发单击事件，处理添加新闻功能
6	重置	按钮		○		触发单击事件，清空页面中文本框内容
7	文本框必填验证	必填验证		○		验证“新闻标题”文本框是否为空

图 8-5-2　详细设计

3．实现流程（见图 8-5-3）

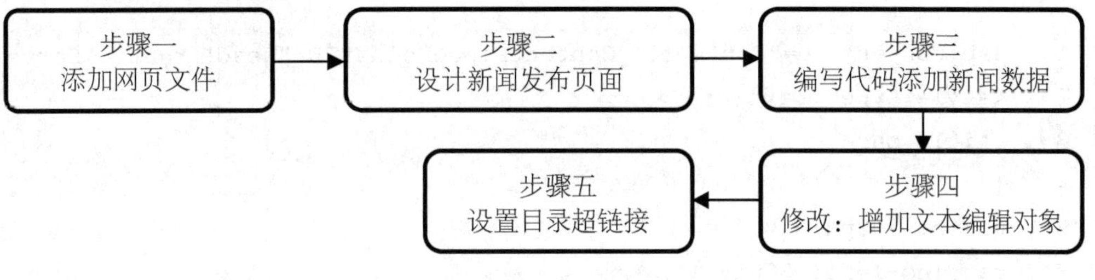

图 8-5-3　实现流程

步骤一： 添加 newAdd.aspx 网页文件。

1．新建 Web 窗体 newAdd.aspx。在“解决方案资源管理器”窗口中的“admin”文件上单击右键，选择“添加”→“新建项”，如图 8-5-4 所示。

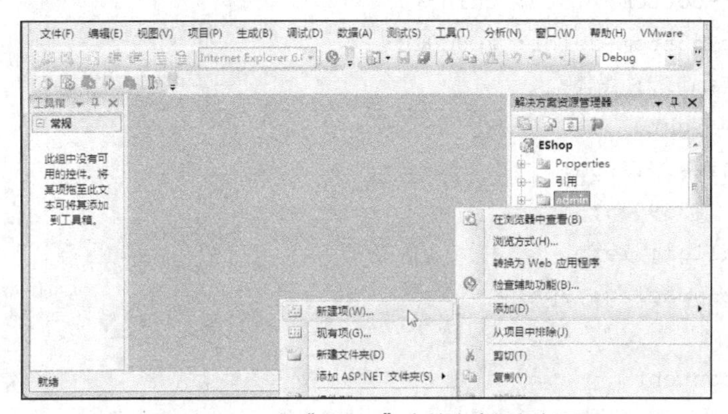

图 8-5-4　在“admin”文件夹中添加新项

2．在弹出“添加新项”对话框的“模板”区域选择“Web 内容窗体”，在窗口下方的名称中输入“newAdd.aspx”，然后单击“确定”按钮。

3．在弹出的“选择母版页”对话框左侧选择“admin”文件夹，右侧选择“manage.master”文件，如图 8-5-5 所示。单击“确定”按钮后即成功新建 newAdd.aspx 网页文件。

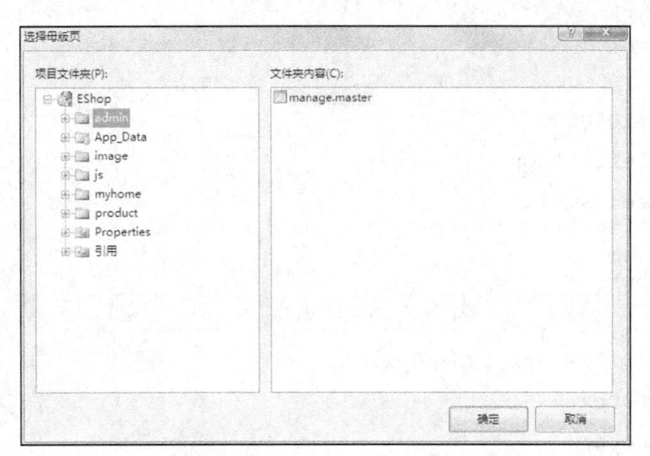

图 8-5-5　选择“manage.master”母版

步骤二：在 newAdd.aspx 网页文件的可编辑区域设计页面，代码如下。

```
1   asp:Content ID="Content1" ContentPlaceHolderID="head" runat="Server">
2   <style type="text/css">
3   .title_bar
4   {
5   width: 900px;
6   padding-left: 30px;
7   margin-top: 20px;
8   }
9   .title_content
10  {
11  width: 500px;
12  border-bottom-style: solid;
13  border-bottom-width: thin;
14  border-bottom-color: #C0C0C0;
15  font-family: 黑体;
16  font-weight: bold;
17  font-size: large;
18  color: #339933;
19  text-align: left;
20  letter-spacing: 3pt;
21  }
22  .reg_content
23  {
24  width: 600px;
25  margin-top: 5px;
26  padding-left: 30px;
27  float: left;
28  }
29  .span_font
30  {
31  color: #808080;
32  margin-left: 15px;
33  font-size: small;
34  }
35  .form_row
36  {
37  padding: 10px 0px 10px 0px;
38  width: 600px;
39  clear: both;
40  }
```

```
41  .row_lbl
42  {
43  padding: 4px 15px 0px 0px;
44  width: 120px;
45  font-size: 12px;
46  color: #333333;
47  text-align: right;
48  float: left;
49  margin-bottom: 0px;
50  }
51  .row_input
52  {
53  border: 1px solid #DFDFDF;
54  width: 260px;
55  height: 18px;
56  }
57  .reg_right
58  {
59  width: 230px;
60  height: 150px;
61  float: right;
62  padding: 10px 0px 0px 20px;
63  text-align: left;
64  font-size: 14px;
65  border-left-style: dotted;
66  border-left-width: thin;
67  border-left-color: #CCCCCC;
68  }
69  .btn
70  {
71  height: 27px;
72  width: 70px;
73  color: #497825;
74  font-weight: bold;
75  border: 1px solid #CCCFD3;
76  background-color: #FFFFFF;
77  margin-left: 100px;
78  }
79  .error
80  {
81  width: 120px;
```

```
82  font-size: 12px;
83  text-align: left;
84  padding: 4px 5px 0 10px;
85  color: #333333;
86  float:right;
87  }
88  </style>
89  </asp:Content>
90  <asp:Content ID="Content2" ContentPlaceHolderID="ContentPlaceHolder2"
runat="Server">
91  <p>
92  新闻发布</p>
93  </asp:Content>
94  <asp:Content ID="Content3" ContentPlaceHolderID="ContentPlaceHolder1"
runat="Server">
95
96  <div class="reg_content">
97  <div class="form_row">
98  <label class="row_lbl">新闻标题：</label>
99  <asp:TextBox ID="txtNewTitle" runat="server" CssClass="row_input">
100 test</asp:TextBox>
101 <asp:RequiredFieldValidator ID="RequiredFieldValidator1" runat="server"
102 ControlToValidate="txtNewTitle" CssClass="error" ErrorMessage="*必填项
">
103 </asp:RequiredFieldValidator>
104 </div>
105 <div class="form_row">
106 <label class="row_lbl">发布人：</label>
107 <asp:TextBox ID="txtAddAuthor" runat="server" CssClass="row_input">
绑定登录者</asp:TextBox>
108 </div>
109 <div class="form_row">
110 <label class="row_lbl">发布时间：</label>
111 <asp:TextBox ID="txtAddTime" runat="server" CssClass="row_input">绑定
系统当前时间</asp:TextBox>
112 </div>
113 <div class="form_row">
114 <label class="row_lbl">新闻内容：</label>
115 <asp:TextBox ID="txtNewContent" runat="server" CssClass="row_input"
116 Width="600px" Height="200px" TextMode="MultiLine">test</asp:TextBox>
117 </div>
```

```
118 <div class="form_row">
119 <asp:Button ID="btnSubmit" runat="server" Text="发布" CssClass="btn"
120 onclick="btnSubmit_Click" />
121 <asp:Button ID="btnReset" runat="server" Text="重置" CssClass="btn" />
122 </div>
123 </div>
124 </asp:Content>
```

代码说明如下。

第 5～88 行：newAdd.aspx 网页中新闻发布区域样式。

第 99、51、51～55 行：新闻标题 TextBox 对象 ID 为 txtNewTitle，应用样式 row_input。

第 101 行：必填数据验证控件，验证“新闻标题”文本框中填入内容是否为空。

第 104 行：发布人 TextBox 对象 ID 为 txtAddAuthor，应用样式同上。

第 108 行：发布时间 TextBox 对象 ID 为 txtAddTime，应用样式同上。

第 112 行：新闻内容 TextBox 对象 ID 为 txtNewContent，TextMode 为 MultiLine，应用样式同上。

第 69～28 行：定义 Button 样式 btn。

第 115 行：发布 Button 对象 ID 为 btnSubmit，应用样式 btn。

第 119 行：重置 Button 对象 ID 为 btnReset，应用样式同上。（代码第 121 行）

视图设计效果如图 8-5-6 所示。

步骤三：在 newAdd.aspx.cs 代码文件中编写程序。

1．在页面加载事件 Page_Load 中编写代码如下。

```
1    16    protected void Page_Load(object sender, EventArgs e)
2    {
3    if (!IsPostBack)
4    {
5    txtAddAuthor.Text = Session[ " user " ].ToString();
6    txtAddTime.Text = DateTime.Now.ToString();
7    }
8    }
```

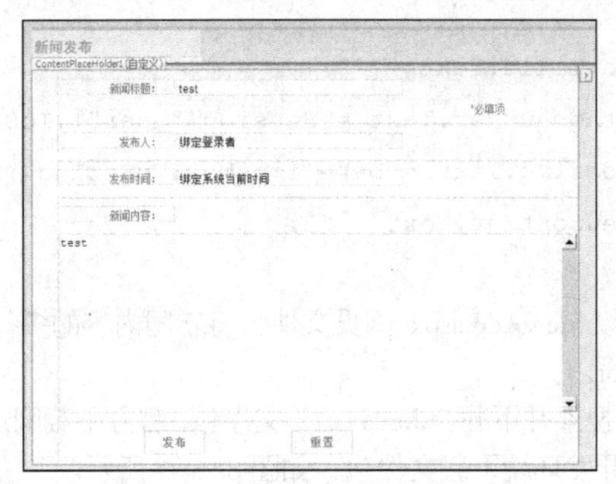

图 8-5-6 “新闻发布”区域视图效果

程序说明如下。

第 6 行：DateTime.Now.ToString();语句作用是获取当前系统时间。

第 5 行：Session["user"].ToString();语句作用是获取登录者信息，在调试单元功能时先注释掉，待后台管理模块测试时再启用。

2. 进入“发布”按钮的单击事件 btnSubmit_Click，编写代码如下。

```
1   protected void btnSubmit_Click(object sender, EventArgs e)
2   {
3   string NewTitle = txtNewTitle.Text.Trim();
4   string NewAddAuthor = txtAddAuthor.Text.Trim();
5   string NewAddTime = txtAddTime.Text.Trim();
6   string NewContent = txtNewContent.Text.Trim();
7   string strSQL = "INSERT INTO new(NewTitle, NewAddAuthor, NewAddTime,
NewContent) ";
8   strSQL += "VALUES('" + NewTitle + "','" + NewAddAuthor + "'";
9   strSQL += ",'" + NewAddTime + "','" + NewContent + "') ";
10          if (DbManager.ExceSQL(strSQL))
11            Response.Write("<script>alert('新闻发布成功！');</script>");
12          else
13            Response.Write("<script>alert('新闻发布失败！请重试或联系管理员。
');</script>");
14      }
```

代码说明如下。

第 3~6 行：获取窗体上管理员输入的新闻信息。

第 7~9 行：编写插入数据的 INSERT 语句，本例中采用了分段累加方式。（代码第 32~34 行）

第 11、13 行：当插入数据成功或失败时弹出提示文本框。（代码第 37、39 行）

3. 进入“重置”按钮的单击事件 btnReset_Click，编写代码如下。

```
1       protected void btnReset_Click(object sender, EventArgs e)
2       {
3           txtNewTitle.Text = "";
4           //txtAddAuthor.Text = Session["user"].ToString();
5           txtAddTime.Text = DateTime.Now.ToString();
6           txtNewContent.Text = "";
7       }
```

步骤四： 修改 newAdd.aspx 网页文件，将新闻内容的多行文本框替换成第三方文本编辑控件——CKEditor。

1. 首先在互联网上搜索并下载“CKEditor”文件包，官方下载网址为 http://ckeditor.com/download。注意需对应开发环境下载文件包，如图 8-5-7 所示。

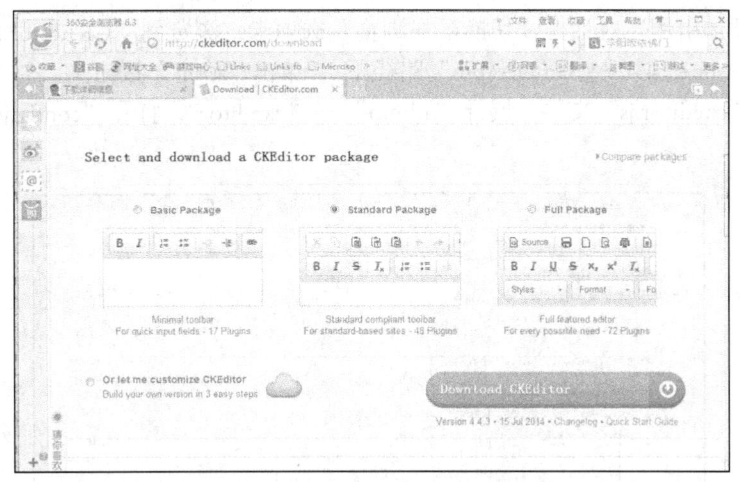

图 8-5-7 “CKEditor”下载页面

2. 下载后解压缩，文件包中包含文件及文件夹如图 8-5-8 所示。

3. 将“ckeditor_aspnet_4.4.3_Samples”路径下的“ckeditor”文件夹拖曳至“ESHOP”网站的“admin”文件夹中，如图 8-5-9 所示。此步骤作用为复制“ckeditor”文件夹中的内容至网站“admin”文件夹中。

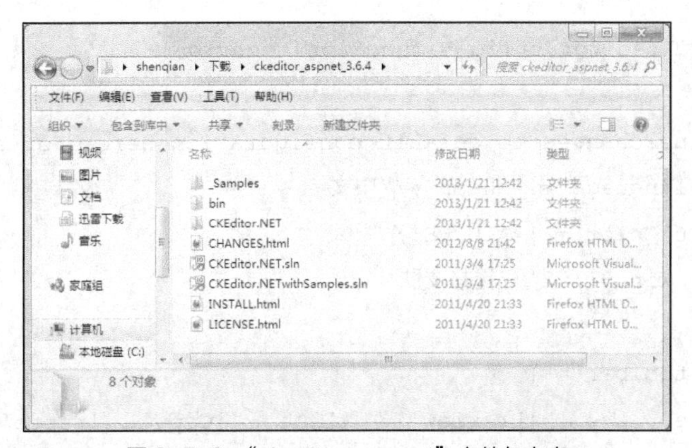

图 8-5-8 “ckeditor_aspnet”文件包内容

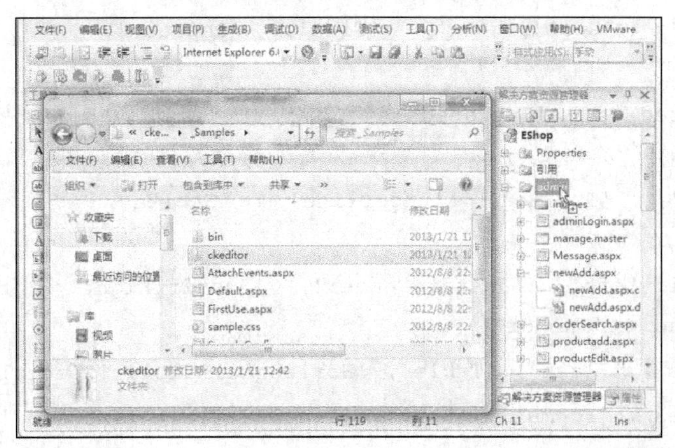

图 8-5-9 复制“ckeditor”文件夹中内容至网站“admin”文件夹中

4. 添加引用“CKEditor.NET.dll”动态链接库文件。右键单击“EShop”，选择“添加引用”，弹出“添加引用”对话框，切换至“浏览”选项卡，浏览到“CKEditor.NET.dll”文件（在“ckeditor_aspnet_4.4.3_Samples\bin”路径下），单击“确定”按钮。

5. 配置“ckeditor.js”文件。展开“admin”→“ckeditor”，打开“config.js”文件，如图8-5-10所示。

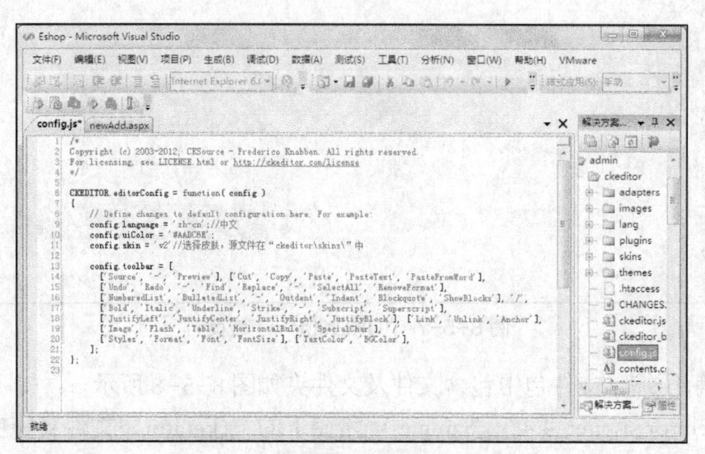

图 8-5-10 配置“config.js”文件

代码如下。

```
1    CKEDITOR.editorConfig = function( config )
2    {
3    // Define changes to default configuration here. For example:
4    config.language = 'zh-cn';//中文
5    config.uiColor = '#AADC6E';
6    config.skin = 'v2'//选择皮肤
7
8    config.toolbar = [
9    ['Source', '-', 'Preview'], ['Cut', 'Copy', 'Paste', 'PasteText',
'PasteFromWord'],
10   ['Undo', 'Redo', '-', 'Find', 'Replace', '-', 'SelectAll',
'RemoveFormat'],
11  ['NumberedList','BulletedList','-','Outdent','Indent','Blockquote',
'ShowBlocks'], '/',
12   ['Bold', 'Italic', 'Underline', 'Strike', '-', 'Subscript',
'Superscript'],
13   ['JustifyLeft', 'JustifyCenter', 'JustifyRight', 'JustifyBlock'],
['Link', 'Unlink', 'Anchor'],
14   ['Image', 'Flash', 'Table', 'HorizontalRule', 'SpecialChar'], '/',
15   ['Styles', 'Format', 'Font', 'FontSize'], ['TextColor', 'BGColor'],
16   ];
17   };
```

代码说明如下。

第 4 行：config.language 设置语言类型，源文件在“ckeditor\lang”文件夹中。里面有各国语言，不需要的可以删除。

第 5 行：config.uiColor 设置界面颜色。

第 6 行：config.skin 设置皮肤，源文件在“ckeditor\skins”文件夹中。(代码第 11 行)。

第 8～16 行：config.toolbar 设置工具栏。

6. 把 CKEditor 控件视图化成对象，与 AspNetPager 设置过程相似：右键单击“工具箱”的“常规”集合空白处，选择“选择项”。

7. 在“选择工具箱项”对话框中通过“浏览”按钮将“CKEditor.dll”添加至工具箱，如图 8-5-11 所示。

8. 将工具箱中的“CKEditorControl”控件拖曳至 newAdd.aspx 页面的新闻内容处，替换原来的文本框，如图 8-5-12 所示。

9. 修改 CKEditorControl 对象属性：ID 设置为 txtNewContent；Width 设置为 600px；Height 设置为 200px。对象在添加到页面的过程中在网页文件的上方自动生成了一条注册语句，如图 8-5-13 所示。

10. 最后还需要在“newAdd.aspx”的源文件中添加对“ckeditor.js”文件的引用，如图 8-5-14 所示。

图 8-5-11　添加“ckeditor”文本编辑组件

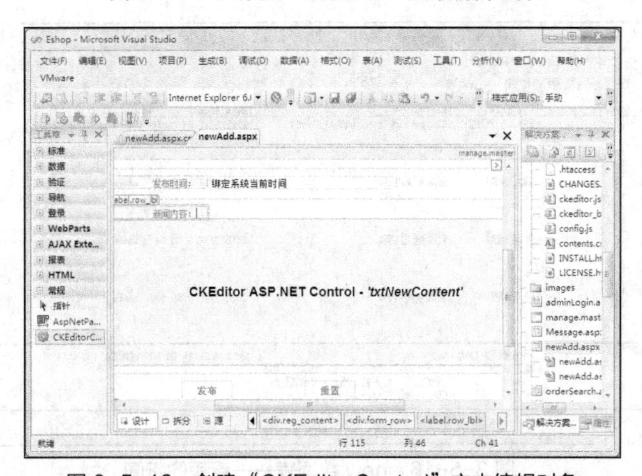

图 8-5-12　创建“CKEditorControl”文本编辑对象

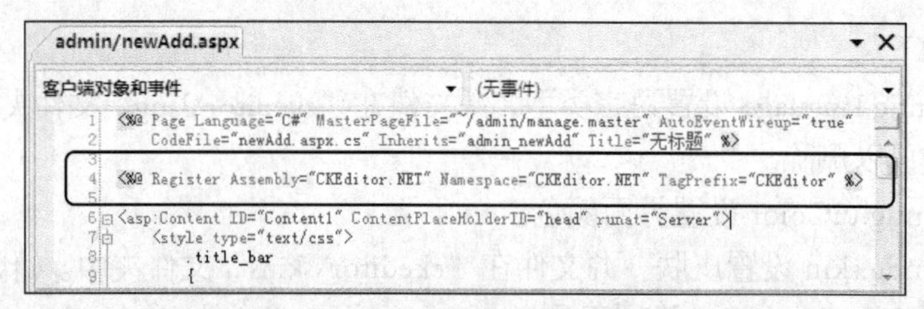

图 8-5-13 “CKEditorControl”对象注册语句

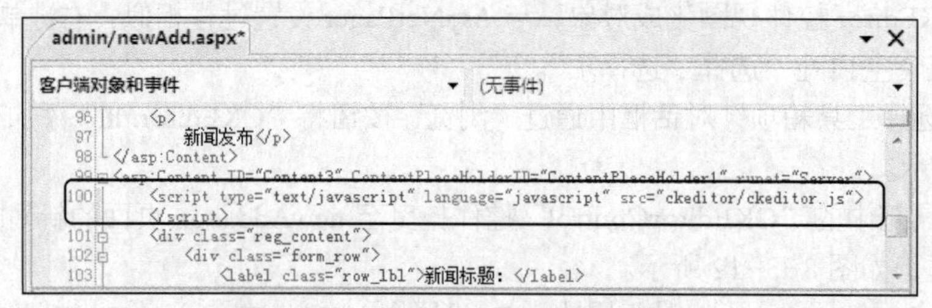

图 8-5-14 添加“ckeditor.js”引用语句

11. 运行“newAdd.aspx”文件，在窗体中输入信息，并“发布”，如图 8-5-15 所示。

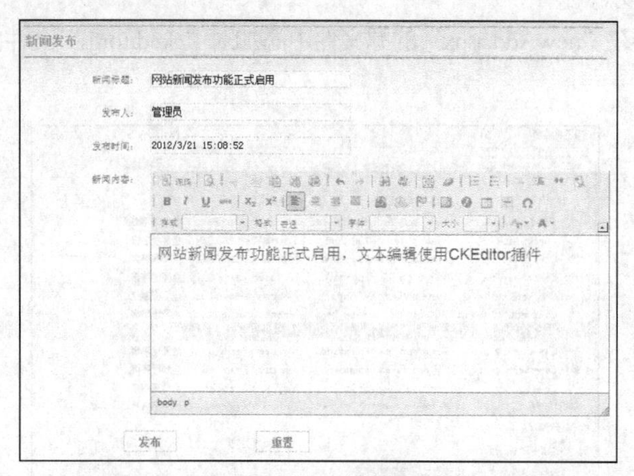

图 8-5-15 发布新闻

12. 发布成功后，可在 new 数据表中查看，或运行 newList.aspx、newDetail.aspx 可以看到新发布的新闻，如图 8-5-16、图 8-5-17 和图 8-5-18 所示。

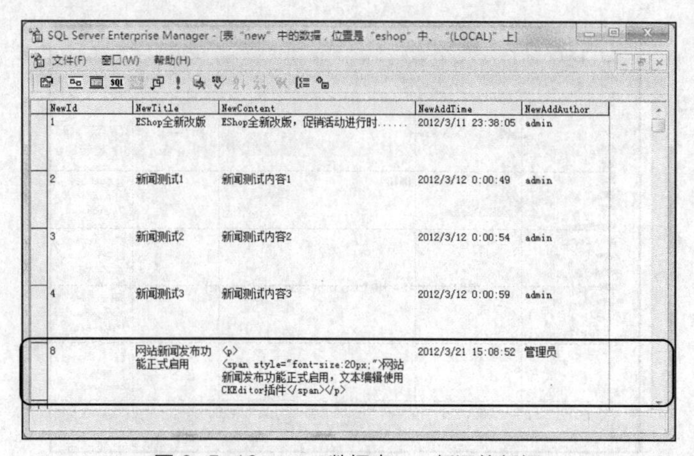

图 8-5-16 new 数据表——新添的新闻

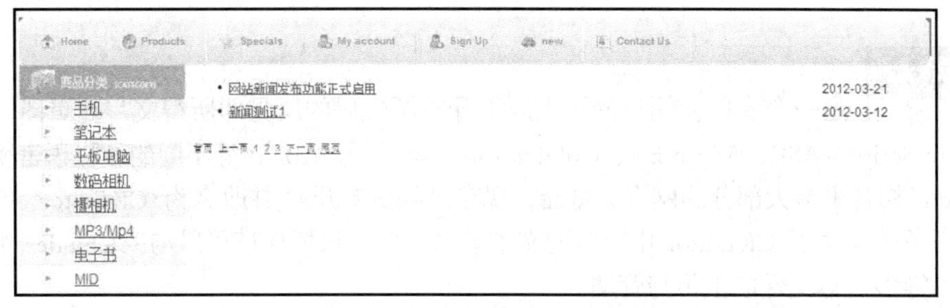

图 8-5-17　新闻列表——新添的新闻

图 8-5-18　新闻详细内容——新添的新闻

步骤五： 修改母版页中目录树，新增“新闻中心”目录。

打开 manage.master 母版页文件，在“留言管理”下面增加“新闻中心”，如图 8-5-19 所示。(小技巧：可复制“留言管理”相关代码后修改成“新闻中心”。)

设置“新闻发布”超链接为 newAdd.aspx，“新闻管理”超链接为 newManage.aspx。

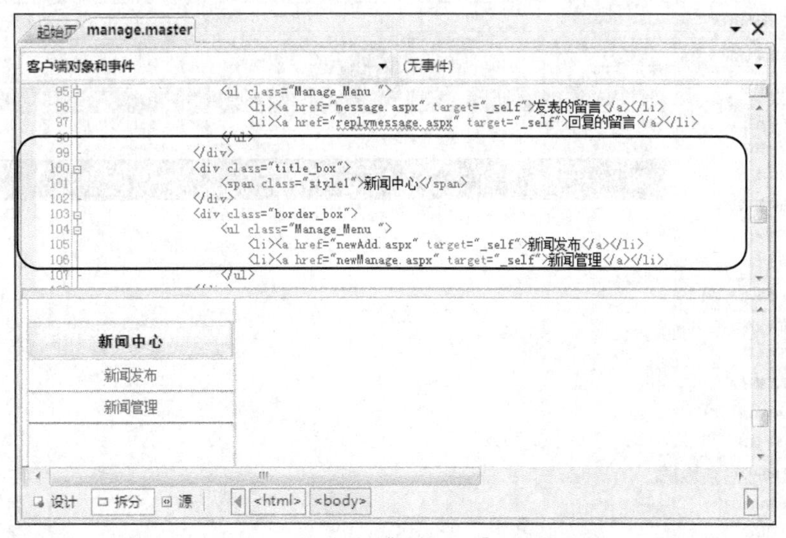

图 8-5-19　添加“新闻中心”导航目录

技术要点

FCKeditor 是一个专门使用在网页上属于开放源代码的所见即所得文字编辑器，它可和 PHP、JavaScript、ASP、ASP.NET、ColdFusion、Java 以及 ABAP 等不同的编程语言相结合。FCKeditor 相容于绝大部分的网页浏览器，现在已经重新开发,并改名为 CKEditor。

本任务中使用了 CKEditor 中基本的文本编辑功能，该插件还可以与 CKFinder 组合使用实现图片等多媒体文件的上传与管理。

任务 8.6 网站后台——新闻管理

任务描述

“新闻管理”从广义方面理解应包含：显示所有新闻概要信息、添加新闻、修改新闻和删除新闻。本任务中的“新闻管理”主要实现显示所有新闻概要信息，修改和删除将在下一任务中逐步完善。

任务目标

1. 能熟练配置 GridView 数据控件。
2. 能熟练编写带字段排序功能的 SQL 查询语句，并调用数据访问方法。

任务分析

1．效果图（见图 8-6-1）

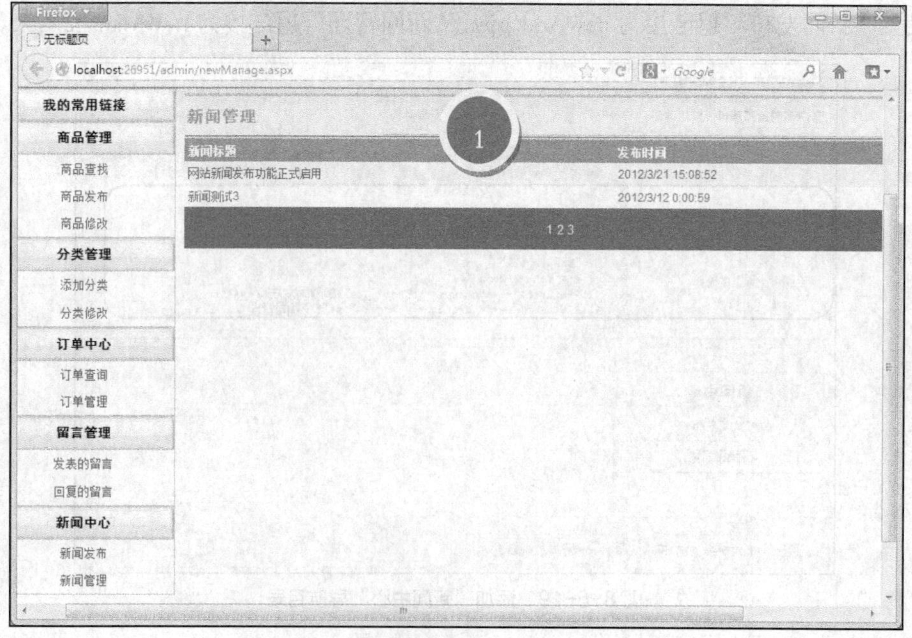

图 8-6-1 新闻管理页面 newManage.aspx

2．详细设计（见图8-6-2）

任务名称		新闻管理		页面名称		newManage.aspx
数据库表名		new 新闻表				
机能概要		显示新闻内容信息：新闻标题、新闻发布日期				
页面项目式样						
序号	项目名	项目类型	输入	表示	必须	处理内容
1	新闻信息	GridView		○	○	显示新闻标题、发布时间

图8-6-2　详细设计

3．实现流程（见图8-6-3）

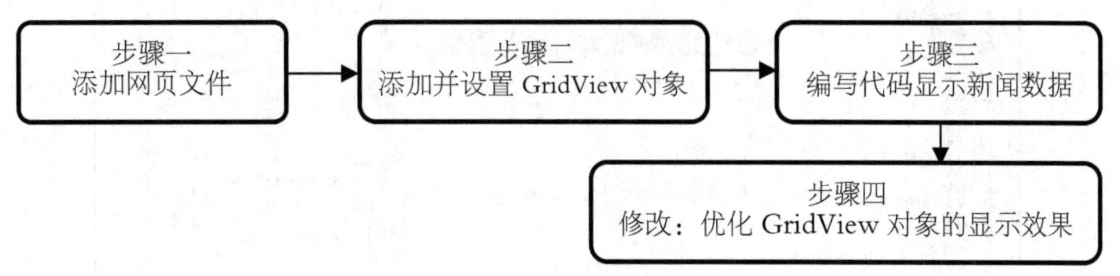

图8-6-3　实现过程

步骤一：添加 newManage.aspx 网页文件。

1．新建 Web 窗体 newManage.aspx。在“解决方案资源管理器”窗口中的“admin”文件上单击右键，选择“添加”→“新建项”。

2. 在弹出的“添加新项”对话框的“模板”区域选择“Web 内容窗体”，在窗口下方的名称中输入“newManage.aspx”，然后单击“确定”按钮。

3．在弹出的“选择母版页”对话框左侧选择“admin”文件夹，右侧选择“manage.master”文件，单击“确定”按钮后即成功新建 newManage.aspx 网页文件。

步骤二：在 newManage.aspx 网页文件的可编辑区域设计页面。

在 newManage.aspx 页面上方的可编辑区域输入“新闻管理”；在下方的可编辑区域中添加“GridView”对象。设置“GridView”对象属性如下。

- ID 设置为 gvNew。
- Width 设置为 98%。
- 自动套用格式设置为专业型，如图 8-6-4 所示。
- AllowPaging 设置为 True。
- PageSize 设置为 2（考虑到目前新闻记录较少，用每页显示 2 条记录来调试）。
- DataKeyNames 设置为 newId。

步骤三：在 newManage.aspx.cs 代码文件中编写程序，代码如下。

```
1   protected void Page_Load(object sender, EventArgs e)
2   {
```

```
3    string strSQL;
4    if (!IsPostBack)
5    {
6    strSQL = "SELECT NewId,NewTitle,NewAddTime FROM new ORDER BY NewAddTime DESC";
7    gvNew.DataSource = DbManager.GetDataSet(strSQL, "news");
8    gvNew.DataBind();
9    }
10   }
```

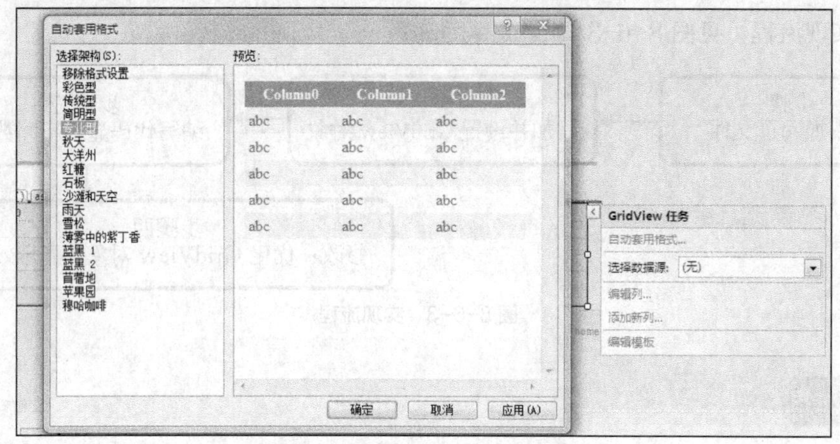

图 8-6-4　设置 GridView 对象样式

程序说明如下。

第 6 行：定义查询语句，有发布时间倒序排序。

第 7～8 行：访问数据，获取新闻数据并绑定 gvNew 对象显示。

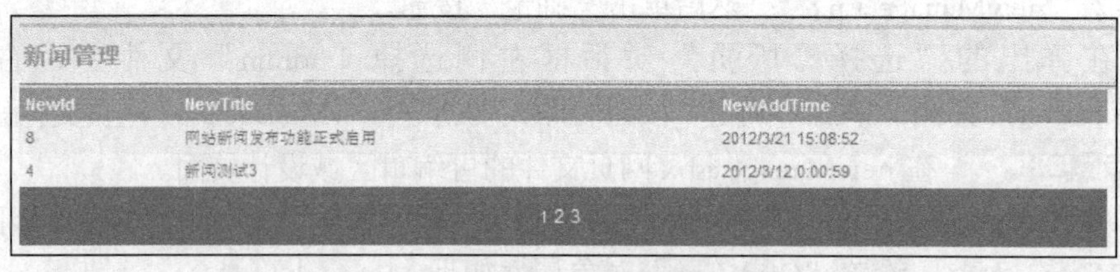

图 8-6-5　新闻管理列表

步骤二、三完成后，运行浏览 newManage.aspx 页面，效果如图 8-6-5 所示。很明显，有两处显示较不理想：表格标题未用中文提示；NewId 是新闻表的主键，对用户来说不需要知道。因此需要进一步对 GridView 对象再加工。

步骤四： 修改 GridView 对象的显示设置。

1．单击 gvNew 对象右上角的“展开”按钮，选择“编辑列”；在弹出的“字段”对话框中，添加两个“BoundField”字段，分别设置属性如下。

- DataField：NewTitle；
- HeaderText：新闻标题；
- DataField：NewAddTime；

● HeaderText：发布时间。

2. 去除窗体下方“自动生成字段”的选勾，单击“确定”按钮，如图 8-6-6 所示。

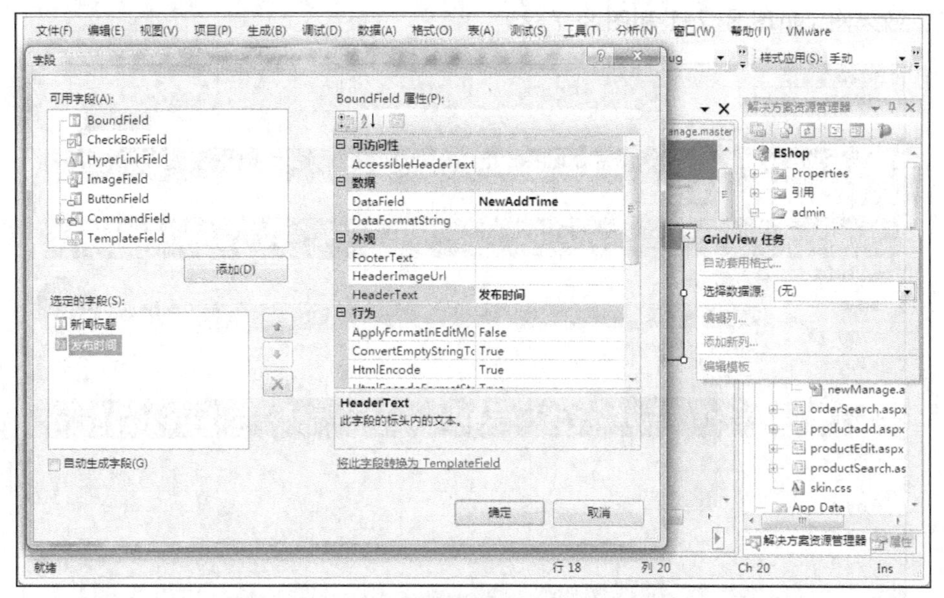

图 8-6-6 新闻管理列表——优化显示效果

3. 再次运行浏览 newManage.aspx 页面，效果如图 8-6-7 所示。显示效果已接近常规。

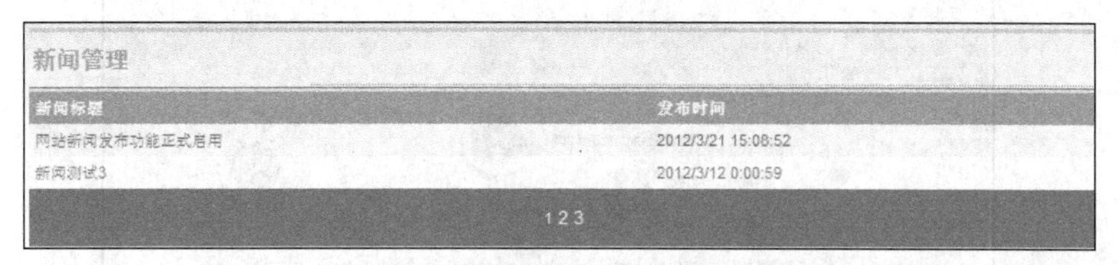

图 8-6-7 新闻管理列表——优化显示效果

任务 8.7 网站后台——新闻修改

“新闻修改”的任务由两部分构成：首先在“新闻管理”列表中对每条新闻记录添加“编辑”栏；其次该“编辑”链接会打开“新闻修改”页面，显示原新闻内容，并实现修改功能。

1. 能熟练配置 GridView 对象的模板列，在模板列中手工添加 HTML 超链接对象。
2. 能熟练使用 label 对象、TextBox 对象设计页面。
3. 能熟练编写 SQL 修改语句，并调用数据访问方法。
4. 能熟练使用 CKEditor 第三方控件实现网页文本编辑。

1．效果图（见图 8-7-1 和图 8-7-2）

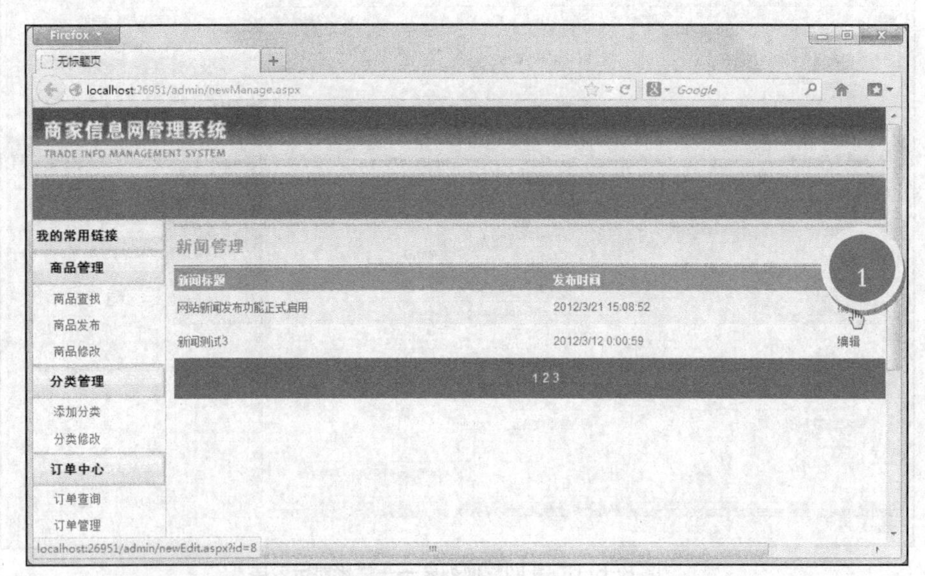

图 8-7-1　新闻管理页面 newManage.aspx——添加“编辑”栏

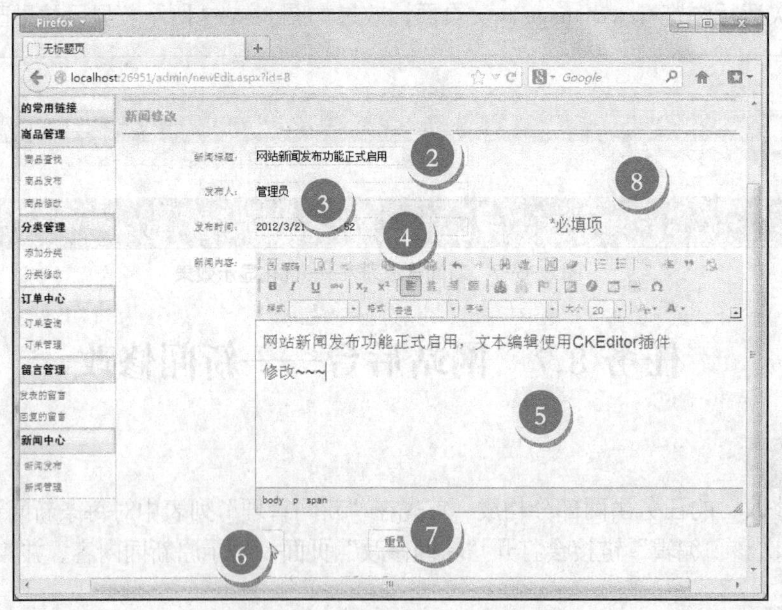

图 8-7-2　新闻修改页面 newEdit.aspx

2．详细设计（见图 8-7-3 和图 8-7-4）

任务名称	新闻管理——添加“编辑”栏	页面名称	newManage.aspx
数据库表名	new 新闻表		
机能概要	添加“编辑”栏，设置超链接至新闻修改页面 newEdit.aspx		

图 8-7-3　详细设计 1

页面项目式样						
序号	项目名	项目类型	输入	表示	必须	处理内容
1	添加“编辑”栏	GridView 模板列		○	○	在 GridView 模板列中添加“编辑”超链接标签

图 8-7-3 详细设计 1（续）

任务名称	新闻修改			页面名称	newEdit.aspx	
数据库表名	new 新闻表					
机能概要	显示原新闻内容信息：新闻标题、新闻发布人、新闻发布日期、新闻内容，输入新内容后修改新闻表中数据					
页面项目式样						
NO	项目名	项目类型	输入	表示	必须	处理内容
1	新闻标题	文本	○	○	○	显示并接受新闻标题内容输入
2	新闻发布人	文本	○	○		显示并接受新闻发布人输入，默认绑定登录者
3	新闻发布日期	文本	○	○		显示并接受新闻发布日期输入
4	新闻内容	文本	○	○		显示并接受新闻具体内容输入，使用第三方文本编辑插件－CKEditor
5	修改	按钮		○		触发单击事件，处理修改新闻的功能
6	重置	按钮		○		触发单击事件，清空页面中文本框内容
7	文本框必填验证	必填验证		○		验证“新闻标题”文本框是否为空

图 8-7-4 详细设计 2

3．实现流程（见图 8-7-5）

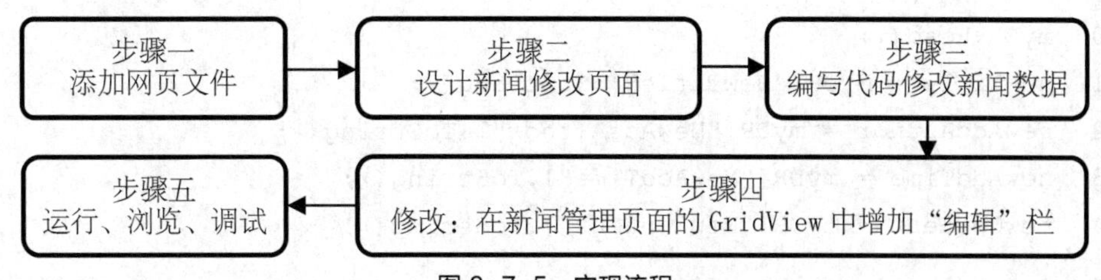

图 8-7-5 实现流程

步骤一： 添加 newEdit.aspx 网页文件。

1. 新建 Web 窗体 newEdit.aspx。在“解决方案资源管理器”窗口中的“admin”文件上单击右键，选择“添加”→“新建项”。

2. 在弹出的“添加新项”对话框的“模板”区域选择“Web 内容窗体”，在窗口下方的名称中输入“newEdit.aspx”，然后单击“确定”按钮。

3. 在弹出的“选择母版页”对话框左侧选择“admin”文件夹，右侧选择“manage.master”文件，单击“确定”按钮后即新建成功 newEdit.aspx 网页文件。

步骤二： 在 newEdit.aspx 网页文件的可编辑区域设计页面。

“newEdit.aspx”页面与“newAdd.aspx”页面的布局较为相似（小技巧：可以采用复制后修改的方法），需要修改两处：将左上角提示区的“新闻发布”改成“新闻修改”；将“发布”按钮改成“修改”按钮。

具体设计方法可以参阅任务 8.5。

步骤三： 在 newEdit.aspx.cs 代码文件中编写程序。

1. 引用 SQL 的 ADO.NET 数据访问类。

```
using System.Data.SqlClient;
```

2. 定义全局变量。

```
string strSQL;
 int newId;
    static string newTitle, newAddAuthor, newAddTime, newContent;
```

代码说明如下。

4 个存放新闻信息的变量为静态变量，防止在页面刷新时被重定义。

3. 在页面加载事件 Page_Load 中编写代码如下。

```
1    protected void Page_Load(object sender, EventArgs e)
2    {
3    newId = Convert.ToInt16(Request.QueryString["id"]);
4    if (!IsPostBack)
5    {
6    strSQL = "SELECT * FROM new WHERE NewId=" + newId;
7    SqlDataReader myDR = DbManager.ExceRead(strSQL);
8    if (myDR.HasRows)
9    {
10   myDR.Read();
11   newTitle = myDR["NewTitle"].ToString();
12   newAddAuthor = myDR["NewAddAuthor"].ToString();
13   newAddTime = myDR["NewAddTime"].ToString();
14   newContent = myDR["NewContent"].ToString();
15   }
16   txtNewTitle.Text = newTitle;
17   txtAddAuthor.Text = newAddAuthor;
18   txtAddTime.Text = newAddTime;
```

```
19  txtNewContent.Text = newContent;
20  }
21  }
```

程序说明如下。

第3行：获取上一页面传递至当前页面的新闻ID。

第5~15行：定义SQL数据查询语句，读取指定新闻数据。

第16~19行：将数据赋值显示在页面中的3个文本框和1个文本编辑对象中。

4．进入“修改”按钮的单击事件btnSubmit_Click，编写代码如下。

```
1       protected void btnSubmit_Click(object sender, EventArgs e)
2       {
3           newTitle = txtNewTitle.Text.Trim();
4           newAddAuthor = txtAddAuthor.Text.Trim();
5           newAddTime = txtAddTime.Text.Trim();
6           newContent = txtNewContent.Text.Trim();
7
8           strSQL = "UPDATE new SET ";
9           strSQL += "NewTitle='" + newTitle + "', NewAddAuthor='" +
newAddAuthor + "'";
10          strSQL += ", NewAddTime='" + Convert.ToDateTime(newAddTime) +
"'";
11          strSQL += ", NewContent='" + newContent + "' WHERE NewId=" + newId;
12
13          if (DbManager.ExceSQL(strSQL))
14             Response.Write("<script>alert('新闻修改成功！');</script>");
15          else
16             Response.Write("<script>alert('新闻修改失败！请重试或联系管理员。
');</script>");
17      }
```

程序说明如下。

第3~6行：取出用户在页面中输入的4个新闻数据。

第8~11行：定义SQL数据修改语句，对新闻信息进行修改。

第13~60行：执行修改新闻数据表，返回成功或失败信息。

5．进入“重置”按钮的单击事件btnReset_Click，编写代码如下。

```
1       protected void btnReset_Click(object sender, EventArgs e)
2       {
3           txtNewTitle.Text = newTitle;
4           txtAddAuthor.Text = newAddAuthor;
5           txtAddTime.Text = newAddTime;
```

```
6           txtNewContent.Text = newContent;
7       }
```

步骤四： 修改 GridView 对象，添加“编辑”栏。

1. 单击 gvNew 对象右上角的“展开”按钮→编辑列；在弹出的“字段”对话框中，添加“TemplateField”字段。可参阅任务 8.6 中步骤四，如图 8-7-6 所示。

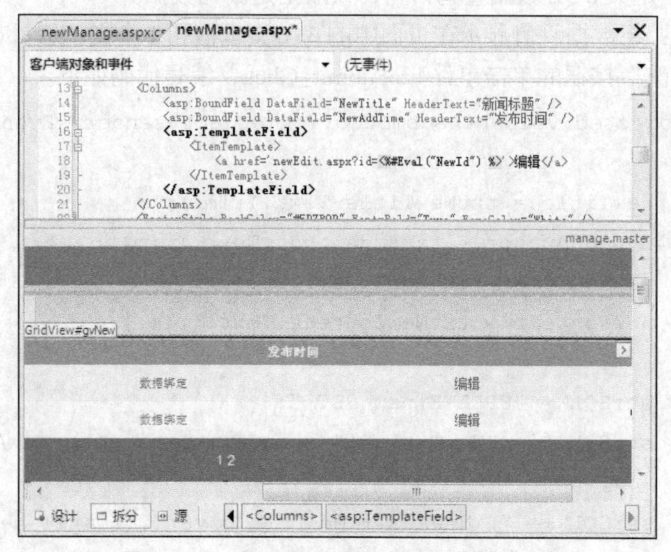

图 8-7-6 在 gvNew 对象中添加“编辑”栏

2. 单击“确定”按钮退出，在“newManage.aspx”页面的代码中手工输入“编辑”超链接字段。

```
<ItemTemplate>
    <a href='newEdit.aspx?id=<%#Eval("NewId") %>'>编辑</a>
</ItemTemplate>
```

步骤五： 运行、浏览、测试。

现在开始运行“newManage.aspx”页面吧，然后单击“编辑”按钮，在打开的“newEdit.aspx”页面中修改新闻内容，单击“修改”按钮，OK！恭喜成功了！

任务 8.8 网站后台——新闻删除

“新闻删除”功能只需在“新闻管理”的对应记录行上添加“删除”栏，实现指定新闻记录的删除。

1. 能熟练配置 GridView 对象命令字段。
2. 能熟练编写 SQL 删除语句，并调用数据访问方法。

1．效果图（见图 8-8-1）

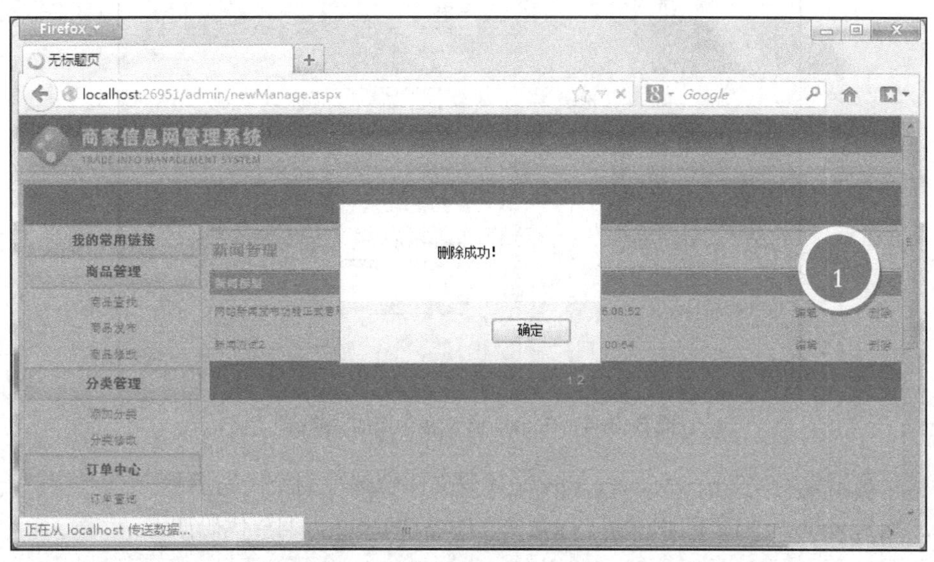

图 8-8-1　新闻管理页面 newManage.aspx

2．详细设计（见图 8-8-2）

任务名称	新闻管理——添加“删除”栏				页面名称	newManage.aspx
数据库表名	new 新闻表					
机能概要	添加“删除”栏，删除相应新闻记录					
页面项目式样						
序号	项目名	项目类型	输入	表示	必须	处理内容
1	添加“删除”栏	GridView 命令字段		○	○	在 GridView 列中添加“删除”命令字段

图 8-8-2　详细设计

3．实现流程（见图 8-8-3）

图 8-8-3　实现流程

步骤一：修改 newManage.aspx 页面，添加“删除”命令字段。

单击 gvNew 对象右上角的“展开”按钮，选择“编辑列”；在弹出的“字段”对话框中，添加“CommandField”中的“删除”字段，如图 8-8-4 所示。

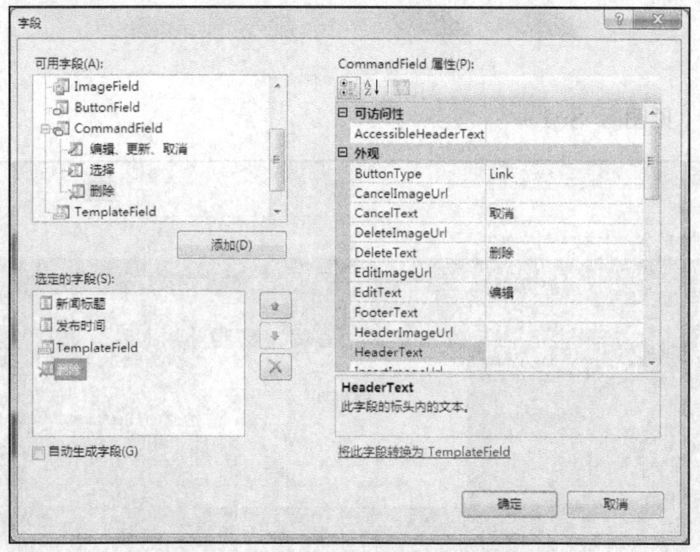

图 8-8-4　在 gvNew 对象中添加“编辑”栏

步骤二： 在 newManage.aspx.cs 代码文件中编写删除代码。

进入“gvNew”对象的删除事件 gvNew_RowDeleting，编写代码如下。

```
1   protected void gvNew_RowDeleting(object sender, GridViewDeleteEventArgs e)
2   {
3   int newId = (int)gvNew.DataKeys[e.RowIndex].Value;
4   string strSQL = "DELETE FROM new WHERE NewId=" + newId;
5   if (DbManager.ExceSQL(strSQL))
6   RegisterStartupScript("delete", "<script>alert('删除成功！'); </script>");
7   else
8   RegisterStartupScript("delete", "<script>alert('删除失败！请重试或联系管理员。');</script>");
9   strSQL = "SELECT NewId,NewTitle,NewAddTime FROM new ORDER BY NewAddTime DESC";
10  gvNew.DataSource = DbManager.GetDataSet(strSQL, "news");
11  gvNew.DataBind();
12  }
```

程序说明如下。

第 3 行：获取当前“删除”记录的关键字段值，此关键字段对应 gvNew 对象之前设置的 DataKeyNames 属性 NewId（这个设置非常关键）。

第 4～8 行：定义 SQL 数据删除语句，对新闻信息进行删除。

第 9～11 行：重新查询并绑定显示删除后的新闻数据。